全国大学生电子设计竞赛"十三五"规划教材

全国大学生电子设计竞赛
制作实训（第 3 版）

黄智伟　李月华　主编

U0244748

北京航空航天大学出版社

内容简介

本书为"全国大学生电子设计竞赛'十三五'规划教材"之一。参加全国大学生电子设计竞赛，制作能力是完成竞赛、获得好成绩的关键之一。根据全国大学生电子设计竞赛的要求与特点，为训练学生实际制作能力，精心挑选了单片机最小系统、模拟电路、数字电路、FPGA 最小系统、高频电路、电源电路 LED 灯驱动电路等 80 多个制作实例与思考练习题。系统介绍了制作实训的目的、器材、主要元器件特性、电路结构、印制电路板、制作步骤、调试方法、性能测试方法等内容。

本书内容丰富实用，叙述简洁清晰，实践性强，注重训练学生制作、装配、调试与检测等实际动手能力。可作为高等院校电子信息工程、通信工程、自动化、电气控制类等专业学生参加全国大学生电子设计竞赛的培训教材，也可作为各类电子制作、课程设计、毕业设计的教学参考书，还可作为工程技术人员进行电子产品设计与制作的参考书。

图书在版编目(CIP)数据

全国大学生电子设计竞赛制作实训 / 黄智伟，李月华主编. -- 3 版. -- 北京 ：北京航空航天大学出版社，2021.1

ISBN 978 - 7 - 5124 - 3245 - 1

Ⅰ. ①全… Ⅱ. ①黄… ②李… Ⅲ. ①电子电路—电路设计 Ⅳ. ①TN702

中国版本图书馆 CIP 数据核字(2020)第 021037 号

全国大学生电子设计竞赛制作实训(第 3 版)

黄智伟　李月华　主编

责任编辑　胡晓柏　张　楠

*

北京航空航天大学出版社出版发行

北京市海淀区学院路 37 号(邮编 100191)　http://www.buaapress.com.cn
发行部电话:(010)82317024　传真:(010)82328026
读者信箱:emsbook@buaacm.com.cn　邮购电话:(010)82316936
涿州市新华印刷有限公司印装　各地书店经销

*

开本:710×1 000　1/16　印张:23.5　字数:501 千字
2021 年 1 月第 3 版　2021 年 1 月第 1 次印刷　印数:3 000 册
ISBN 978 - 7 - 5124 - 3245 - 1　定价:69.00 元

序

全国大学生电子设计竞赛是教育部倡导的四大学科竞赛之一,是面向大学生的群众性科技活动,目的在于促进信息与电子类学科课程体系和课程内容的改革;促进高等院校实施素质教育以及培养大学生的创新能力、协作精神和理论联系实际的学风;促进大学生工程实践素质的培养,提高针对实际问题进行电子设计与制作的能力。

1. 规划教材由来

全国大学生电子设计竞赛既不是单纯的理论设计竞赛,也不仅仅是实验竞赛,而是在一个半封闭的、相对集中的环境和限定的时间内,由一个参赛队共同设计、制作完成一个有特定工程背景的作品。作品成功与否是竞赛能否取得好成绩的关键。

为满足高等院校电子信息工程、通信工程、自动化、电气控制等专业学生参加全国大学生电子设计竞赛的需要,我们修订并编写了这套规划教材:《全国大学生电子设计竞赛系统设计(第3版)》、《全国大学生电子设计竞赛电路设计(第3版)》、《全国大学生电子设计竞赛技能训练(第3版)》、《全国大学生电子设计竞赛制作实训(第3版)》、《全国大学生电子设计竞赛常用电路模块制作(第2版)》、《全国大学生电子设计竞赛ARM嵌入式系统应用设计与实践(第2版)》、《全国大学生电子设计竞赛基于TI器件的模拟电路设计》。该套规划教材从2006年出版以来,已多次印刷,一直是全国各高等院校大学生电子设计竞赛训练的首选教材之一。随着全国大学生电子设计竞赛的深入发展,特别是2007年以来,电子设计竞赛题目要求的深度、广度都有很大的提高。2009年竞赛的规则与要求也出现了一些变化,如对"最小系统"的定义、"性价比"与"系统功耗"的指标要求等。为适应新形势下全国大学生电子设计竞赛的要求与特点,我们对该套规划教材的内容进行了修订与补充。

2. 规划教材内容

《全国大学生电子设计竞赛系统设计(第3版)》在详细分析了历届全国大学生电子设计竞赛题目类型与特点的基础上,通过48个设计实例,系统介绍了电源类、信号源类、无线电类、放大器类、仪器仪表类、数据采集与处理类以及控制类7大类赛题的变化与特点、主要知识点、培训建议、设计要求、系统方案、电路设计、主要芯片、程序设计等内容。通过对这些设计实例进行系统方案分析、单元电路设计、集成电路芯片选择,可使学生全面、系统地掌握电子设计竞赛作品系统设计的基本方法,培养学生系统分析、开发创新的能力。

　　《全国大学生电子设计竞赛电路设计(第 3 版)》在详细分析了历届全国大学生电子设计竞赛题目的设计要求及所涉及电路的基础上,精心挑选了传感器应用电路、信号调理电路、放大器电路、信号变换电路、射频电路、电机控制电路、测量与显示电路、电源电路、ADC 驱动和 DAC 输出电路 9 类共 180 多个电路设计实例,系统介绍了每个电路设计实例所采用的集成电路芯片的主要技术性能与特点、芯片封装与引脚功能、内部结构、工作原理和应用电路等内容。通过对这些电路设计实例的学习,学生可以全面、系统地掌握电路设计的基本方法,培养电路分析、设计和制作的能力。由于各公司生产的集成电路芯片类型繁多,限于篇幅,本书仅精选了其中很少的部分以"抛砖引玉"。读者可根据电路设计实例举一反三,并利用参考文献中给出的大量的公司网址,查询更多的电路设计应用资料。

　　《全国大学生电子设计竞赛技能训练(第 3 版)》从 7 个方面系统介绍了元器件的种类、特性、选用原则和需注意的问题;印制电路板设计的基本原则、工具及其制作;元器件、导线、电缆、线扎和绝缘套管的安装工艺和焊接工艺;电阻、电容、电感、晶体管等基本元器件的检测;电压、分贝、信号参数、时间和频率、电路性能参数的测量,噪声和接地对测量的影响;电子产品调试和故障检测的一般方法,模拟电路、数字电路和整机的调试与故障检测;设计总结报告的评分标准,写作的基本格式、要求与示例,以及写作时应注意的一些问题等内容;赛前培训、赛前题目分析、赛前准备工作和赛后综合测评实施方法、综合测评题及综合测评题分析等。通过上述内容的学习,学生可以全面、系统地掌握在电子竞赛作品制作过程中必需的一些基本技能。

　　《全国大学生电子设计竞赛制作实训(第 3 版)》指导学生完成 SPCE061A 16 位单片机、AT89S52 单片机、ADµC845 单片数据采集、PIC16F882/883/884/886/887 单片机等最小系统的制作;运算放大器运算电路、有源滤波器电路、单通道音频功率放大器、双通道音频功率放大器、语音录放器、语音解说文字显示系统等模拟电路的制作;FPGA 最小系统、彩灯控制器等数字电路的制作;射频小信号放大器、射频功率放大器、VCO(压控振荡器)、PLL – VCO 环路、调频发射器、调频接收机等高频电路的制作;DDS AD9852 信号发生器、MAX038 函数信号发生器等信号发生器的制作;DC – DC 升压变换器、开关电源、交流固态继电器等电源电路的制作;GU10 LED 灯驱动电路、A19 LED 灯驱动电路、AC 输入 0.5 W 非隔离恒流 LED 驱动电路等 LED 驱动电路的制作。介绍了电路组成、元器件清单、安装步骤、调试方法、性能测试方法等内容,可使学生提高实际制作能力。

　　《全国大学生电子设计竞赛常用电路模块制作(第 2 版)》以全国大学生电子设计竞赛中所需要的常用电路模块为基础,介绍了 AT89S52、ATmega128、ATmega8、C8051F330/1 单片机,LM3S615 ARM Cortex – M3 微控制器,LPC2103 ARM7 微控制器 PACK 板的设计与制作;键盘及 LED 数码管显示器模块、RS – 485 总线通信模块、CAN 总线通信模块、ADC 模块和 DAC 模块等外围电路模块的设计与制作;放大器模块、信号调理模块、宽带可控增益直流放大器模块、音频放大器模块、D 类放大器模块、菱形功率放大器模块、宽带功率放大器模块、滤波器模块的设计与制作；反射式光电传感器模块、超声波发射与接收模块、温湿度传感器模块、阻抗测量模块、音频信号检测模块的设计与制作；直流电机驱动模块、步进电机驱动模块、函数信号发生器模块、DDS 信号发生器模块、压频转换模块的设计与制作；线性稳压电源模块、DC/DC 电路模块、Boost 升压模块、DC－AC－DC 升压电源模块的设计与制作；介绍了电路模块在随动控制系统、基于红外线的目标跟踪与无线测温系统、声音导引系统、单相正弦波逆变电源、无线环境监测模拟装置中的应用；介绍了地线的定义、接地的分类、接地的方式、接地系统的设计原则、导体的阻抗、地线公共阻抗产生的耦合干扰、模拟前端小信号检测和放大电路的电源电路结构、ADC 和 DAC 的电源电路结构、开关稳压器电路、线性稳压器电路、模/数混合电路的接地和电源 PCB 设计，PDN 的拓扑结构、目标阻抗、基于目标阻抗的 PDN 设计、去耦电容器的组合和容量计算等内容。本书以实用电路模块为模板，叙述简洁清晰，工程性强，可使学生提高常用电路模块的制作能力。所有电路模块都提供电路图、PCB 图和元器件布局图。

《全国大学生电子设计竞赛 ARM 嵌入式系统应用设计与实践（第 2 版）》以 ARM 嵌入式系统在全国大学生电子设计竞赛应用中所需要的知识点为基础，介绍了 LPC214x ARM 微控制器最小系统的设计与制作，可选择的 ARM 微处理器，以及 STM32F 系列 32 位微控制器最小系统的设计与制作；键盘及 LED 数码管显示器电路、汉字图形液晶显示器模块、触摸屏模块、LPC214x 的 ADC 和 DAC、定时器/计数器和脉宽调制器（PWM）、直流电机、步进电机和舵机驱动电路、光电传感器、超声波传感器、图像识别传感器、色彩传感器、电子罗盘、倾角传感器、角度传感器、E²PROM 24LC256 和 SK－SDMP3 模块、nRF905 无线收发器电路模块、CAN 总线模块电路与 LPC214x ARM 微控制器的连接、应用与编程；基于 ARM 微控制器的随动控制系统、音频信号分析仪、信号发生器和声音导引系统的设计要求、总体方案设计、系统各模块方案论证与选择、理论分析及计算、系统主要单元电路设计和系统软件设计；MDK 集成开发环境、工程的建立、程序的编译、HEX 文件的生成以及 ISP 下载。该书突出了 ARM 嵌入式系统应用的基本方法，以实例为模板，可使学生提高 ARM 嵌入式系统在电子设计竞赛中的应用能力。本书所有实例程序都通过验证，相关程序清单可以在北京航空航天大学出版社网站"下载中心"下载。

《全国大学生电子设计竞赛基于 TI 器件的模拟电路设计》介绍的模拟电路是电子系统的重要组成部分，也是电子设计竞赛各赛题中的一个重要组成部分。模拟电路在设计制作中会受到各种条件的制约（如输入信号微弱、对温度敏感、易受噪声干扰等）。面对海量的技术资料、生产厂商提供的成百上千种模拟电路芯片，以及数据表中几十个参数，如何选择合适的模拟电路芯片，完成自己所需要的模拟电路设计，实际上是一件很不容易的事情。模拟电路设计已经成为电子系统设计过程中的瓶颈。本书从工程设计和竞赛要求出发，以 TI 公司的模拟电路芯片为基础，通过对模拟电路芯片的基本结构、技术特性、应用电路的介绍，以及大量的、可选择的模拟电路芯片、应用电路及 PCB 设计实例,图文并茂地说明了模拟电路设计和制作中的一些方法、技巧及应该注意的问题,具有很好的工程性和实用性。

3. 规划教材特点

本规划教材的特点:以全国大学生电子设计竞赛所需要的知识点和技能为基础,内容丰富实用,叙述简洁清晰,工程性强,突出了设计制作竞赛作品的方法与技巧。"系统设计"、"电路设计"、"技能训练"、"制作实训"、"常用电路模块制作"、"ARM 嵌入式系统应用设计与实践"和"基于 TI 器件的模拟电路设计"这 7 个主题互为补充,构成一个完整的训练体系。

《全国大学生电子设计竞赛系统设计(第 3 版)》通过对历年的竞赛设计实例进行系统方案分析、单元电路设计和集成电路芯片选择,全面、系统地介绍电子设计竞赛作品的基本设计方法,目的是使学生建立一个"系统概念",在电子设计竞赛中能够尽快提出系统设计方案。

《全国大学生电子设计竞赛电路设计(第 3 版)》通过对 9 类共 180 多个电路设计实例所采用的集成电路芯片的主要技术性能与特点、芯片封装与引脚功能、内部结构、工作原理和应用电路等内容的介绍,使学生全面、系统地掌握电路设计的基本方法,以便在电子设计竞赛中尽快"找到"和"设计"出适用的电路。

《全国大学生电子设计竞赛技能训练(第 3 版)》通过对元器件的选用、印制电路板的设计与制作、元器件和导线的安装和焊接、元器件的检测、电路性能参数的测量、模拟/数字电路和整机的调试与故障检测、设计总结报告的写作等内容的介绍,培训学生全面、系统地掌握在电子竞赛作品制作过程中必需的一些基本技能。

《全国大学生电子设计竞赛制作实训(第 3 版)》与《全国大学生电子设计竞赛技能训练(第 3 版)》相结合,通过对单片机最小系统、FPGA 最小系统、模拟电路、数字电路、高频电路、电源电路 LED 灯驱动电路等 80 多个制作实例的讲解,可使学生掌握主要元器件特性、电路结构、印制电路板、制作步骤、调试方法、性能测试方法等内容,培养学生制作、装配、调试与检测等实际动手能力,使其能够顺利地完成电子设计竞赛作品的制作。

《全国大学生电子设计竞赛常用电路模块制作(第 2 版)》指导学生完成电子设计竞赛中常用的微控制器电路模块、微控制器外围电路模块、放大器电路模块、传感器电路模块、电机控制电路模块、信号发生器电路模块和电源电路模块的制作,所制作的模块可以直接在竞赛中使用。

《全国大学生电子设计竞赛 ARM 嵌入式系统应用设计与实践(第 2 版)》以 ARM 嵌入式系统在全国大学生电子设计竞赛应用中所需要的知识点为基础;以 LPC214x ARM 微控制器最小系统为核心;以 LED、LCD 和触摸屏显示电路,ADC 和 DAC 电路,直流电机、步进电机和舵机的驱动电路,光电、超声波、图像识别、色彩识别、电子罗盘、倾角传感器、角度传感器、$E^2 PROM$、SD 卡、无线收发器模块、CAN 总线模块的设计制作与编程实例为模板，使学生能够简单、快捷地掌握 ARM 系统，并且能够在电子设计竞赛中熟练应用。

《全国大学生电子设计竞赛基于 TI 器件的模拟电路设计》从工程设计出发，结合电子设计竞赛赛题的要求，以 TI 公司的模拟电路芯片为基础，图文并茂地介绍了运算放大器、仪表放大器、全差动放大器、互阻抗放大器、跨导放大器、对数放大器、隔离放大器、比较器、模拟乘法器、滤波器、电压基准、模拟开关及多路复用器等模拟电路芯片的选型、电路设计、PCB 设计以及制作中的一些方法和技巧，以及应该注意的一些问题。

4. 读者对象

本规划教材可作为电子设计竞赛参赛学生的训练教材，也可作为高等院校电子信息工程、通信工程、自动化、电气控制等专业学生参加各类电子制作、课程设计和毕业设计的教学参考书，还可作为电子工程技术人员和电子爱好者进行电子电路和电子产品设计与制作的参考书。

作者在本规划教材的编写过程中，参考了国内外的大量资料，得到了许多专家和学者的大力支持。其中，北京理工大学、北京航空航天大学、国防科技大学、中南大学、湖南大学、南华大学等院校的电子竞赛指导老师和队员提出了一些宝贵意见和建议，并为本规划教材的编写做了大量的工作，在此一并表示衷心的感谢。

由于作者水平有限，本规划教材中的错误和不足之处，敬请各位读者批评指正。

黄智伟

2020 年 10 月

于南华大学

前　言

《全国大学生电子设计竞赛制作实训》从 2007 年出版以来，已多次印刷，一直是全国各高等院校大学生电子设计竞赛训练的首选教材之一。随着全国大学生电子设计竞赛的深入和发展，近几年来，特别是从 2007 年以来，电子设计竞赛题目要求的深度、难度都有很大的提高。2009 年对竞赛规则与要求也出现了一些变化，如对"最小系统"的定义、"性价比"与"系统功耗"指标要求等。为适应新形势下的全国大学生电子设计竞赛的要求与特点，需要对该书的内容进行修订与补充。

本书是《全国大学生电子设计竞赛系统设计(第 3 版)》、《全国大学生电子设计竞赛电路设计(第 3 版)》、《全国大学生电子设计竞赛技能训练(第 3 版)》、《全国大学生电子设计竞赛常用电路模块制作(第 2 版)》、《全国大学生电子设计竞赛 ARM 嵌入式系统应用设计与实践(第 2 版)》和《全国大学生电子设计竞赛基于 TI 器件的模拟电路设计》的姊妹篇，7 本书互为补充，构成一个完整的训练体系。

全国大学生电子设计竞赛是教育部倡导的四大学科竞赛之一，全国大学生电子设计竞赛试题包括理论设计、实际制作与调试等内容，竞赛试题一般都要求完成一个完整的电子系统的设计与制作，全面测试学生运用基础知识、实际设计制作和独立工作能力。

全国大学生电子设计竞赛既不是单纯的理论设计竞赛，也不是实验竞赛，而是在一个半封闭、相对集中环境和限定时间内，由一个参赛队共同设计、制作完成一个有特定工程背景的作品，作品能否制作成功是竞赛能否取得好成绩的关键。制作能力是完成竞赛、获得良好成绩的基础。

本书根据全国大学生电子设计竞赛的要求与特点，为训练学生实际制作能力，从《全国大学生电子设计竞赛系统设计(第 3 版)》和《全国大学生电子设计竞赛电路设计(第 3 版)》中，精心挑选了单片机最小系统、FPGA 最小系统、模拟电路、数字电路、高频电路、电源电路、LED 灯驱动电路等 80 多个制作实例，系统介绍了制作实训的目的、器材、主要元器件特性、电路结构、印制电路板、制作步骤、调试方法、性能测试等内容。

全书共分 7 章。

第 1 章介绍了 SPCE061A 16 位单片机最小系统、AT89S52 单片机最小系统、ADμC845 单片数据采集最小系统、PIC16F882/883/884/886/887 单片机最小系统的制作。

第２章介绍了运算放大器运算电路、有源滤波器、单通道音频功率放大器、双通道音频功率放大器、语音录放器、语音解说文字显示系统等模拟电路的制作。

第３章介绍了 FPGA 最小系统、彩灯控制器等数字电路的制作。

第４章介绍了射频小信号放大器、射频功率放大器、VCO（压控振荡器）、PLL－VCO 环路、调频发射机、调频接收机等高频电路的制作。

第５章介绍了 DDS AD9852，MAX038 等信号发生器的制作。

第６章介绍了 DC－DC 升压变换器、开关电源、交流固态继电器等电源电路的制作。

第７章介绍了 GU10 LED 灯驱动电路、A19 LED 灯驱动电路、AC 输入 0.5 W 非隔离恒流 LED 驱动电路等 LED 驱动电路的制作。

本书内容丰富实用，叙述简洁清晰，实践性强，注重训练学生制作、装配、调试与检测等实际动手能力。本书可作为高等院校电子信息工程、通信工程、自动化、电气控制类等专业学生参加全国大学生电子设计竞赛的培训教材，也可作为参加各类电子制作、课程设计、毕业设计的教学参考书，还可作为工程技术人员进行电子产品设计与制作的参考书。

本书在编写过程中，作者参考了大量的国内外著作和资料，得到了许多专家和学者的大力支持，并听取了多方面的宝贵意见和建议。李富英高级工程师对本书进行了审阅。南华大学电气工程学院通信工程、电子信息工程、自动化、电气工程及自动化、电工电子、实验中心等教研室的老师，南华大学李月华、王彦教授、朱卫华副教授、陈文光教授，湖南师范大学邓月明博士，南华大学电气工程学院 2001、2003、2005、2007、2009、2011、2013 年参加全国大学生电子竞赛参赛的队员林杰文、田丹丹、方艾、余丽、张清明、申政琴、潘礼、田世颖、王凤玲、俞沛宙、裴霄光、熊卓、陈国强、贺康政、王亮、陈琼、曹学科、黄松、王怀涛、张海军、刘宏、蒋成军、胡乡城、童雪林、李扬宗、肖志刚、刘聪、汤柯夫、樊亮、曾力、潘策荣、赵俊、王永栋、晏子凯、何超、张翼、李军、戴焕昌、汤玉平、金海锋、李林春、谭仲书、彭湃、尹晶晶、全猛、周到、杨乐、周望、李文玉、方果、黄政中、邱海枚、欧俊希、陈杰、彭波、许俊杰等人为本书的编写做了大量的工作；除此之外，还得到了凌阳科技股份有限公司及刘宏韬先生、威健国际贸易（上海）有限公司及吴惠峰先生的帮助，在此一并表示衷心的感谢。

由于作者水平有限，书中错误和不足之处在所难免，敬请各位读者批评斧正。有兴趣的朋友，可以发送邮件到：fuzhi619@sina.com，与本书作者沟通；也可以发送邮件到：emsbook@buaacm.com.cn，与本书策划编辑进行交流。

黄智伟

2020 年 10 月

于南华大学

目　录

全国大学生电子设计竞赛制作实训（第3版）

2

目 录

全国大学生电子设计竞赛制作实训（第 3 版）

第 1 章

单片机制作实训

1.1 SPCE061A 16 位单片机最小系统

1.1.1 实训目的与器材

实训目的：制作一个 SPCE061A 16 位单片机最小系统。

实训器材：常用电子装配工具、万用表、示波器、SPCE061A 16 位单片机最小系统电路元器件，如表 1.1.1 所列。

表 1.1.1 SPCE061A 16 位单片机最小系统电路元器件

器件分类	符 号	型 号	数 量	备 注
电容	C_1,C_{33},C_{35}	CD11 – 220 μF/16 V（电解）	3	
	C_2	CD11 – 4.7 μF/16 V（电解）	1	
	C_3	CC – 3 300 pF（瓷片）	1	
	C_4,C_5,C_{17},C_{19},C_{21},C_{27},C_{29}	CD11 – 100 μF/16 V（电解）	7	
	C_6	CD11 – 22 μF/16 V（电解）	1	
	$C_7 \sim C_{10}$,C_{12},C_{18},C_{20},C_{22},C_{25}, C_{26},C_{28},C_{31},C_{34},C_{36},C_{37},C_{39}	104（独石）	16	
	C_{11},C_{13},C_{23}	224（独石）	3	
	C_{14},C_{15}	CC – 20 pF（瓷片）	2	
	C_{16}	CC – 502（瓷片）	1	
	C_{38}	CC – 500 pF（瓷片）	1	
二极管	D3,D4	1IN4004	2	D3,D4
	D1,D2	LED（红、绿）	2	D1,D2
	D5	3.3 V 稳压管	1	D5

器件分类	符　号	型　　号	数　量	备　注
电阻	R_1,R_{10},R_{13}	RTX - 0.125 W - 1 kΩ,±5%	3	
	R_2,R_{25},R_{28}	RTX - 0.125 W - 3.3 kΩ,±5%	3	
	R_3	RTX - 0.125 W - 470 kΩ,±5%	1	
	R_4,R_8	RTX - 0.125 W - 3 kΩ,±5%	2	
	R_5,R_6	RTX - 0.125 W - 10 kΩ,±5%	2	
	R_7	RTX - 0.125 W - 5.1 kΩ,±5%	1	
	R_{12}	RTX - 0.125 W - 330 Ω,±5%	1	
	R_{18}	RTX - 0.125 W - 4.7 kΩ,±5%	1	
	R_{23},R_{24},R_{26},R_{27}	RTX - 0.125 W - 33 Ω,±5%	4	
电位器	R_9	RTX - 0.125 W - 1 kΩ,±5%	1	
插座	J10	CON2(CON2 - 3.96)	1	
	J5,J6,J7,J8,J9	40pin 单排针	1.25 排	
	J4,J11	CON5 - 2.54	2	
其他	X1	MICROPHONE 麦克风	1	
	S1～S4	按键	4	
	S5	3pin 单排针	1	
集成电路	U1	SPCE061A(84pin)	1	
	U2	SPY0030(8pin)	1	
	U3	SPY0029(贴片)	1	
	U4	74HC244(20pin)	1	
集成电路插座	J12	84pin	1	U1 的插座
	J13	8pin	1	U2 的插座
	J14	20pin	1	U4 的插座
晶振	Y1	32 768 Hz 晶振	1	
支柱	白色		4	

1.1.2　SPCE061A 的主要特性

　　SPCE061A 是一款 16 位的微控制器芯片,主要包括输入/输出端口、定时器/计数器、数/模转换、模/数转换、串行设备输入/输出、通用异步串行接口、低电压监测和复位等电路,并且内置在线仿真电路 ICE(In-Circuit Emulator)接口,使其能够快速地处理复杂的数字信号。

　　SPCE061A 的主要特点有:工作电压 V_{DD} 为 3.0～3.6 V(CPU),V_{DDH} 为 3.0～

5.5 V(I/O);CPU 时钟频率为 0.32～49.152 MHz;内置 2K×16 位 SRAM,32K×16 位 Flash;可编程音频处理;晶体振荡器;2 个 16 位可编程定时器/计数器(可自动预置初始计数值);2 个 10 位 DAC(数/模转换器)输出通道;32 位通用可编程输入/输出端口;14 个中断源可来自定时器 A/B、时基、2 个外部时钟源输入、键唤醒;具备触键唤醒的功能;锁相环 PLL 振荡器提供系统时钟信号;32 768 Hz 实时时钟频率;7 通道 10 位电压模/数转换器(ADC);声音模/数转换器输入通道内置麦克风放大器和自动增益控制(AGC)功能;具备串行设备接口;有低电压复位(LVR)功能和低电压监测(LVD)功能;内置在线仿真电路 ICE 接口;具有保密和 WatchDog 功能;使用凌阳音频编码 SACM_S240 方式(2.4 Kb/s),能容纳 210 s 的语音数据;系统处于备用状态下(时钟处于停止状态),耗电小于 2 mA@3.6 V。

SPCE061A 芯片的内部结构如图 1.1.1 所示,芯片引脚端功能如表 1.1.2 所列。

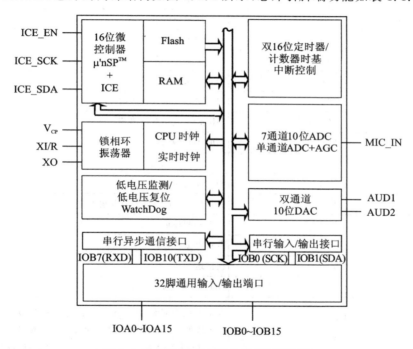

图 1.1.1 SPCE061A 芯片的内部结构图

表 1.1.2 SPCE061A 引脚端功能

引　脚	符　号	功　能
1～5,76～81,64～68	IOB0～IOB15	I/O 口,共 16 个
41～48,53,54～60	IOA0～IOA15	I/O 口,共 16 个
13	OSCI	振荡器输入端。在石英晶振模式下,该端是石英元器件的一个输入端

全国大学生电子设计竞赛制作实训(第3版)

4

引　脚	符　号	功　能
12	OSCO	振荡器输出端。在石英晶振模式下,该端是石英元器件的一个输出端
6	RES_B	复位输入端,若该脚输入低电平,就会使得控制器被重新复位
16	ICE_EN	ICE 使能端。该端接在线调试器 PROBE 的使能端 ICE_EN
17	ICE_SCK	ICE 时钟端。该端接在线调试器 PROBE 的时钟端 ICE_SCK
18	ICE_SDA	ICE 数据端。该端接在线调试器 PROBE 的数据端 ICE_SDA
20	PVIN	程序保密设定端
29	PFUSE	程序保密设定端
21	DAC1	音频输出通道 1
22	DAC2	音频输出通道 2
23	V_{REF2}	2 V 参考电压输出端
25	AGC	语音输入自动增益控制端
26	OPI	MIC 的第二运放输入端
27	MICOUT	MIC 的第一运放输出端
28	MICN	MIC 的负输入端
33	MICP	MIC 的正输入端
7	V_{DD}	锁相环电源
8	V_{CP}	锁相环压控振荡器的阻容输入端
9	V_{SS}	PLL 锁相环地
15,36	V_{DD}	数字电源
19,24	V_{SS}	模拟地
34	V_{CM}	ADC 参考电压输出端
35	V_{RT}	A/D 转换外部参考电压输入端。它决定 A/D 转换输入电压上限值。例如:该点输入一个 2.5 V 的参考电压,则 A/D 转换电压输入范围为 0～2.5 V(外部 A/D 最高参考电压＜3.3 V)
37	V_{MIC}	MIC 电源
51,52,75	V_{DDH}	I/O 电平参考。如果该点输入一个 5 V 的参考电压,则 I/O 输入/输出高电平为 5 V
14,61,69	XTEST,XROMT,PVPP	出厂测试使用端
63	SLEEP	睡眠状态指示端。当 CPU 进入睡眠状态时,该端输出一个高电平

引　脚	符　号	功　能
10,11,29,30～32,38～40,49,50,62,70～74,82～84	NC	未用

1.1.3　SPCE061A 16 位单片机最小系统的电路结构

采用 SPCE061A 单片机最小系统的结构框图[8]如图 1.1.2 所示,结构框图功能说明如表 1.1.3 所列。SPCE061A 单片机最小系统的电路原理图[8]如图 1.1.3～图 1.1.10 所示。

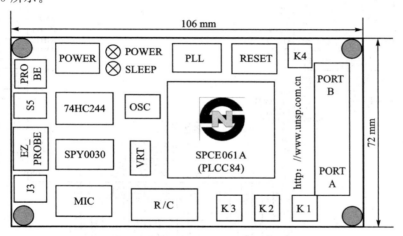

图 1.1.2　SPCE061A 单片机最小系统的结构图

表 1.1.3　SPCE061A 结构框图说明

符　号	功　能	符　号	功　能
POWER	5 V 与 3.3 V 电源电路	SPCE061A	61 板核心,16 位微处理器
⊗	POWER 为电源指示灯,SLEEP 为睡眠指示灯	PLL	锁相环外部电路
		RESET	复位电路
K4	复位按键	PROBE	在线调试器串行 5pin 接口
S5	EZ_PROBE 与 PROBE 切换的 3pin 单排针	J3	2pin 扬声器插针
EZ_PROBE	下载线的 5pin 接口	DAC	一路音频输出电路
MIC	麦克风输入电路	OSC	32 768 Hz 晶振电路
V_{RT}	A/D 转换外部参考电压输入接口	R/C	其他外围电阻、电容
K1～K3	扩展的按键,接 IOA0～IOA2	PORTA/B	32 个 I/O 口

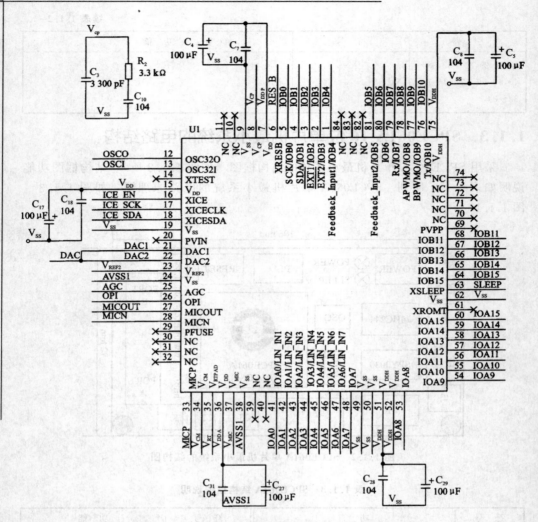

图 1.1.3　SPCE061A 单片机基本外围电路原理图

1. 电　源

　　SPCE061A 板采用 3 节 5 号电池进行供电，由 J10 接入，如图 1.1.4 所示。其中的前后两组电容用来去耦滤波，使其供给芯片的电源更加干净平滑。为了获得标准的 3.3 V 电压，在电路上加入 SPY0029 三端稳压器和两个二极管，是为防止误将电源接反造成不必要损失而设置的。在操作过程中千万不要将电源接反，因为反向电压超过一定的值，二极管将会被损坏，达不到保护的目的。后面的零电阻及其电源、地分成不同的几路是为减少电磁干扰设置的。

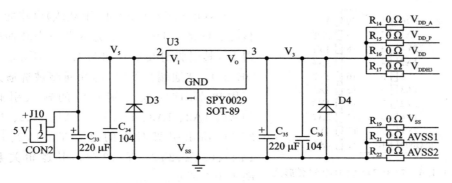

图 1.1.4　电源部分电路图

2. 下载电路

PROBE、EZ_PROBE（下载线）的电路图如图 1.1.5 所示。其中 PROBE 就是在线调试器，主要是为凌阳 16 位单片机（包括 SPCE061A）提供在线编程、仿真和调试使用的工具。该调试器一端接在 PC 机的并口上，另一端接在开发系统的 ICE 端口上（J4 口）。在凌阳 16 位单片机的集成开发环境 IDE 上就可以实现在线编程、仿真和调试。

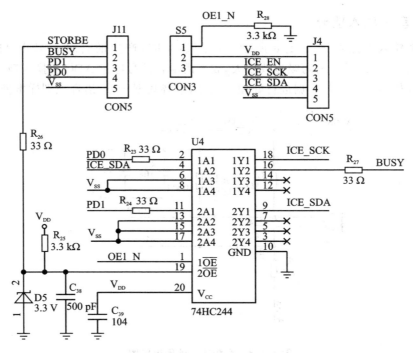

图 1.1.5　PROBE、EZ_PROBE 电路图

```
      1OE ┌─┐ 1    20 ┌ Vcc
      1A1 │ │ 2    19 │ 2OE
      2Y4 │ │ 3    18 │ 1Y1
      1A2 │ │ 4    17 │ 2A4
      2Y3 │ │ 5    16 │ 1Y2
      1A3 │ │ 6    15 │ 2A3
      2Y2 │ │ 7    14 │ 1Y3
      1A4 │ │ 8    13 │ 2A2
      2Y1 │ │ 9    12 │ 1Y4
      GND └─┘ 10   11 │ 2A1
```

图 1.1.6　74HC244 的 DIP 封装形式

PROBE、EZ_PROBE(下载线)电路的主要核心器件是 74HC244,它是 8 路三态缓冲驱动器 IC,其引脚封装形式如图 1.1.6 所示。当 1$\overline{OE}$、2$\overline{OE}$ 选通端为低时,芯片通路被选通进入工作状态,这时候分别对应的输入引脚是(1A1、1A2、1A3、1A4)、(2A1、2A2、2A3、2A4),输出引脚对应的是(1Y1、1Y2、1Y3、1Y4)、(2Y1、2Y2、2Y3、2Y4),其逻辑关系如图 1.1.7 所示。

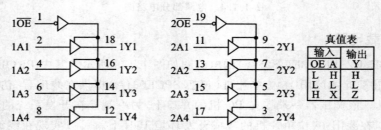

真值表		
输入		输出
OE	A	Y
L	H	H
L	L	L
H	X	Z

图 1.1.7　74HC244 逻辑图

3. 音频输入部分

音频输入电路如图 1.1.8 所示,麦克风(MIC)产生的音频信号由 MICP 和 MICN 端输入,经过片内两级运放放大,放大的语音信号经过 ADC 转换为数字量,再通过单片机编程对这些数据进行处理。例如,语音数据压缩、语音识别样本处理。

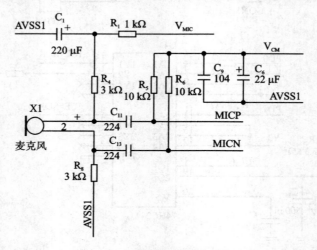

图 1.1.8　音频输入外围电路图

4. 音频输出部分

音频输出（D/A）部分的原理图如图 1.1.9 所示，芯片将声音处理后输出（J2），经 SPY0030A 音频放大输出（J3）通过扬声器还原为声音。

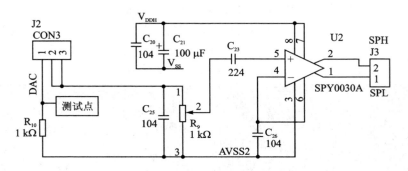

图 1.1.9　音频输出 D/A 部分电路图

SPY0030A 是凌阳公司开发的专门用于语音信号放大的芯片。SPY0030A 的输入电压的范围是 2.4～6.0 V，该电路中采用的电压是 3.3 V。其引脚端功能如表 1.1.4 所列。

表 1.1.4　SPY0030A 引脚功能

引　脚	符　号	类　型	描　述	引　脚	符　号	类　型	描　述
1	SPN	O	音频输出负端	5	ACIN	I	音频输入正端
2	SPP	O	音频输出正端	6	V_{REF}	O	参考电压
3	V_{SS}	I	地	7	CE	I	芯片使能端
4	INN	I	音频输入负端	8	V_{DD}	I	电源

注：O 为输出，I 为输入。

5. 按键部分

按键是通过通断控制来实现它的功能，61 板上的按键在没按下时，它的 1、3 脚是断开的，当按下时这两个脚是连通的。若此时在 1 脚接一个高电平，把第 3 脚连到一个 I/O 口上，这就形成了一个人机操作界面。通过编程对 I/O 扫描，单片机就能识别到按键命令。按键部分电路图如图 1.1.10 所示。

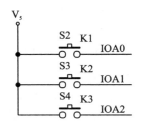

图 1.1.10　按键部分电路图

1.1.4　SPCE061A 16 位单片机最小系统的制作步骤

1. 印制电路板制作

按印制电路板设计要求,设计 SPCE061A 单片机最小系统电路的印制电路板图(后简称 61 板),如图 1.1.11 所示为底层印制电路板图,图 1.1.12 所示为顶层印制电路板图。该电路板选用的是一块 72 mm×106 mm 双面环氧敷铜板。印制电路板的制作过程请参考《全国大学生电子设计竞赛技能训练(第 2 版)》。

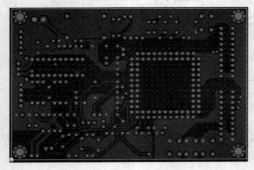

图 1.1.11　61 板底层印制电路板图

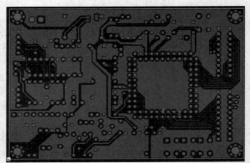

图 1.1.12　61 板顶层印制电路板图

2. 元器件焊接

在印制电路板上焊接元器件前请认真对照原理图,仔细查看印制电路板,找到对应元器件的功能区后,开始准备元器件和工具。元器件焊接方法与要求请参考《全国大学生电子设计竞赛技能训练(第 2 版)》有关章节。此电路板焊接要求使用 25 W 左右的尖头烙铁。下面详细叙述印制电路板的检测及焊接步骤。

1) 裸板的检测

电源部分:

- 目的:检测 61 板裸板电源部分是否短路。
- 方法:用万用表检测 61 板上的 U3 的第 1 脚和第 3 脚之间是否短路,无短路则说明 61 板电源部分是正常的。

端口部分:

- 目的:检测 61 板裸板相邻端口部分是否短路。
- 方法:用万用表检测相邻端口是否短路,无短路则说明端口部分是正常的。

2) 检测元器件并做器件整形

① 先将单排插针掰开,分别为 4 个 10pin、3 个 3pin、2 个 2pin、1 个 1pin。

② 将所有检测过的电阻、电容、二极管按电路板间距把引脚折弯,以便插到电路板上。

注意:绝对不能在元器件引脚根部反复折弯,因为这样引起的元器件内部接触不良造成的故障是很难维修的。

③ 查看芯片座所有引脚是否偏移原位，若有偏移，整形后插在塑料泡沫板上待用。

3）元器件分类

① 小个子元器件（23个）：SPY0029A（1个）、电阻（18个）、晶振（1个）、二极管（3个）。

② 中个子元器件（45个）：瓷片电容（5个）、独石电容（19个）、按键（4个）、发光二极管（2个）、电解电容（12个）、芯片座（3个）。

③ 大个子元器件（13个）：排针（9个）、插座（3个）、电位器（1个）。

注意：元器件布局图中所有元器件均未采用下标形式。

4）焊接61板

焊接原则是从低到高，为确保焊接一次成功，应按照以下15步顺序完成焊接任务。

① 焊接元器件U3（SPY0029A，数量1个）。先将焊盘上的焊点上少量焊锡，再将元器件相应引脚镀少量锡，用镊子夹住元器件放置在焊盘上，迅速将该引脚焊好。拿镊子时手要稳，不能抖。焊接速度要快，加热时间要短。可按此方法将其他引脚焊好。

注意：SPY0029A引脚的焊锡不能太多，否则容易造成SPY0029A底下有连焊，很难发现，会误以为SPY0029A坏掉。

② 焊接电阻（数量18个）。图1.1.13所示为电阻焊接效果图。

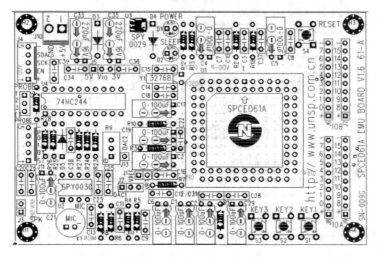

图1.1.13　电阻焊接效果图

③ 焊接二极管（数量3个）。焊接二极管时请注意方向，二极管有白色短线的一端为负极。图1.1.14所示为二极管焊接效果图。按照顺序焊接1、2、3三处的二极

管,以免遗漏。

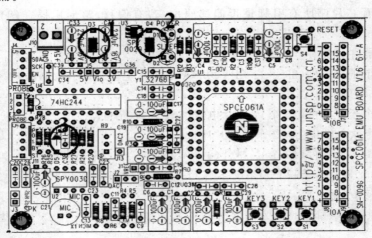

图 1.1.14 二极管焊接效果图

④ 焊接晶振 Y1(数量 1 个)。焊接晶振应注意时间不宜太长,可在图 1.1.15 中找到晶振位置。

⑤ 焊接独石电容(数量 19 个)。按图 1.1.15 的位置并参照表 1.1.1 可焊接独石电容。图 1.1.15 所示为独石电容焊接效果图。

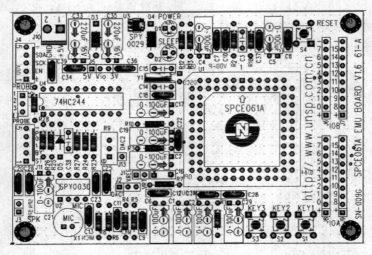

图 1.1.15 独石电容焊接效果图

⑥ 焊接瓷片电容(数量 5 个)。请按照图 1.1.16 进行焊接,以免遗漏。

⑦ 焊接电解电容(数量 12 个)。电解电容有正负极性,焊接时请注意焊接方向,引脚处有白色线的一端为负极,该引脚与 PCB 板上的白线相对应,如图 1.1.17 所示。

⑧ 焊接按键和电位器(数量各 1 个)。焊接位置如图 1.1.18 所示。

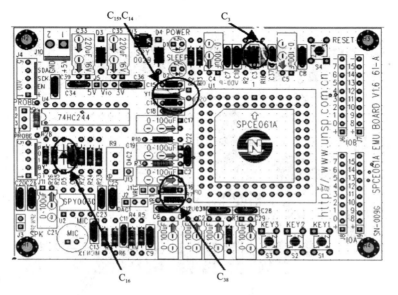

图 1.1.16 瓷片电容焊接效果图

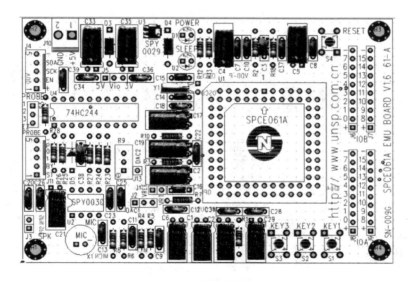

图 1.1.17 电解电容焊接效果图

⑨ 焊接发光二极管（数量 2 个）。发光二极管底部平口端为负极，与 PCB 板上的平口端对应插入，焊接位置如图 1.1.19 所示（POWER 和 SLEEP）。

⑩ 焊接电源座（数量 1 个）。电源座位置如图 1.1.19 所示。焊接完电源座，电源部分焊接完成，这时可以上电，会看到电源指示灯点亮。如果指示灯没亮，请立刻断电并查清原因。如果是电源部分的问题，可依照电流走向检查，便很快就能查到原因。

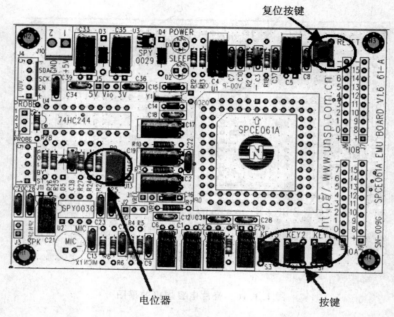

图 1.1.18　按键与电位器焊接效果图

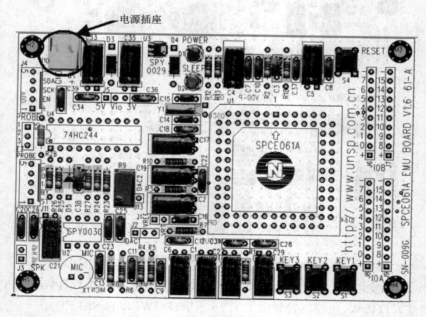

图 1.1.19　电源座焊接效果图

⑪ 焊接单排插针（数量 9 个）。参照图 1.1.20 可以一部分一部分焊接单排插针，以免遗漏。

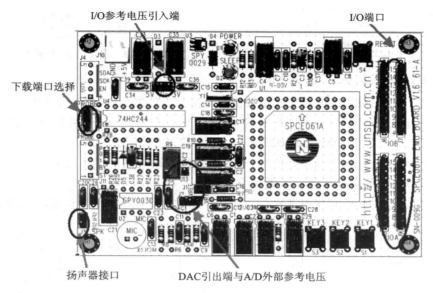

图 1.1.20　单排插针焊接效果图

⑫ 5 针座焊接(数量 2 个)。参照图 1.1.21 焊接,并熟悉它们的作用。

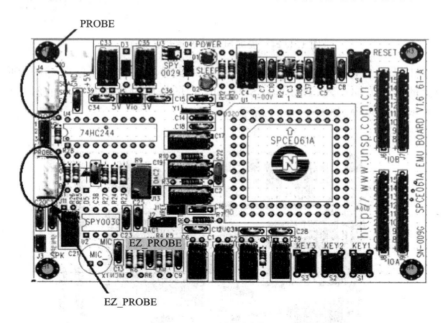

图 1.1.21　5 针座焊接效果图

⑬ 焊接麦克风(数量 1 个)。这里需要注意的是麦克风的正负极性,如图 1.1.22
和图 1.1.23 所示。

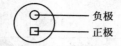

负极
正极

图 1.1.22　61 板上的表示

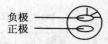

负极
正极

图 1.1.23　麦克风正、负极区别

将麦克风正确地插入到板子中,需要加工一下,具体步骤如图 1.1.24 所示。

a. 取 2 根等长的裸露导线或是被剪断焊接元器件多余的引脚,长度大于 1 cm。

b. 用镊子把两节导线分别折成图 1.1.24 所示的"L"形,短边的长度小于 5 mm,分别在"L"形导线的短脚处涂上一点焊锡,便于焊接。

c. 利用烙铁分别把制作好的"L"形导线焊接到麦克风的接线端上,如图 1.1.24 所示,目的就是给麦克风做两个引脚。

d. 把麦克风的正、负极引脚插入 61 板的(MIC 位置)对应正、负极位置,并完成焊接。

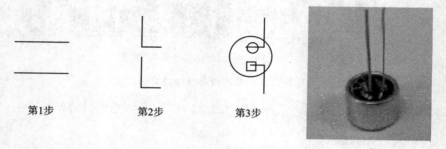

第1步　　　　　第2步　　　　　第3步

图 1.1.24　麦克风制作过程和实物图

⑭ 焊接 U2、U4 芯片座。焊接 U2、U4 的插座时应注意插座的凹进的方向应与电路板上的凹口方向一致;焊接 U1(SPCE061A)的插座时应注意插座的斜切口与电路板上的斜切口一致,如图 1.1.25 所示。

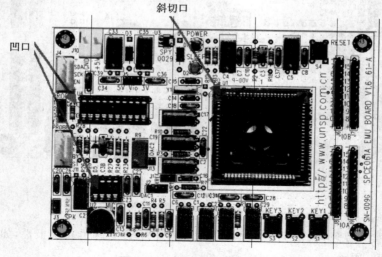

图 1.1.25　整体焊接效果图

⑮ 修整引脚。剪断已焊接元器件多余的引脚(长度保留 1 mm 左右即可)并检查是否所有的元器件均焊接完成。

3．测试和分析

整机测试流程图如图 1.1.26 所示。

1) 电源部分测试

注意：在电源测试期间请勿将单片机芯片插入座中，以免电源部分有问题造成芯片烧坏。

电源部分在电路板的左上角。在通电前和通电后使用数字万用表分别测试电路板的电阻和 12 个点的电压。电源测试步骤如下：

(1) 测试 61 板电源和地是否有短路

条件：断开电源并拔掉电池盒，将 J5 的 2、3 脚用短接子短接。

步骤：用万用表测量 J10 两脚的电阻是否为零。

现象 1：电阻为零。

结论：焊接过程中可能造成短路了。

解决办法：进行电源部分的排查，进入第(4)步。

现象 2：电阻大于 300 Ω。

结论：正常，进入第(2)步。

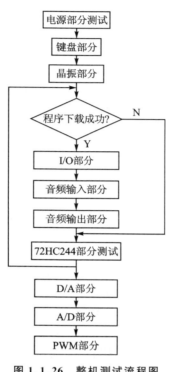

图 1.1.26 整机测试流程图

(2) 测试 61 板电源部分器件是否工作正常

条件：将三节 5 号电池装入电池盒中，接到 J10 处，将电池盒开关拨到 ON。

步骤：将电池盒开关拨到 ON。

现象 1：发光二极管 D1 没亮。这时应立即将电源断开。

结论：电源部分器件有问题。

解决办法：进行电源部分的排查，进入第(4)步。

现象 2：发光二极管 D1 点亮。

结论：正常，进入第(3)步。

(3) 测试 61 板上各器件，检查电源供电是否正常

条件：用跳线帽把 S5 的 1、2 脚短接(选择了 PROBE 端)。

步骤：测试 U1 的第 7 脚电压为 3.3 V 左右；

测试 U4 的第 20 脚电压为 3.3 V 左右；

测试 J4 的第 1 脚电压为 3.3 V 左右；

测试 U2 的第 7、8 脚电压为 4.5 V 左右；

测试 J6、J7、J8、J9 的正端电压为 4.5 V 左右（同上）。

现象 1：电压不正常。

结论：在供电的某个传输方向上出现了问题。

解决办法：对照原理图一步步排查。

现象 2：电压正常。

结论：正常，进行键盘部分测试。

（4）测试 61 板电源部分，分析哪个器件异常

条件：断开电源。

步骤：用万用表检查发光二极管是否正常（如方向弄错）；

测量 J10 的两端是否短路，如果是，先检查 D3 是否被击穿；

如果 J10 没有短路，再测 SPY0029A 的第 3 脚与地是否短路，如果是，检测 D4 是否被击穿（要先从电路板将负极拖开测试），否则就是 SPY0029A 坏掉了。

现象 1：发光二极管不亮。

结论：发光二极管坏了。

解决办法：更换发光二极管。

现象 2：D3 或 D4 反向导通。

结论：D3 或 D4 被击穿。

解决办法：更换 D3 或 D4。

现象 3：SPY0029A 的第 3 脚与地短路。

结论：焊接出错。

解决办法：清除短路。

现象 4：SPY0029A 无 3.3 V 输出。

结论：SPY0029A 坏了。

解决办法：更换 SPY0029A 并重新测试。

注意：将 SPY0029A 取下来时，需要将 4 个引脚堆锡同时加热，这个过程不要太长，否则焊盘加热时间长会产生氧化或者 PCB 导线（或焊盘）脱落。

2）键盘部分测试

目的：测试键盘输入是否正确。

条件：U1、U2、U4 芯片插座中不安放元器件；给 61 板通电，万用表选择"电压"挡，分别接 IOA0、IOA1、IOA2 的三个按键 KEY1、KEY2、KEY3，进行检测。

步骤：把万用表笔的负端（黑色表笔）接到电路板上的地，将正端（红色表笔）放在 IOA0 上，按下 KEY1 键，读取万用表上的电压值并记录，之后用同样的方法分别检测按下 KEY2、KEY3 键的电压值。

现象 1：电压为 0 V。

结论：不正常。

解决办法：更换按键，重新测试键盘部分。

现象 2：电压为高电平。

结论：正常，进入晶振部分测试。

3）晶振部分测试

石英晶体采用的频率是 32 768 Hz，其中的谐振电容分别是 C_{14}（20 pF）、C_{15}（20 pF）。

目的：测试晶振工作是否正常。

条件：U1、U2、U4 芯片插座中安放好元器件，给 61 板通电。

步骤：根据 OSCO、OSCI 是否有电压或波形可以判断晶体是否起振。OSCO 端电压在 1.0 V 以上时，就认为起振了。将万用表的负端（黑色表笔）接电路板上的地，万用表笔的正端（红色表笔）分别接 OSCO、OSCI 端，测试电压：$V_{OSCO} = 1.18$ V 左右，$V_{OSCI} = 0.55$ V 左右。同时用示波器查看波形，若输出脚 OSCO 没有波形输出，也认为没有起振。

现象 1：没有看到波形。

解决办法：检查电容是否坏了；若电容是好的，则更换晶振。更换晶振后，若还无波形则更换芯片。

现象 2：可以看到 32 768 Hz 的正弦波形。

结论：正常，进行 I/O 部分测试。

4）单片机 I/O 部分测试

目的：查看是否有漏焊或虚焊。

条件：U1、U2、U4 芯片插座中安放好元器件，不接喇叭；给 61 板通电，用下载器将程序 1 下载到 61 板上，若程序无法下载，先跳至数字部分 74HC244 的检查步骤。

步骤：将万用表的负端（黑色表笔）接电路板上的地，万用表笔的正端（红色表笔）分别接各 I/O 接口进行检测并记录。

现象 1：电压正确（IOA 口全为低，IOB 口全为高）。

解决办法：正常，进入音频输入部分的测试。

现象 2：电压不正确。

结论：排查漏焊或虚焊。

5）音频输入部分测试

目的：查看音频输入部分是否正常。

条件：断开电源，接上喇叭，用排线分别将 IOA 口的低 8 位与 IOB 口的低 8 位相连，IOA 口的高 8 位与 IOB 口的高 8 位相连，然后按下 RESET 复位键 S4。

步骤：把 S5 的上边两引脚（1、2 脚）短接，听到"I/O 测试成功"后，按 KEY3 键（这时候要是听见喇叭有很大的噪音，则是正常的现象。因为喇叭和麦克风离的近，解决的办法是改变电位器的阻值，用一字螺丝刀顺时针调节，直到噪声消失；若不起作用，就把喇叭取下，继续往下测试即可），采用示波器查看波形。

现象 1：无波形。

结论：音频输入部分有问题。

解决办法：按照原理图和各区元器件排序表中给出的器件顺序查找音频输入部分的问题。

现象 2：有不规则波形出现。麦克风输入信号有微小的波形变化；经过了一次放大，$V_{\text{MIC(OUT)}}$ 的波形变化要比 V_{MICN}、V_{MICP} 的波形明显得多；因为电阻 R_7 分压的作用，V_{OPI} 的波形比 $V_{\text{MIC(OUT)}}$ 波形变化要小，但是比 V_{MICN}、V_{MICP} 要大。

结论：正常，进入音频输出部分测试。

6）音频输出部分测试

目的：查看音频输出部分电路是否正常。

条件：同音频输入部分的测试条件。

步骤：采用示波器查看波形。

现象 1：无波形。

结论：音频输出部分不正常。

解决办法：按照原理图和各区元器件排序表中给出的器件顺序查找音频输出部分的问题。

现象 2：有不规则波形出现。

结论：正常，进入下载电路测试。

7）下载电路测试

目的：查看 74HC244 及外围电路是否连接正确。

条件：断开电源，数字万用表选择"鸣叫"功能。

步骤：用短接子把 S5 的 1、2 脚短接。

现象 1：根据表 1.1.5 所列，应该接通的地方没有接通。

表 1.1.5 74HC244 记录和分析表

检测位置		检测结果	
U4 引脚端	对应连接端	接通（正确）	未接通（不正确）
第 1 脚	S5 的第 1 脚	是	
第 2 脚	R_{23} 的一端	是	
第 4 脚	J4 的第 4 脚	是	
第 6、8、13、15、17 脚	地	是	
第 9 脚	J4 的第 4 脚	是	
第 10 脚	地	是	
第 11 脚	R_{24} 的一端	是	
第 19 脚	R_{26} 的一端	是	
第 20 脚	V_{CC}	是	

结论：连接有问题。

解决办法：按照原理图和各区元器件排序表中给出的器件顺序查找连接问题。

现象 2：根据表 1.1.5 所列，各部分测试正确。

结论：正常，进入 D/A 部分测试。

8）单片机 D/A 部分测试

SPCE061A 提供了两路 D/A 转换通道，分别是 DAC1、DAC2。通过示波器可看到 D/A 转换结果。把示波器接到 J2 的 DAC1 引脚端上，可以看到杂乱的波形；当对着 MIC 大声说话时，可看到波形的振幅会随着话音的起落进行相应变化；若看不到波形，则电路焊接不正确，请认真对照原理图查找原因。

目的：测试 D/A 部分电路。

条件：用排线分别将 IOA 口的低 8 位与 IOB 口的低 8 位相连，IOA 口的高 8 位与 IOB 口的高 8 位相连，然后按下 RESET 复位键 S4。

步骤：把 S5 的上边两脚（即 1、2 脚）短接，听到"I/O 测试成功"后，按 KEY3 键，用示波器查看 J2 的 DAC1 引脚端上波形，同时对着 MIC 大声说话。

现象 1：无振幅随声音变化而变化的波形。

结论：D/A 部分电路有问题。

解决办法：更换芯片 SPCE061A。

现象 2：有振幅随声音变化而变化的波形。

结论：正常，进入 A/D 部分电路测试。

9）单片机 A/D 部分测试

SPCE061A 的 A/D 转换内置了 8 个输入通道，其中 7 个通道用于普通的 A/D 转换（LINE_IN），与 IOA0～IOA6 复用；还有 1 个通道就是音频输入通道（MIC_IN）。

目的：测试 A/D 部分电路。

条件：用排线分别将 IOA 口的低 8 位与 IOB 口的低 8 位相连，IOA 口的高 8 位与 IOB 口的高 8 位相连，然后按下 RESET 复位键 S4。

步骤：听到"I/O 测试成功"后，按 KEY2 键。

现象 1：听到"A/D 测试失败"。

结论：A/D 部分有问题。

解决办法：更换芯片 SPCE061A。

现象 2：听到"A/D 测试成功"。

结论：正常，进入 PWM 输出部分测试。

10）脉冲宽度调制（PWM）输出部分测试

PWM 信号是一种具有固定周期（T）、不定占空比（τ）的数字信号，如图 1.1.27 所示。如果 PWM 信号的占空比随时间变化，那么通过滤波之后的输出信号将是幅度变化的模拟信号。因此控制 PWM 信号的占空比，就可以产生不同的模拟信号。

SPCE061A 内部具有 4 位计数器的时钟源信号，输出一个具有 4 位可调的脉宽

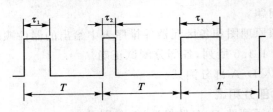

图 1.1.27　PWM 原理图

调制占空比输出信号 APWMO、BPWMO,输出端口分别对应 SPCE061A 的 IOB8、IOB9,具有 PWM 可以方便地控制电机或其他设备。具体的功能如图 1.1.28 所示。

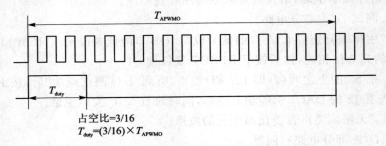

占空比=3/16

$T_{\text{duty}} = (3/16) \times T_{\text{APWMO}}$

图 1.1.28　SPCE061A 的占空比关系图

下面以 IOB8 来测量波形输出的变化,从而了解 PWM。

目的:测试 PWM 部分电路。

条件:用下载器将程序 2 下载到 61 板上。

步骤:按 KEY1 键后利用示波器观测 IOB8 的占空比(1/16)波形;

　　　按 KEY2 键后利用示波器观测 IOB8 的占空比(5/16)波形;

　　　按 KEY3 键后利用示波器观测 IOB8 的占空比(15/16)波形。

现象 1:按不同的键,没有占空比不同的波形出现。

结论:芯片 PWM 部分有问题。

解决办法:更换芯片 SPCE061A。

现象 2:按不同的键,有占空比不同的波形出现。

结论:正常,进入最后的综合测试。

断开板子的供电电源(电池盒关闭),做实验记录。

11) 综合测试

用下载器将测试程序 1 下载到 61 板上。

① 主要检测部分有:

a. I/O 口(A 口作为输入,B 口作为输出);

b. 睡眠功能(进入睡眠状态,睡眠指示灯点亮);

c. A/D 转换输入(B 口的低 7 位作为模拟电压源输出,对应 A 口的 7 个通道采样转换);

d. 音频输入及音频输出(同时实现 A/D 和 D/A 转换功能)。

② 61 板检测的具体步骤(见图 1.1.29 检测流程):

第 1 步:连接电源,可以连接 3 节电池,也可以直接接 5 V 的稳压源进行供电。

现象:当电源接通时,红色的发光二极管会点亮。按下 RESET 复位键 S4,有语音提示"欢迎进入自检模式",因为此时还没有连线,所以会听到"I/O 测试失败"的警告,这时就要进行第 2 步的操作。

第 2 步:用排线分别将 IOA 口的低 8 位与 IOB 口的低 8 位相连,IOA 口的高 8位与 IOB 口的高 8 位相连,然后按下 RESET 复位键 S4。

现象:当按下复位键后,程序开始执行语音提示"欢迎进入自检模式",当听到语音"I/O 测试成功"后,进行第 3 步操作。

第 3 步:按 KEY1 键进行睡眠功能测试。

现象:如果测试成功,会看到绿色的发光二极管 D2 灭一下,并有语音提示"睡眠测试成功",否则提示"睡眠测试失败",然后进行第 4 步操作。

第 4 步:按下 KEY2 键进行 A/D 转换的测试。

现象:语音提示"A/D 测试成功",否则提示"A/D 测试失败",然后进入第 5 步操作。

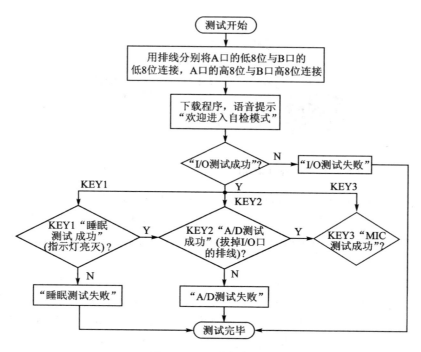

图 1.1.29　测试流程图

第 5 步:拔掉第 2 步测试时的排线,并按下 KEY3 键测试 MIC 输入及 D/A 转换输出是否正常。

现象：在 MIC 上轻轻地拍几下，是否有声音输出；如果有，则说明 MIC 输入和 D/A 转换输出部分正常。

第 6 步：实验完毕后断开电路板的供电电源（电池盒关闭）、万用表电源，认真做实验记录。

以上操作只有当 I/O 测试成功时按键才会有效，如果在哪一步检测出现失败，那么就请认真检测该部分电路，可以按"测试和分析"部分的内容再检查一次。

4. 61 板的开发

61 板的开发是通过下载线（EZ_PROBE）或在线调试器（PROBE）实现的。用它可以替代在单片机应用项目的开发过程中常用的两件工具——硬件在线实时仿真器和程序烧写器。它利用了 SPCE061A 芯片内置的在线仿真电路 ICE 和凌阳公司的在线串行编程技术。EZ_PROBE 和 PROBE 工作在凌阳 IDE 集成开发环境软件包下，对应的 5 芯仿真头分别连接到 61 板的缓冲电路输入引脚和 SPCE061A 芯片相应引脚上，实现在目标电路板上的 MCU（SPCE061A）调试、运行用户编制的程序；另一头是标准 25 针打印机接口，直接连接到计算机打印口与上位机通信，如图 1.1.30 所示。在计算机 IDE 集成开发环境软件包下，完成在线调试功能。

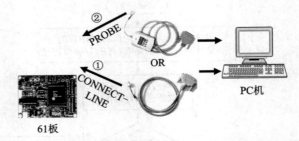

图 1.1.30　61 板、PROBE/下载线、计算机三者之间的连接图

EZ_PROBE 与 PROBE 不同的是，在 IDE 集成开发环境下需要选择当前使用哪一种方式进行调试，具体操作如图 1.1.31 所示。PROBE 共有 3 种选择方式：采用自动方式调试可选 Auto；采用 PROBE 调试可选 Printer_Probe；采用 EZ_PROBE 调试可选 EZ_Probe。

凌阳公司提供的 16 位单片机开发环境 IDE（集成开发环境），在 Windows 环境下操作，支持标准 C 语言和汇编语言，集编译、编程、链接、调试和仿真于一体，应用方便，简单易学；同时还提供大量的编程函数库，大大加快了软件开发的进程。

集成开发环境 IDE 具有友好的交互界面、下拉菜单、快捷键和快速访问命令列表等，使编程、调试工作方便且高效。此外，它的软件仿真功能可以在不连接仿真板的情况下模拟硬件的各项功能来调试程序。

在集成开发环境 IDE 中，可以非常方便地将编写好的程序通过 61 板配套的下载

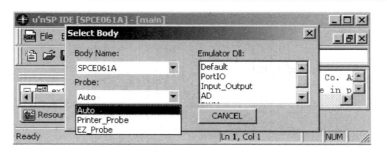

图 1.1.31　IDE 集成环境

线下载到 61 板上进行在线调试,具体的操作步骤可以参见凌阳公司 16 位单片机开发环境 IDE 相关文档。

1.1.5　实训思考与练习题：制作 SPMC75F24/ 3A 最小系统

试采用 SPMC75F2413A 制作一个单片机最小系统,系统包括 16 位 MCU SPMC75F2413A - QFP80；6 个功能按键；4 位数码管显示电路；4 KB 的 EEPROM(AT24C04)；8 个 LED(指示操作状态,连接到 IOD 口的低 8 位)；1 个多圈电位器；RS - 232 通信接口(连接如 DMCToolkit 等软件)；积分编码器接口；电机控制 PWM 发生器和 BLDC 驱动位置霍尔接口；凌阳公司的 ICE 调试器接口。

参考电路[9] 如图 1.1.32～1.1.44 所示。SPMC75F2413A 有关资料请登录 www. sunplusMCU. com 查询。设计印制电路板时请注意,SPMC75F2413A 采用 QFP - 80 封装形式。

制作提示：

1) SPMC75F2413A 单片机

① SPMC75F2413A 单片机具有高性能的 16 位内核,凌阳 16 位 μ'nSP^{TM} 处理器,Wait 和 Standby 共 2 种低功耗模式,片内低电压检测电路,片内基于锁相环的时钟发生模块,最高运行频率为 24 MHz,片内存储器包括 32 KB(32K×16 位)Flash 和 2 KB(2K×16 位) SRAM,工作温度范围为－40～85℃。

② 10 位的 ADC 模块,可编程的转换速率,最大转换速率为 100 ksps；8 个外部输入通道,可与 PDC 或 MCP 等定时器联动,实现电机控制中的电参量测量。

③ 通用异步串行通信接口(UART),标准外围接口(SPI)。

④ 64 个通用输入/输出引脚。

⑤ 可编程看门狗定时器。

⑥ 内嵌在线仿真功能,可实现在线仿真、调试和下载。

⑦ 两个 PDC 定时器 PDC0 和 PDC1。

⑧ 可同时处理三路捕获输入,可产生三路 PWM 输出(中心对称或边沿方式),BLDC 驱动的专用位置侦测接口两相增量码盘接口,支持四种工作模式,拥有四倍频

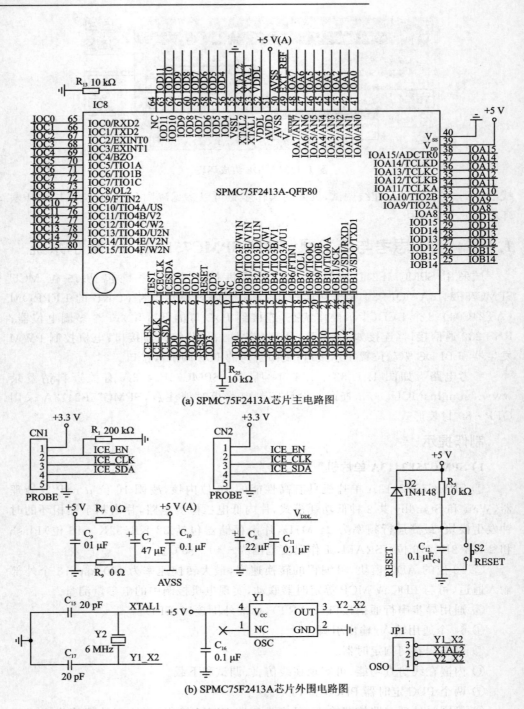

(a) SPMC75F2413A芯片主电路图

(b) SPMC75F2413A芯片外围电路图

图 1.1.32　SPMC75F2413A 单片机电路图

电路。

⑨ MCP3 和 MCP4 两个 MCP 定时器，能够产生三相六路可编程的 PWM 波形（中心对称或边沿方式），例如，三相的 SPWM、SVPWM 等，提供 PWM 占空比值同步载入逻辑，可选择与 PDC 的位置侦测变化同步，可编程的硬件死区插入功能，死区时间可设定，可编程的错误和过载保护逻辑。

⑩ 一个 TPM 定时器（TPM2），可同时处理两路捕获输入，可产生两路 PWM 输出（中心对称或边沿方式）。

⑪ 两个 CMT 定时器。

SPMC75F2413A 单片机电路如图 1.1.32 所示。

2）EEPROM 数据存储电路

EEPROM 数据存储电路如图 1.1.33 所示。电路以 4 Kb 的 EEPROM 芯片 AT24C04 为核心构成。SPMC75F2413A 通过软件模拟 I^2C 时序的方式访问 AT24C04。

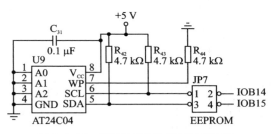

图 1.1.33　EEPROM 数据存储电路图

3）I/O 端口扩展电路

I/O 端口扩展电路如图 1.1.34 所示。电路将 SPMC75F2413A 所有 I/O 口外引，为扩展应用电路提供方便。

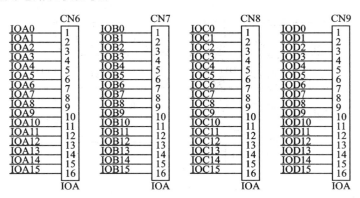

图 1.1.34　I/O 端口扩展电路图

4）积分编码器接口电路

积分编码器接口电路如图 1.1.35 所示。IOA13 和 IOA14 分别作为积分编码器的 A 相和 B 相脉冲信号输入，IOC5 作为积分编码器的 Z 相清零脉冲信号输入。

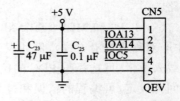

图 1.1.35   积分编码器接口电路图

5）电机控制接口电路

电机控制接口电路如图 1.1.36 所示。

6）LED 显示电路

LED 显示电路如图 1.1.37 所示。电路由 8 个 LED 及其相应的限流电阻构成。可通过跳接 JP8 来使能 LED 显示功能，所有 LED 均连接到 IOD 口的低 8 位。

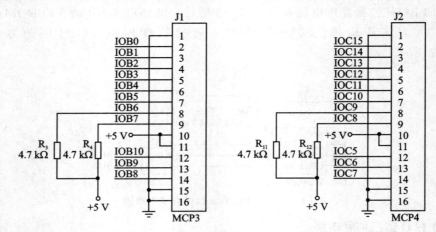

图 1.1.36   电机控制接口电路图

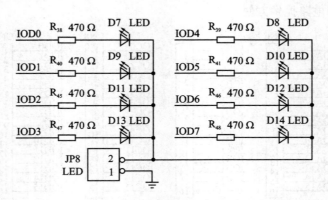

图 1.1.37   LED 显示电路图

7）LED 数码管电路

LED 数码管电路如图 1.1.38 所示。电路用 2 片 74HC595 串行输入、并行输出

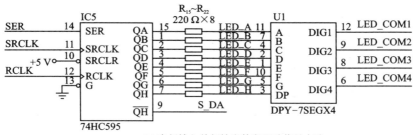

(a) 串行输入并行输出的段驱动信号电路

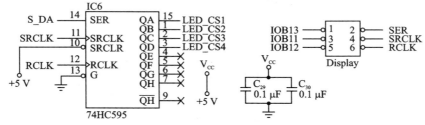

(b) 串行输入并行输出的位驱动信号电路

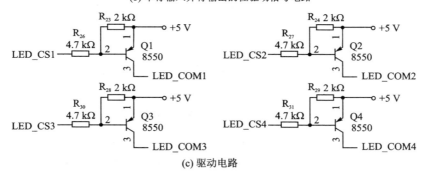

(c) 驱动电路

图 1.1.38　LED 数码管电路图

的锁存器构成显示驱动接口，显示的段驱动信号和位选信号均由 74HC595 提供。图中的 PNP 三极管作扩流开关使用，为数码管和 LED 提供公共极驱动信号。SPMC75F2413A 通过时序模拟的方式将显示所需数据送入 74HC595 并显示出来，通信时序如图 1.1.39 所示。所有信号均是低有效，即点亮某段 LED 则相应的位选信号和段驱动信号都必须为零。SPMC75F2413A 每隔 2 ms 传送一次数据，一次 16 位。高 8 位为位选信号，低 8 位为相应的段驱动信号。

8）RS－232 通信接口电路

RS－232 通信接口电路如图 1.1.40 所示，电路由 MAX232 及其外围电路构成。

9）键盘电路

键盘电路如图 1.1.41 所示。电路由 6 个按键及其相应的下拉电阻组成。通常，I/O 口被电阻接到低电平。当键被按下时，相应的 I/O 输入将变为高电平。

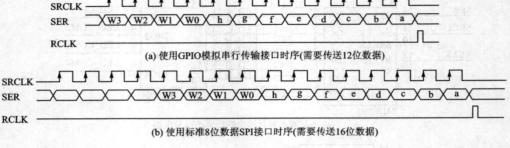

(a) 使用GPIO模拟串行传输接口时序(需要传送12位数据)

(b) 使用标准8位数据SPI接口时序(需要传送16位数据)

图 1.1.39　显示接口时序图

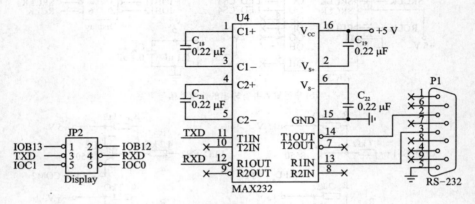

图 1.1.40　RS-232 通信接口电路图

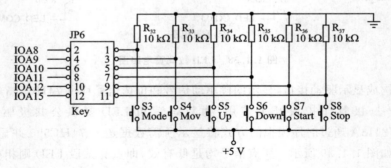

图 1.1.41　键盘电路图

10) 模拟给定电路

模拟给定电路如图 1.1.42 所示。电路是由一个多圈电位器和滤波电容组成。通过调节电位器得到不同的电压值,后经 A/D 转换后供系统使用。A/D 使用 SPMC75F2413A 内部的 ADC 模块,并选用 IOA0 作为输入通道。电路中,JP4 及其外围构成 SPMC75F2413A 内部 ADC 的参考电源选择接口。用户可以在此选+5 V (A)或是直接外部输入电压作为 SPMC75F2413A 的 ADC 参考电源。

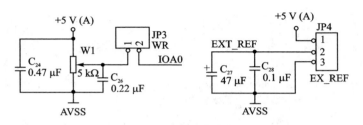

图 1.1.42　模拟给定电路图

11）电源电路

电源电路如图 1.1.43 所示。电路主要由 LM7805 构成，由外部输入的 9 V 直流电源经由 D1 组成的电源反接保护电路和电源开关 S1 后输入 LM7805，经 LM7805 稳压后为系统提供 +5 V 的工作电源。同时 C_{13}、R_{10}、D5 和 C_{14} 组成一个 3.3 V 的稳压电路，为外部 PROBE 调试器提供接口电源。

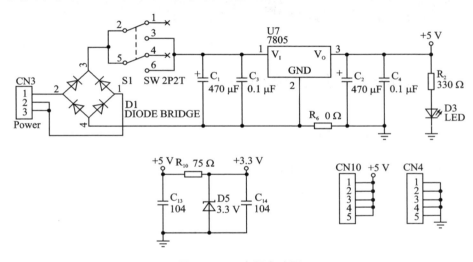

图 1.1.43　电源电路图

12）SPMC75F2413A 最小系统实物

SPMC75F2413A 最小系统实物图如图 1.1.44 所示。

13）系统开发

SPMC75F2413A 最小系统采用一根 RS－232 通信电缆与 PC 机连接，凌阳公司提供 DMC Toolkit 调试软件和 μ'nSP IDE 集成开发环境用于系统开发，而且还提供应用实例源码和详细的设计说明，以及交流感应电机驱动函数库和无刷直流电机驱动函数库等软件资源。

图 1.1.44　SPMC75F2413A 最小系统实物图

1.2　AT89S52 单片机最小系统

1.2.1　实训目的与器材

实训目的：制作一个基于 AT89S52 的单片机最小系统。

实训器材：常用电子装配工具、万用表、示波器、AT89S52 单片机最小系统电路元器件，如表 1.2.1 所列。

表 1.2.1　AT89S52 单片机最小系统电路元器件

符　号	名　称	型　号	数量	备　注
单片机电路				
U13	单片机	AT89S52	1	8051
R_{36}	电阻器	RTX - 0.125W - 10 kΩ	1	
C_{24}	电容器	CD11 - 22 μF/10 V	1	
C_{25}, C_{26}	电容器	CC - 30 pF/100 V	2	
Y2	晶振	6 MHz	1	
J10	连接插座	9pin	1	CON9
指拨开发、按键和显示电路				
U8	锁存器	74HC373	1	
A2	LED 显示器	7 段数码管×4	1	

续表 1.2.1

符　号	名　称	型　号	数量	备　注
Q3～Q6,Q12	晶体管	C9012	5	
D1,D20～D26	二极管	IN4148	8	
D27～D34	发光二极管	LED	8	
R_4～R_8,R_{18}～R_{20}	电阻器	RTX－0.125 W－470 Ω	8	
R_{37}～R_{41}	电阻器	RTX－0.125 W－10 kΩ	5	
S1,S3,S6,S7	按键开关	6×6	4	SW－PB×2, KEY1,KEY2
S5	指拨开关	DIP－6	1	
Designator2 Comment	插座	3pin	1	
J6	插座	16pin	1	CON16
EEPROM 存储器电路				
U12	存储器	AT24C02	1	
R_{22},R_{23}	电阻器	RTX－0.125 W－10 kΩ	2	
C_1	电容器	CC－0.1 μF/100 V	1	104
RS－232 接口电路				
U11	RS－232 接口	MAX232	1	
C_{16}～C_{20}	电容器	CC－0.1 μF/100 V	5	104
J9	插座	2pin	1	CON2
J3	插座	DB9	1	
J11	插座	S51－ISP	1	
A/D 转换电路				
U10	8 位串行 A/D 转换器	TLC549	1	
R_{21}	电位器	10 kΩ	1	
C_{23}	电容器	CD11－10 μF/50 V	1	
蜂鸣器电路				
U5	蜂鸣器	BELL φ10	1	
Q1	晶体管	C9012	1	
R_3	电阻器	RTX－0.125 W－100 Ω	1	
R_1	电阻器	RTX－0.125 W－2 kΩ	1	
R_2	电阻器	RTX－0.125 W－4.7 kΩ	1	
电源电路				
U14	三端稳压器	LM7805	1	
D35	桥堆	2 A/50 V	1	

全国大学生电子设计竞赛制作实训（第 3 版）

符　号	名　　称	型　　号	数量	备　注
D36	发光二极管	LED	1	
R_{42}	电阻器	RTX－0.125 W－3 kΩ	1	
C_{15}，C_{21}，C_{22}	电容器	CC－0.1 μF/100 V	3	
C_{27}，C_{28}	电容器	CD11－470 μF/25 V	2	
J12	电源插座	2pin	1	POWER

1.2.2 AT89S52 的主要特性

AT89S52 是一个低功耗、高性能 CMOS 的 8 位单片机。器件采用 ATMEL 公司的高密度、非易失性存储技术制造，兼容标准 MCS－51 指令系统及 80C51 引脚结构。芯片内集成了通用 8 位中央处理器和 ISP Flash 存储单元，具有 8 KB Flash 片内程序存储器，256 字节的随机存取数据存储（RAM），32 个外部双向输入/输出（I/O）口，5 个中断优先级，2 层中断嵌套中断，2 个 16 位可编程定时/计数器，2 个全双工串行通信口，看门狗（WDT）电路，片内时钟振荡器。

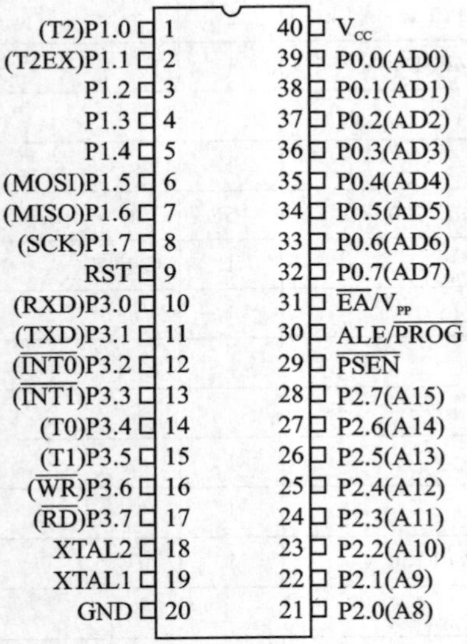

AT89S52 设计和配置了振荡频率可为 0 Hz，可通过软件设置省电模式。空闲模式下，CPU 暂停工作，而 RAM 定时/计数器、串行口、外中断系统可继续工作；掉电模式冻结振荡器而保存 RAM 的数据，停止芯片其他功能直至外中断激活或硬件复位。AT89S52 的工作电源电压为 4.5～5.5 V，时钟频率为 0～33 MHz，采用 PDIP、TQFP 和 PLCC 三种封装形式，可为许多嵌入式控制应用系统提供高性价比的解决方案。AT89S52 的封装形式如图 1.2.1 所示。

```
(T2)P1.0 □ 1        40 □ Vcc
(T2EX)P1.1 □ 2      39 □ P0.0(AD0)
P1.2 □ 3            38 □ P0.1(AD1)
P1.3 □ 4            37 □ P0.2(AD2)
P1.4 □ 5            36 □ P0.3(AD3)
(MOSI)P1.5 □ 6      35 □ P0.4(AD4)
(MISO)P1.6 □ 7      34 □ P0.5(AD5)
(SCK)P1.7 □ 8       33 □ P0.6(AD6)
RST □ 9             32 □ P0.7(AD7)
(RXD)P3.0 □ 10      31 □ EA/Vpp
(TXD)P3.1 □ 11      30 □ ALE/PROG
(INT0)P3.2 □ 12     29 □ PSEN
(INT1)P3.3 □ 13     28 □ P2.7(A15)
(T0)P3.4 □ 14       27 □ P2.6(A14)
(T1)P3.5 □ 15       26 □ P2.5(A13)
(WR)P3.6 □ 16       25 □ P2.4(A12)
(RD)P3.7 □ 17       24 □ P2.3(A11)
XTAL2 □ 18          23 □ P2.2(A10)
XTAL1 □ 19          22 □ P2.1(A9)
GND □ 20            21 □ P2.0(A8)
```

图 1.2.1 AT89S52 的封装形式（PDIP）

1.2.3 AT89S52 单片机最小系统的电路结构

设计的 AT89S52 单片机最小系统具有 2 KB SRAM（ATM24C02）；8 个 LED 显示、4 个按键、4 个七段数码管与 6 键拨盘组成的键盘/显示电路；RS－232 串行通信接口（MAX232）；8 位串行 A/D 转换电路 TLC549；字符液晶显示屏接口；无源蜂鸣器电路 BUZZER。通过 ISP 接口，用户可利用 PC 机直接将程序下载到单片机中，不需要使用编程器工具实现编程、程序下载。

1. AT89S52 单片机电路

AT89S52 单片机外围电路如图 1.2.2 所示。时钟电路采用频率为 11.059 26 MHz 的晶振。在复位电路中,当 RESET 信号为低电平时,系统为工作状态;当 RE-SET 信号为高电平时,系统为复位或下载程序状态。AT89S52 具有 ISP 的功能,可以通过接口直接将程序下载到单片机内。在下载程序状态下,RESET 信号被拉高,系统进行程序下载,待程序下载完毕后,RESET 重新拉低,变为运行状态。用户可以通过切断电源进行手动复位,或者通过重新下载新的程序进行复位。

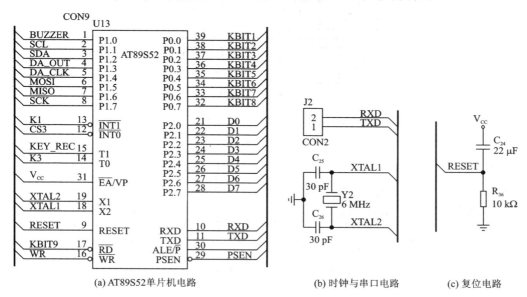

(a) AT89S52单片机电路　　　　(b) 时钟与串口电路　　　(c) 复位电路

图 1.2.2　AT89S52 单片机外围电路

2. 指拨开关、按键和显示电路

系统设计了 1 个 6 位的指拨开关 S5,1 个 4 位一体的共阳 LED 数码管 A2 和 8 个 LED 发光管 D1、D20～D26,其电路原理图如图 1.2.3 所示。该单元电路主要特点是采用总线来扩展用户的 I/O 单元,74HC373(U2)是用户数据锁存器。LED 发光管、LED 数码管和按键都共用数据口。各单元分别由其他 I/O 口控制。其中 KBIT4～KBIT7 是数码管的位选控制信号,KBIT8 是 8 个 LED 发光二极管的片选信号,KEY_REC 是按键输入检测信号。

数码管、指拨开关和发光二极管在系统中采用分时扫描控制。当控制数码管显示时,KBIT4～KBIT7 控制 4 个数码管的位码,KBIT4～KBIT7 为低电平时,三极管 Q7～Q10 导通,数码管点亮,显示段码的数据。当控制 LED 发光二极管时,KBIT8 为低电平,三极管 Q11 导通,此时,只要 D10～D17 输入低电平就可以点亮 LED。当

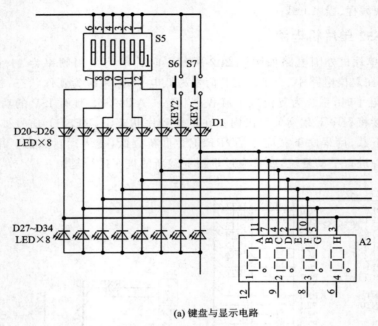

(a) 键盘与显示电路

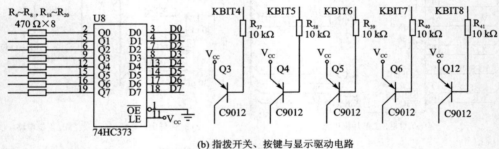

(b) 指拨开关、按键与显示驱动电路

图 1.2.3 指拨开关按键和 LED 显示电路图

按键控制时,KEY_REC 是连在单片机的 T1 口上的,给 D10~D17 输入低电平,控制单片机扫描 KEY_REC 口。如果按键有键按下,则与按键相连的二极管导通,将电压钳位在 0.7 V。当扫描到 KEY_REC 变为低电平时,就可以判断有键按下。

3. 独立按键电路

系统为用户提供了 2 个独立按键 K1 和 K3,其电路原理图如图 1.2.4 所示。K1 与中断口 INT1 相连,K3 与时钟口 T0 相连。用户可以通过这两个按键实现外部中断或者计时中断。

4. 蜂鸣器电路

蜂鸣器电路如图 1.2.5 所示。该电路采用晶体管 Q1 来驱动蜂鸣器,BUZZER 与 P1.0 口相连,当 P1.0 口输出高电平时,蜂鸣器不响;当 P1.0 口输出低电平时,蜂鸣器发出响声。控制 P1.0 口输出高、低电平的时间和变化频率,可以改变蜂鸣器发出的声音。

5. LCD 液晶显示接口电路

系统提供一个标准的 LCD 液晶显示器接口 J6,接口电路如图 1.2.6 所示。该接口共有 16 个引脚,其中预留了引脚 15 和 16 为背光源输入。LCD 液晶显示器引脚功能如表 1.2.2 所列。接口的 7~14 引脚经过上拉电阻直接与单片机的 P0.0~P0.7 相连,由单片机直接控制读/写信号及其控制信号。

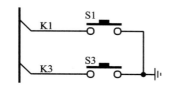

图 1.2.4 独立按键电路图

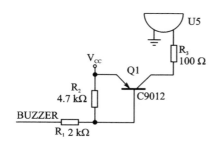

图 1.2.5 蜂鸣器电路图

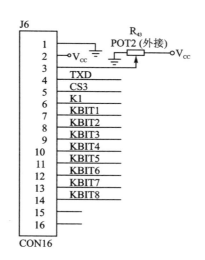

图 1.2.6 标准液晶显示接口

表 1.2.2 LCD 液晶显示器引脚功能表

引 脚	符 号	输入/输出	功 能
1	V_{SS}		电源地：0 V
2	V_{DD}		电源：5 V
3	$V_1 \sim V_5$		LCD 驱动电压：0~5 V
4	RS	输入	寄存器选择："0"指令寄存器,"1"数据寄存器
5	R/W	输入	"1"读操作,"0"写操作
6	E	输入	使能信号：R/W=0,E 下降沿有效；R/W=0,E 高电平有效
7~10	D0~D3	输入/输出	数据总线的低 4 位,与 4 位 MCU 连接时不用
11~14	D4~D7	输入/输出	数据总线的高 4 位

6. A/D 转换电路

系统为用户提供了一个 8 位串行的 A/D 转换电路,如图 1.2.7 所示。该电路采

全国大学生电子设计竞赛制作实训(第3版)

用 TLC549 芯片。TLC549 有片内系统时钟,该时钟与 I/O CLOCK 是独立工作的,无须特殊的速度或相位匹配。TLC549 的引脚端 4、8 为电源输入和接地;引脚端 2 为采样电压输入;引脚端 1、3 为参考电压输入;引脚端 5 为片选信号,在系统中直接接地,保持一直处于工作状态;引脚端 7 为时钟信号的输入;引脚端 6 为转换后的串行数据输出,接到单片机的 P1.3 上。

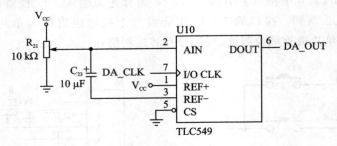

图 1.2.7 TLC549 电路图

7. EEPROM 存储器电路

EEPROM 存储器电路图如图 1.2.8 所示。AT24C02 存储器电路图中使用串行 I²C 总线,通过串行数据线 SDA 和串行时钟线 SCL 完成对串行 EEPROM 芯片 AT24C02 的读/写操作。

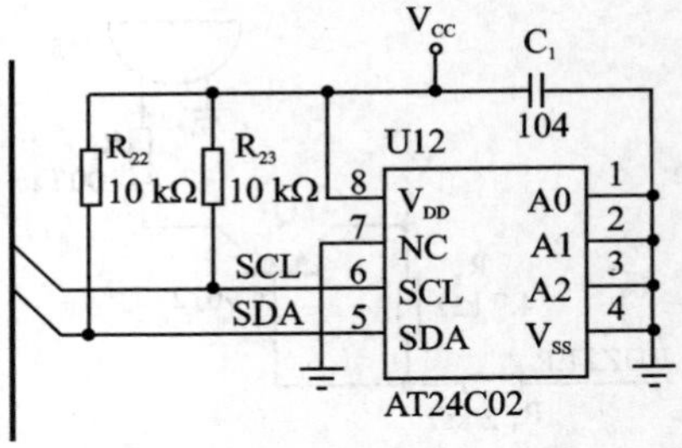

图 1.2.8 AT24C02 存储器电路图

8. RS-232 接口电路

RS-232 接口电路如图 1.2.9 所示。该电路采用 MAX232 芯片构成 RS-232 接口,实现与 PC 机通信。

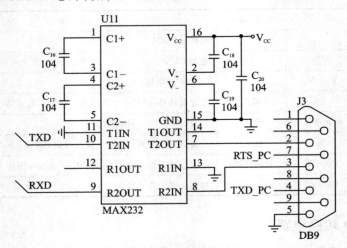

图 1.2.9 RS-232 接口电路图

9. 电源电路

电源电路如图 1.2.10 所示。该电路采用 LM7805 为系统提供 5 V 电压。

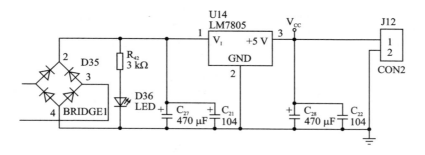

图 1.2.10　电源电路图

1.2.4　AT89S52 单片机最小系统的制作步骤

1. 印制电路板制作

按印制电路板设计要求,设计 AT 89S52 单片机最小系统电路的印制电路板图,如图 1.2.11 所示为元器件布局图,图 1.2.12(a)为顶层印制电路板图,图 1.2.12(b)为底层印制电路板图。该电路板选用的是一块 120 mm×170 mm 单面环氧敷铜板。印制电路板制作过程请参考《全国大学生电子设计竞赛技能训练(第 2 版)》。

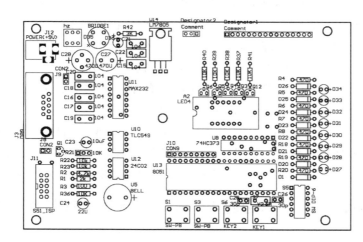

图 1.2.11　元器件布局图

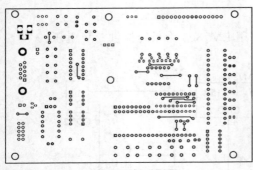
(a) 顶层印制电路板图

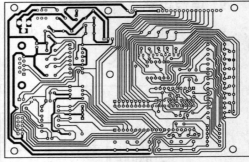
(b) 底层印制电路板图

图 1.2.12　AT89S52 单片机最小系统电路的印制电路板图

2. 元器件焊接

在印刷电路板上焊接元器件前请认真对照原理图,仔细查看印刷电路板,找到对应元器件的功能区后,开始准备元器件和工具。元器件焊接方法与要求请参考《全国大学生电子设计竞赛技能训练(第 2 版)》有关章节。此电路板焊接要求使用 25 W 左右的尖头烙铁。

注意:元器件布局图中所有元器件符号均未采用下标形式。

3. 系统开发

系统可以采用西南—WMCS51 软件开发,西南—WMCS51 集成开发环境是江苏启东达爱思计算机有限公司开发的、基于 51 单片机内核的微处理器软件开发平台,可以完成工程建立和管理、编译、链接、目标代码的生成、软件仿真等开发流程。其 C 语言编译工具在产生代码的准确性和效率方面具有较高的水平。

下载软件采用 Easy 51Pro,Easy 51Pro 软件是一个共享的在线编程下载软件,与编程器配合使用可对 ATMEL 公司的 AT89C51、AT89S51、AT89C4051、AT89S52 等 MCU 进行 ISP 编程;与系统配合使用无需编程器即可实现 ISP 在线编程;用户可以方便地将程序下载到单片机中;界面美观,操作简单方便;兼容性好,支持多种操作系统。Easy 51Pro 是共享软件,下载后可直接使用,无须安装。

1.2.5　实训思考与练习题 1:制作 AT89S2051／4051 最小系统

试采用 AT89S2051/4051 制作一个单片机最小系统,AT89S2051/4051 是具有 2 KB/4 KB Flash 存储器的 8 位微控制器,采用 PDIP/SOIC - 20 封装,引脚端封装形式如图 1.2.13 所示。

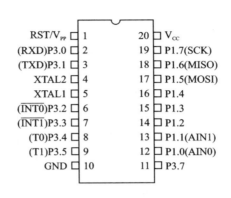

图 1.2.13　AT89S2051/4051 引脚端封装形式

1.2.6　实训思考与练习题 2：制作 74 系列芯片测试仪

试采用 AT89S52 制作一个 74 系列芯片测试仪,参考电路和印制电路板图如图 1.2.14 和图 1.2.15 所示。

制作提示：

【设计思路】

74 系列一般可分为 74××(标准型)、74LS××(低功耗肖特基)、74S××(肖特基)、74ALS××(先进低功耗肖特基)、74AS××(先进肖特基)和 74F××(高速)等几种。其中,高速 CMOS 电路的 74 系列可分为 3 大类：HC 为 COMS 工作电平；HCT 为 TTL 工作电平,可与 74LS 系列互换使用；HCU 适用于无缓冲级的 CMOS 电路。这些 74 系列产品,只要后边的标号相同,其逻辑功能和引脚排列就相同。根据不同的条件和要求可选择不同类型的 74 系列产品。本测试仪的主要功能是测试 74 系列芯片的逻辑功能是否损坏。采用单片机加数据库的方法建立了一套统一、完整的测试方法。这一套方法建立在以下基础上：

① 芯片种类繁多,但芯片的 V_{cc} 引脚固定,且使能端的引脚数量一般在 20 个以下。

② 根据不同的芯片,每一种芯片建立一个数据组,在每个数据组中说明不同的引脚功能,包括输入引脚、输出引脚、使能端、GND、V_{cc}、扩展端口等。

③ 采用多组不同的测试数据,多次测试的方法。

【程序流程】

① 读取拨盘号码。

② 根据读取的拨盘数字在库中寻找元器件,得到元器件的输入口、输出口、使能端以及测试对比数据。

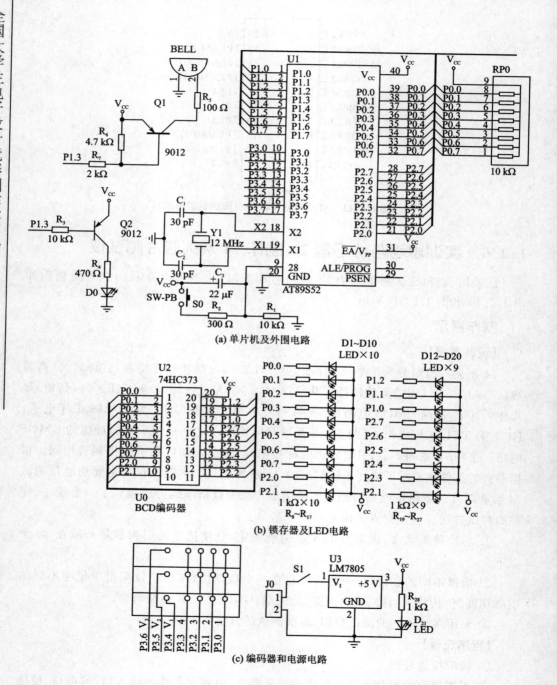

(a) 单片机及外围电路

(b) 锁存器及LED电路

(c) 编码器和电源电路

图1.2.14 74系列芯片测试仪电路原理图

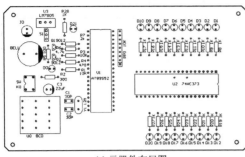 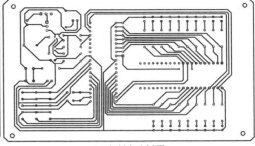

(a) 元器件布局图　　　　　　　　　　(b) 印制电路板图

图 1.2.15　74 系列芯片测试仪印制电路板图

③ 把得到的元器件信息放到 10 位的数组 a[10]中备用。

④ 分解元器件的信息(输入口、输出口、GND、V_{CC}、使能端的位置)将输出口位置信息放入 d[20]中,输入口位置信息放入 e[20]中。

⑤ 把测试数组的第 1 组按元器件的输入口信息 e[20]送入输出口。

⑥ 从 d[20]中得到输出引脚位置,读入引脚的输出值。

⑦ 将读到的数据与元器件的数据组中的原始数据进行对比(从数组 a[6]开始)。

⑧ 判断读到的数据,如果结果正确,则 C 自加。

⑨ 测试下一组数据,直到 8 组数据全部测完。

⑩ 如果 C=8,就说明 8 组数据都正确。

⑪ 启动蜂鸣器,如果 8 组数据全部正确,则短叫三声;如果数据错误,则长叫两声。

⑫ 测试结束。

1.3　ADμC845 单片数据采集最小系统

1.3.1　实训目的与器材

实训目的:制作一个基于 ADμC845 的单片数据采集最小系统。

实训器材:常用电子装配工具、万用表、示波器、ADμC845 的单片数据采集最小系统电路元器件,如表 1.3.1 所列。

表 1.3.1　ADμC845 的单片数据采集最小系统电路元器件

符　号	名　称	型　号	数　量	备　注
U1	单片数据采集芯片	ADμC845	1	ADI
U2	三端稳压器	ZR78L05G	1	SOT223,200 mA,Farnell 572 - 239
U3	三端稳压器	ADR421	1	ADI
U4	运算放大器	OP284ES	1	ADI
D1,D2,D3	整流二极管	PRLL4002	3	SMD Diode(SOD - 87 case) Y Farnell 316 - 2734
D4	发光二极管	绿色 LED	3	SMD Farnell 515 - 620
D5	发光二极管	红色 LED		SMD Farnell 515 - 607
R_1	电阻器	5.62 kΩ	1	0.063 W,±1%,SMD,0603
R_2,R_3,R_9, $R_{11} \sim R_{18}$	电阻器	1 kΩ	11	0.063 W,±1%,SMD,0603
R_4,R_5	电阻器	0 Ω	2	0.063 W,±1%,SMD,0603
R_6,R_8	电阻器	560 Ω	2	0.063 W,±1%,SMD,0603
R_7	电阻器	1.6 Ω	1	0.063 W,±1%,SMD,0603
L_1	铁氧体磁珠		1	1206,Farnell 581 - 094
$C_1,C_2,C_4,C_6 \sim$ $C_{13},C_{20} \sim C_{27}$	电容器	CC - 0.1 μF	19	SMD,0603,Farnell 317 - 287
C_3,C_5,C_{14},C_{16}, C_{17}	电容器	CA - 10 μF - 10 V	4	SMD,Taj - A Case,Farnell 197 - 130
C_{15}	电容器	CA - 0.33 μF - 35 V	1	SMD,Taj - A Case,Farnell 197 - 130
C_{18},C_{19}	电容器	未使用	0	
Y1	晶振	32.768 kHz	1	
J1	电源插座	4pin	1	PCB 安装插座,引脚直径 2 mm,Kycon(Sable Electronics)KLD - SMT2 - 0202 - A
J2	插头	20pin	1	Samtec(Sable Electronics) TSM - 120 - 01 - T - SV
J3	插头	28pin	1	Samtec(Sable Electronics) TSM - 128 - 01 - T - SV
J5	插头	4pin	1	Samtec(Sable Electronics) TSM - 105 - 01 - T - SV

符 号	名 称	型 号	数量	备 注
J4,J6	插头	5pin	2	
J7	插头	6pin	1	
S1,S2,S3	按键开关	DIP-8	3	6 mm,SMD,Farnell 177-807
S4	开关	DIP-8	1	SMD,Farnell 566-718

1.3.2　ADμC845 的主要特性

美国 ADI(Analog Device Inc.)公司在 20 世纪 90 年代后期开始生产与 8052 兼容的单片机 ADI 微转换器(MicroConverter)。ADI 早期产品为 ADμC812、ADμC816 和 ADμC824,分别具有 12 位、16 位和 24 位 ADC。这些微转换器最突出的优点有 3 个:

(1) 率先集成了精密 ADC、DAC 及 Flash 存储器于微转换器中。这一特点特别适合于测控系统和仪器仪表中。

(2) 用 RS-232 或一根口线实现在线调试和在线编程的功能。不需要专门的硬件仿真器和 JTAG 接口,只要有一台 PC 机,便能完成系统硬件的在线调试、编程或对系统升级。

(3) 采用 8051 内核。这意味着很多人可以顺畅地过渡到采用 ADμC 系列单片机开发新产品或对旧产品升级。

近年,ADI 公司又推出了 ADμC84x 系列。ADμC84x 系列在速度上大幅提升,达到一个时钟执行一条指令的速度,最快为 25 MHz(5 V 时)或 16 MHz(3 V 时)。片内集成的功能和器件的可靠性、功耗等方面也得到了提升,达到了一个崭新的水平。

ADμC84x 又分为两个子系列:ADμC841/842/843 和 ADμC845/847/848。前者与 ADμC812 和 ADμC831 一脉相承,以具有 12 位的高精度逐次比较式 ADC 为特征;后者与 ADμC816/824 和 ADμC834 等一脉相承,以具有 16/24 位的高分辨率 Σ-Δ 型 ADC 为特征。

ADμC845 与前期 ADμC816/824/834 等兼容,并在所兼容的性能上有大幅度提高。其具有以下特点:

(1) 高分辨率 Σ-Δ 型 ADC:2 个独立的 24 位 ADC,10 个 ADC 输入通道,24 位无失码主 ADC,在 60 Hz 范围内有 20 位有效分辨率(17.4 位峰-峰分辨率),失调漂移为 10 nV/℃,增益漂移为 0.5×10^{-6}/℃。

(2) 存储器:62 KB 片内 Flash/EE 程序存储器,4 KB 片内 Flash/EE 数据存储器,Flash/EE 可使用 100 年,重复擦写 10 万次,3 级 Flash/EE 程序存储器安全,在线串行下载(无须外部硬件),高速用户下载(最长 5 s),2304 B 片内数据 RAM。

（3）基于 8051 的内核：与 8051 兼容的指令系统，高性能单指令周期内核，32 kHz 外部晶振，片内可编程锁相环 PLL（最高时钟频率为 12.58 MHz），3 个 16 位定时/计数器，26 条可编程输入/输出线（11 个中断源，2 个优先级，双数据指针，扩展的 11 位堆栈指针）。

（4）片内外围设备：内部电源复位电路，12 位电压输出 DAC，双 16 位 $\Sigma - \Delta$ 型 DAC/PWM，片内温度传感器，双激励电流源，时间间隔计数器（唤醒/RTC 定时器），UART、I^2C 和 SPI 串行接口，高速波特率发生器（包括 115 200 b/s），看门狗定时器（WDT），电源监视器（PSM）。

（5）电源：采用 3 V 和 5 V 工作电压，正常情况下为 2.3 mA/3.6 V（核心时钟频率为 1.57 MHz），掉电保持电流为 20 μA，唤醒定时运行。

ADμC845 采用 52 - Lead MQFP 和 56 - Lead LFCSP 封装。

ADμC845 的引脚功能如下：

- P1.0/AIN1：上电默认设置为 AIN1 模拟输入。使用 AINCOM 时，AIN1 用作伪差分输入；使用 AIN2 时，用作全差分对的正向输入。P1.0 端口无数字输出驱动器。为把其配置为数字输入，应把 0 写至端口。用作数字输入时，该引脚必须由外部驱动到高电平或低电平。

- P1.1/AIN2：上电默认设置为 AIN2 模拟输入。使用 AINCOM 时，AIN2 用作伪差分输入；使用 AIN1 时，用作全差分对的负向输入。数字输入同 P1.0。

- P1.2/AIN3/REFIN2＋：上电默认设置为 AIN3 模拟输入。使用 AINCOM 时，AIN3 用作伪差分输入；使用 AIN4 时，用作全差分对的正向输入。数字输入同 P1.0。另外，该引脚亦可用作第 2 个外部差分参考输入的正端。

- P1.3/AIN4/REFIN2－：上电默认设置为 ATN4 模拟输入。使用 AINCOM 时，AIN4 用作伪差分输入；使用 AIN3 时，用作全差分对的负向输入。数字输入同 P1.0。另外，该引脚亦可用作第 2 个外部差分参考输入的负端。

- AVDD：模拟电源电压。

- AGND：模拟地。

- AGND：仅 56 - Lead LF CSP 封装提供的第 2 个模拟地。

- REFIN－：外部差分参考输入负端。

- REFIN＋：外部差分参考输入正端。

- P1.4/AIN5：上电默认设置为 AIN5 模拟输入。使用 AINCOM 时，AIN5 用作伪差分输入；使用 AIN6 时，用作全差分对的正向输入。数字输入同 P1.0。

- P1.5/AIN6：上电默认设置为 AIN6 模拟输入。使用 AINCOM 时，AIN6 用作伪差分输入；使用 AIN5 时，用作全差分对的负向输入。数字输入同 P1.0。

- P1.6/AIN7/IEXC1：上电默认设置为 AIN7 模拟输入。使用 AINCOM 时，AIN7 用作伪差分输入；使用 AIN8 时，用作全差分对的正向输入。该引脚可配置 1～2 个电流源。数字输入同 P1.0。

- P1.7/AIN8/IEXC2:上电默认设置为 AIN8 模拟输入。使用 AINCOM 时, AIN8 用作伪差分输入;使用 AIN7 时,用作全差分对的负向输入。该引脚可配置 1~2 个电流源。数字输入同 P1.0。

- AINCOM/DAC:若选定相关的伪差分输入,则所有的模拟输入必须参考此引脚。该引脚亦可作为 DAC 的输出引脚之一。

- DAC:若 DAC 使能,则该引脚输出 DAC 的电压。

- AIN9:使用 AINCOM 时,AIN9 用作伪差分输入;使用 AIN10 时,用作全差分对的正向输入。

- AIN10:使用 AINCOM 时,AINIO 用作伪差分输入;使用 AIN9 时,用作全差分对的负向输入。

- RESET:复位输入。当振荡器运行时,该引脚上长达 16 个主时钟周期的高电平使器件复位。此引脚有一个内部微下拉和施密特触发输入环节。

- P3.0~P3.7:P3 口是具有内部上拉电阻的双向口。写 1 到端口 3 被内部上拉电阻拉至高电平,在此状态下它们可被用作输入。由内部上拉电阻对被外部拉至低电平的端口 3 的引脚提供电流。当驱动一个 0/1 的输出转换时,上拉功能被激活并持续 2 个内部时钟周期的指令循环。

- P3.0/RXD:DART 串行口接收数据。

- P3.1/TXD:UART 串行口发送数据。

- P3.2/$\overline{INT0}$:外部中断 0。此引脚也可用作选通门,控制定时器 0 的输入。

- P3.3/$\overline{INT1}$:外部中断 1。此引脚也可用作选通门,控制定时器 1 的输入。

- P3.4/T0:定时/计数器 0 输入。

- P3.5/Tl:定时/计数器 1 输入。

- P3.6/$\overline{WR}$:写控制信号。把来自 P0 口的数据字节锁存入外部数据存储器。

- P3.7/$\overline{RD}$:读控制信号。将外部数据存储器中的数据读到 P0 口。

- DVDD:数字电源电压。

- DGND:数字地。

- SCLK(I^2C):I^2C 串行接口时钟。作为输入口使用时,除输出逻辑低电平外,该引脚为施密特触发输入,且存在一个弱的内部上拉电阻。此引脚亦可作为数字输出口使用,由软件控制。

- SDATA:I^2C 串行数据输入口。作为输入口时,该引脚有一个弱的内部上拉电阻,除非它输出逻辑低电平。

- P2.0~P2.7:P2 口是具有内部上拉电阻的双向口。写 1 到端口 2 被内部上拉电阻拉至高电平,在此状态下它们可被用作输入。内部上拉电阻对被外部拉至低电平的端口 2 的引脚提供电流。在访问 24 位外部数据存储器空间的过程中,P2 口发出中位和高位地址字节。

- P2.0 /SCLOCK（SPI）：SPI 串行接口时钟。作输入口使用时，除输出逻辑低电平外，该引脚为施密特触发输入，且存在一个弱的内部上拉电阻。
- P2.1/MOSI：用于 SPI 接口的 SPI 主输出/从输入数据 I/O 引脚。
- P2.2/MISO：用于 SPI 接口的 SPI 主输入/从输出数据 I/O 引脚。
- P2.3/$\overline{SS}$/T2：SPI 接口的从属选择输入。该引脚有一个弱的上拉电阻。在两种封装形式下，该引脚都能给定时器 2 提供时钟输入，此项功能启动时，计数器 2 增加 1，以响应 T2 输入引脚出现的 1 次负跳变。
- P2.4/T2EX：用于向定时器 2 提供控制输入。此项功能启动时，此引脚上出现的负跳变将使定时器 2 捕获或重载。
- P2.5/PWM0：若 PWM 使能，则该引脚输出 PWM0。
- P2.6/PWM1：若 PWM 使能，则该引脚输出 PWM1。
- P2.7/PWMCLK：若 PWM 使能，则该引脚端提供 PWM 时钟。
- XTAL1：晶振反相器输入。
- XTAL2：晶振反相器输出。
- $\overline{EA}$：外部访问使能，逻辑输入。当保持高电平时，此输入使器件能从地址为 0000H～F7FFH 的内部程序存储器内取回代码。ADμC845 无外部程序存储器访问功能。为了确定代码执行模式，该引脚在外部复位结束时被采样，或作为器件仿真的引脚，因而须注意，在运行过程中该引脚的电平发生变化可能中止程序的运行。
- $\overline{PSEN}$：程序存储器使能，逻辑输出。在外部数据存储器访问期间，每 6 个时钟周期有效 1 次。在内部程序执行期间，此引脚保持高电平。当其通过上电复位电阻或作为器件电源周期的一部分被拉至低电平时，此引脚也可用作使能下载模式。
- ALE：地址锁存器使能，逻辑输出。在外部存储器访问期间，此输出用于把地址的低字节（适于 24 位数据地址空间访问的页字节）锁存在外部存储器。在外部数据存储器访问期间，每 6 个时钟周期被激活一次。通过设置 PCONSFR 的 PCON.4 位，可禁止此引脚端工作。
- P0.0～P0.7：P0 口是 8 位漏极开路双向 I/O 端口。写 1 到端口 0 使引脚悬空，在此状态下可用作高阻抗输入。驱动外部逻辑高电平时，需在此端口接一个外部上拉电阻；在访问外部程序和数据存储器期间，P0 口也是多路复用的低位地址和数据总线。

1.3.3 ADμC845 单片数据采集最小系统的电路结构

ADμC845 的单片数据采集最小系统电路[13] 如图 1.3.1 所示。

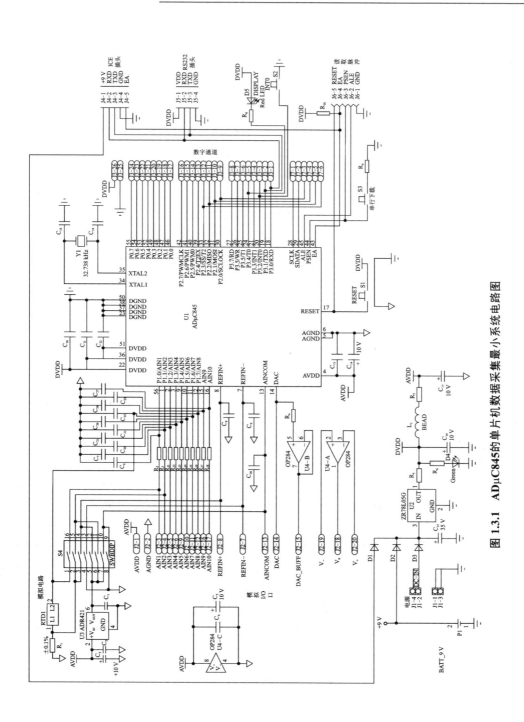

图 1.3.1　ADμC845 的单片机数据采集最小系统电路图

1．电源电路

ADμC845 的单片数据采集最小系统电路采用稳压电源供电，通过对输入的 9 V 直流电源稳压后，为系统提供数字电路电源 DVDD 和模拟电路电源 AVDD。

提供的直流电源有 3 种方式：采用 9 V 叠层电池（P1，BATT - 9 V），通过电源插座 J1 和仿真插座 J4。这些电源通过 3 个二极管 D1、D2 和 D3 进行隔离，即使有 2 路或 3 路电源同时加载在 ADμC 系统电路上，由于 D1、D2 和 D3 的存在，各电源之间也不会有任何影响。当有 2 路或 3 路电源同时加载在 ADμC 系统电路上时，实际为系统供电的是输出电压最高的那一路电源。

稳压电源采用 ZR78L05G（U2）三端稳压器，输入的电源经稳压后得到稳定的 5 V 电压。C_{15} 是稳压前的滤波电容，C_{16} 是稳压后的滤波电容。D4 与限流电阻 R_6 构成电源指示电路。稳压和滤波后得到的电源直接作为数字电路电源 DVDD。DVDD 经过电感 L_1（空心磁珠）、R_7（1.6 Ω）和 C_{17} 滤波后作为模拟电路电源 AVDD。数字电路电源的地（用 ⊥ 表示）和模拟电路电源的地（用 ↓ 表示）在最靠近 U2 的地方连接在一起。

ADμC845 片内既有数字电路，也有模拟电路，而且数字电路具有很高的速度，模拟电路具有很高的精度。这些都要求对电源进行足够仔细的电源去耦，才能保证单片机的正常工作和电路的性能。ADμC845 器件本身引出了多个数字电路电源和模拟电路电源的引脚 DVDD 和 AVDD，而且电源输入端与地输入端都是紧挨着的，一般在紧挨着的 DVDD 与数字电源地引脚之间接一只 0.01 μF 以上的电容器（实际采用 0.1 μF 的电容器）。

注意：对这些电容有两个要求，一是必须选用高频特性好的电容；二是这些电容器必须尽可能地靠近 ADμC845 的引脚。

ADμC845 的模拟电源同样要求去耦。通常模拟电路的工作频率较低，工作电流较大，因而需要大容量的电容才能得到理想的效果。但大容量的电容器往往高频特性不好，具有较大的分布电感。因此，同时要保证对电源上高频和低频的干扰有足够的抑制作用，往往需要一大一小的两只电容器进行并联，以实现对单片机模拟电源的去耦。同样，两只去耦电容也应该尽可能靠近需要去耦器件的引脚。运算放大器的去耦电容与单片机的模拟电源的去耦要求一样处理（运算放大器 U4）。

参考电源也是模拟电源，负载主要是 ADμC845 的 ADC 和 DAC 在工作时产生的高频负载小电流，因此需要采用高频性能好的小电容。

外部参考电源采用集成精密基准电源芯片 ADR421，其前后配以电容滤波。电容的选择如前所述。

系统为用户提供多种参考电源的选择方式：

（1）ADμC845 片内的模拟电路可以使用片内的参考电源。

（2）ADμC845 片内的模拟电路可以使用片外的参考电源。

（3）ADμC845 片内的参考电源可以提供给片外的电路使用。

参考电源的选择，可以通过跳线 548 来实现。

2. 模拟接口电路

在电路中，所有的运放都是以跟随器的形式作为 ADC 或 DAC 的缓冲输入或输出的。所有 ADC 的通道都接了一个阻容电路，其实际作用是提高 ADC 的精度，而不是通常的抗混叠滤波器（虽然它也有一定的抗混叠效果），这是因为该电路作为滤波器的截止频率高于单片机片上 ADC 的最高数据通过率。在需要采样的频率较低且把它作为抗混叠滤波器使用时，应尽量增加电容的值，使它满足奈奎斯特频率，而决不可降低电容的值。

在 P1.6 的输入通道接有一个热电阻，可以完成测温实验（高精度比例法）。在不需要测温而需要测量其他模拟或数字信号时，可以通过 S4 断开热电阻 RID1，输入需要转换的信号。

DAC 通道经过跟随器的缓冲输出，可以增加驱动能力。

3. 并行总线

ADμC845 有 8 根数据线（P0 口）、24 位地址线（P0 和 P1 分时输出），可以管理 16 MB 的空间。在评估板上，P0 和 P1 口连同 P3 口的所有口线均通过 J3 引出。

4. 串　口

SPI/I^{2}C 串口由 J3 引出，RS - 232 串口由 J4 引出。应该指出的是，ADμC845 上 RS - 232 串口的电平是 5 V/3 V，而 PC RS - 232 串口的电平是 ± 12 V。因此，不可将 ADμC845 的 RS - 232 串口直接与 PC 的 RS - 232 串口相接，而应该使用自制的具有电平转换功能的接口通信线，电路如图 1.3.2 所示。

J5 是仿真下载插座，也是接到 ADμC845 的 RS - 232 串口线上。在调试或下载程序时，不可直接与 PC 的 RS - 232 串口相接，而应该使用自制的具有电平转换功能的接口通信线。

5. 控制总线与其他辅助接口

- J6 为单片机的控制总线插座。其中有复位信号 RESET、程序存储器选择信号 EA、程序存储器选通信号 PSEN 和地址锁存信号 ALE。
- 下载拨动开关 S3 的一端接到 PSEN 引脚，另一端通过 R$_9$ 接地。按下 S3 后，可以进行串口程序调试。
- P3.4/T0 引脚接有发光管 D5，可用于实验中 I/O 输出或 PWM 输出的指示。
- P3.2/INT0 引脚接有按键 S2，可用于简单的按键实验。
- ADμC845 的复位电路由按键 S1 来完成。
- ADμC845 采用频率为 32.768 kHz 的晶振 Y1 构成晶振电路。

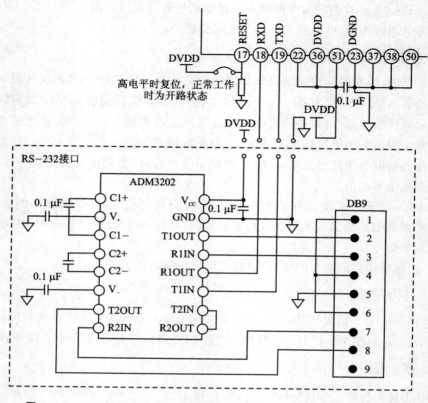

图 1.3.2 ADμC845 RS-232 串口与 PC 机的 RS-232 串口接口通信电路

1.3.4 ADμC845 单片数据采集最小系统的制作步骤

1. 印制电路板制作

按印制电路板设计要求，设计 ADμC845 的单片数据采集最小系统电路的印制电路板图，参考设计[13]如图 1.3.3 所示。该电路板选用的是一块 10 cm×8 cm 双面环氧敷铜板。印制电路板制作过程请参考《全国大学生电子设计竞赛技能训练（第 2 版）》。

2. 元器件焊接

按图 1.3.3(a)所示，将元器件逐个焊接在印制电路板上，贴片元器件焊接方法与要求请参考《全国大学生电子设计竞赛技能训练（第 2 版）》有关章节。

注意：元器件布局图中所有元器件均未采用下标形式。

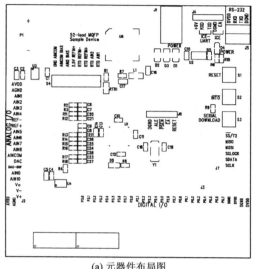

(a) 元器件布局图

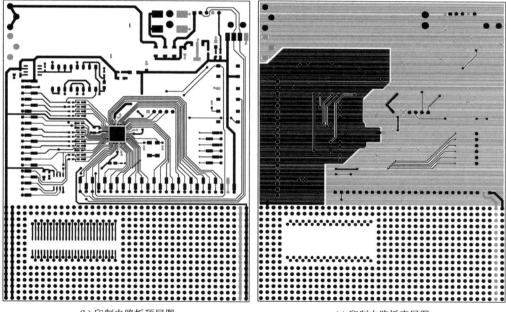

(b) 印制电路板顶层图　　　　　　　　　　(c) 印制电路板底层图

图 1.3.3　ADμC845 最小系统电路的印制电路板图

3. 系统开发

ADμC845 的 UART 串行接口是全双工的，通过 ADM202 RS - 232 收发器连接到 9 线 D 型连接器上，可以直接与 PC 机连接。

ADμC845 具有 62 KB 片内 Flash/EE 程序存储器和在线下载/调试/编程功能，

利用 Analog Devices 公司（www.analog.com）提供的 QuickStart 开发系统（Quick-Start Development System），不需要任何硬件仿真器就可以进行应用系统的开发。

ADµC845 采用与 8052 兼容的 8 位 MCU 内核，所有 8052 的应用程序都可以直接移植。在利用 QuickStart 开发系统进行调试和下载程序时，需要利用一个 1 kΩ 的电阻将 $\overline{PSEN}$ 引脚端下拉到低电平。对于已写入程序的应用系统，只需断开连接在 $\overline{PSEN}$ 引脚端的下拉电阻，应用系统即可正常运行。

1.3.5　实训思考与练习题：制作 ADµC841/842/843 数据采集系统

试采用 ADµC841/ADµC842/ADµC843 制作一个单片数据采集系统，参考电路[14]图如图 1.3.4 所示。ADµC841/ADµC842/ADµC843 有关资料请登录 www.analog.com 查询。设计印制电路板时请注意，ADµC841/ADµC842/ADµC843 有

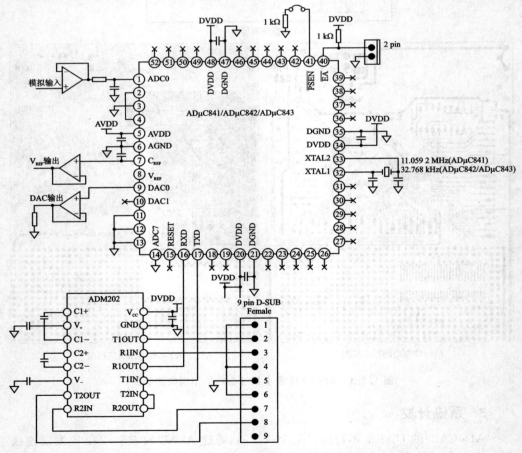

图 1.3.4　ADµC841/ADµC842/ADµC843 单片数据采集系统电路

52 – Lead MQFP 和 56 – Lead LFCSP 两种封装形式。

1.4　PIC16F882/883/886 单片机最小系统

1.4.1　实训目的与器材

实训目的：制作一个 PIC16F882/883/886 单片机最小系统。

实训器材：常用电子装配工具、万用表、示波器、PIC16F882/883/886 单片机最小系统电路元器件，如表 1.4.1 所列。

表 1.4.1　PIC16F882/883/886 单片机最小系统电路元器件

符　号	名　　称	参　　数	数　量
C_1, C_2, C_{ext}	陶瓷电容器	$0.1\ \mu F$, 5%, X7R	3
C_3, C_4, C_6, C_7	陶瓷电容器	22 pF, 50V, C0G	4
$R_3 \sim R_6$	电阻器	470 Ω, 5%, 1/8 W	4
R_2, R_7	电阻器	1 kΩ, 5%, 1/8 W	2
R_1, R_{ext}	电阻器	10 kΩ, 5%, 1/8 W	2
R_8	电阻器	200 kΩ, 5%, 1/8 W	1
RP_1	电位器	10 kΩ	1
R_f	电阻器	1 MΩ, 1/8 W	1
DS1~DS4	红色	LED	4
SW1	按钮开关		1
U1	微控制器	28pin PIC® MCU	1
P1, P3	插头	6pin, 0.100" 间距, 0.025"	2
P2	插头	2pin, 0.100" 间距, 0.025"	1
JP1~JP5	插头	2pin, 0.100" 间距, 0.025"	5
X1	晶振	20 MHz	1
X2	晶振	32.768 kHz	1
J1	插座	1×14pin	1

1.4.2　PIC16F882/883/886 单片机的主要特性

PIC16F882/883/886 是高性能 RISC MCU，仅需学习 35 条指令，除跳转指令外，所有指令均为单周期指令，振荡器/时钟输入为 DC～20 MHz，指令周期为 DC～200 ns，具有直接、间接和相对寻址模式，8 级硬件堆栈，中断功能。PIC16F882/883/884/886/887 是一个系列的产品，主要参数如表 1.4.2 所列。它们的封装类型有 28 引脚 PDIP、SOIC、SSOP 和 QFN。

表 1.4.2　PIC16F882/883/884/886/887 主要参数

器　件	程序存储器 闪存/字	数据存储器 SRAM/字节	数据存储器 EEPROM/字节	I/O	10 位 A/D（通道数）	ECCP/CCP	EUSART	MSSP	比较器	8/16 位定时器
PIC16F882	2 048	128	128	24	11	1/1	1	1	2	2/1
PIC16F883	4 096	256	256	24	11	1/1	1	1	2	2/1
PIC16F884	4 096	256	256	35	14	1/1	1	1	2	2/1
PIC16F886	8 192	368	256	24	11	1/1	1	1	2	2/1
PIC16F887	8 192	368	256	35	14	1/1	1	1	2	2/1

1.4.3　PIC16F882/883/886 单片机最小系统的电路结构

PIC16F882/883/886 单片机最小系统的电路结构[15]如图 1.4.1 所示。

1.4.4　PIC16F882/883/886 单片机最小系统的制作步骤

1. 印制电路板制作

按印制电路板设计要求，设计 PIC16F882/883/884/886/887 的单片机最小系统电路的印制电路板图，参考的印制电路板设计[15]如图 1.4.2 所示。印制电路板制作过程请参考《全国大学生电子设计竞赛技能训练（第 2 版）》。

2. 元器件焊接

按图 1.4.2(a)所示，将元器件逐个焊接在印制电路板上，贴片元器件焊接方法与要求请参考《全国大学生电子设计竞赛技能训练（第 2 版）》有关章节。

注意：元器件布局图所有元器件均未采用下标形式。

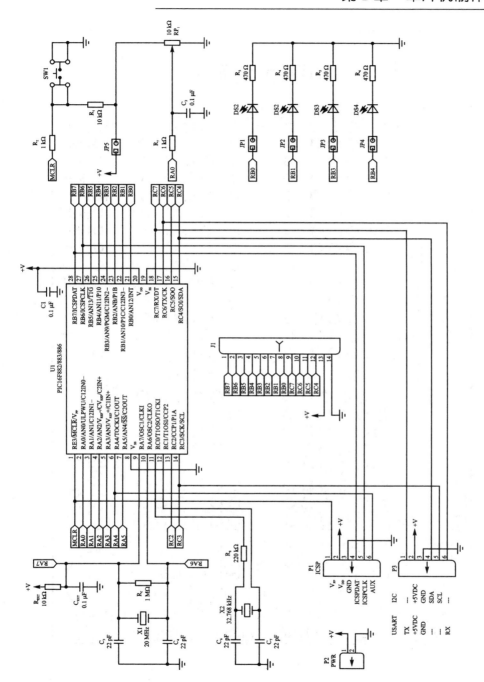

图 1.4.1　PIC16F882/883/886 单片机最小系统的电路结构

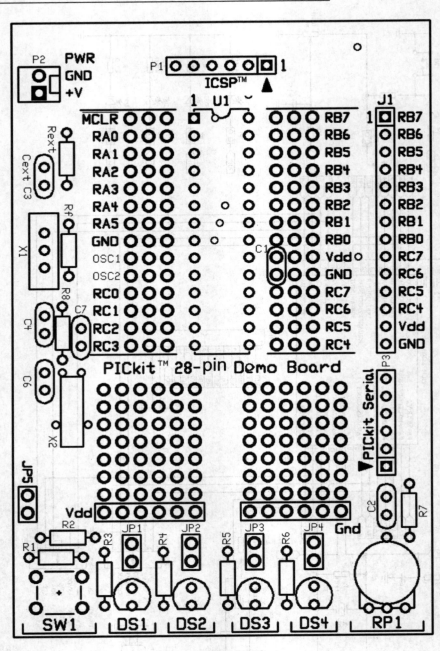

(a) 元器件布局图

图 1.4.2　PIC16F882/883/886 的单片机最小系统印制电路板图

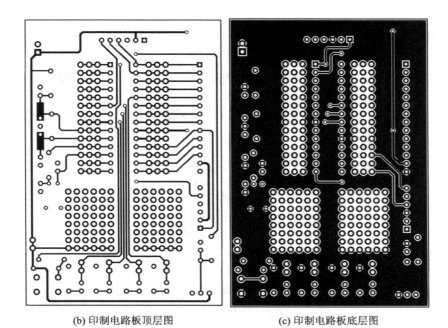

(b) 印制电路板顶层图　　　　　　(c) 印制电路板底层图

图 1.4.2　PIC16F882/883/886 的单片机最小系统印制电路板图(续)

1.4.5　实训思考与练习题：制作 PIC16F884/ 887 单片机最小系统

试制作一个基于 PIC16F884/887 的单片机最小系统。PIC16F884/887 是 PIC16F882/883/886 同一个系列的产品。PIC16F884/887 的封装类型有 40 引脚 PDIP、44 引脚 QFN 和 TQFP。

PIC16F884/887 单片机最小系统电路如图 1.4.3 所示。

PIC16F884/887 单片机最小系统电路元器件如表 1.4.3 所列。

参考的 PIC16F884/887 单片机最小系统印制电路板图[15]如图 1.4.4 所示。

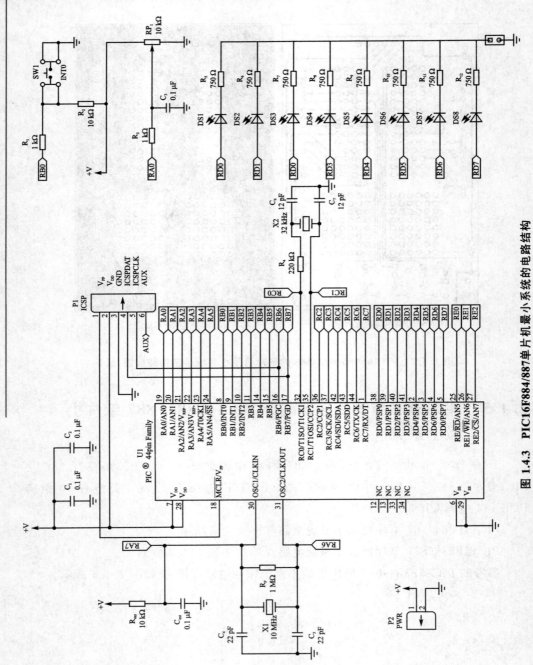

图 1.4.3 PIC16F884/887单片机最小系统的电路结构

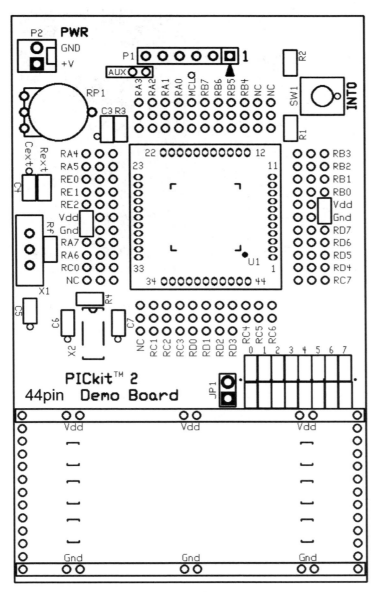

(a) 元器件布局图

图 1.4.4　PIC16F884/887 的单片机最小系统印制电路板图

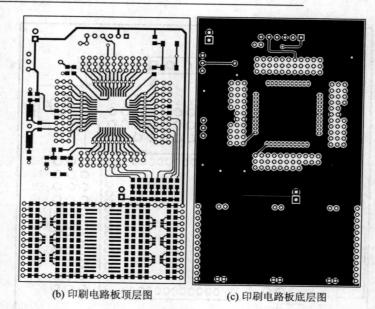

(b) 印刷电路板顶层图　　　　(c) 印刷电路板底层图

图 1.4.4　PIC16F884/887 的单片机最小系统印制电路板图(续)

表 1.4.3　PIC16F884/887 单片机最小系统电路元器件

符　号	名　称	参　数	数　量
C_1,C_2 C_{ext},C_3	陶瓷电容器	0.1 μF,5%,X7R	4
C_4,C_5	陶瓷电容器	22 pF,50 V,C0G	2
C_6,C_7	陶瓷电容器	12 pF,50 V,C0G	2
R_1,R_3	电阻器	1 kΩ,5%,1/8 W,SMT	2
R_2,R_{ext}	电阻器	10 kΩ,5%,1/8 W,SMT	2
R_4	电阻器	220 kΩ,5%,1/8 W,SMT	1
$R_5 \sim R_{12}$	电阻器	750 Ω,5%,1/8 W,SMT	8
R_f	电阻器	1 MΩ,1/8 W	1
RP_1	电位器	10 kΩ	1
DS1~DS8	LED	红色,0805 SMT	8
SW1	按钮开关		1
U1	微控制器	44pin PIC® MCU	1
X1	晶振	10 MHz	1
X2	晶振	32 kHz	1
P1	插头	6pin,0.100"间距,0.025"	1
P2	插头	2pin,0.100"间距,0.025"	1
JP1	插头	2pin,0.100"间距,0.025"	1

第 2 章

模拟电路制作实训

2.1 运算放大器基本运算电路

2.1.1 实训目的与器材

实训目的：制作一个基于 MCP6021 运算放大器的基本运算电路实验模板[16]。

实训器材：常用电子装配工具、万用表、示波器、基本运算电路实验模板元器件，如表 2.1.1 所列。

表 2.1.1   基本运算电路实验模板元器件清单

符 号	名 称	参 数	数 量
C_{P1}	陶瓷电容器	1 μF,10%,25 V,X5R,0805	1
C_{R1},C_{R2},C_{U1},C_{U2}	陶瓷电容器	0.1 μF,10%,25 V,X7R,0805	4
DP1	稳压二极管	6.2 V,350 mW,SOT-23	1
JP1,JP2	插头		2
R_{R1},R_{R2}	电阻器	20.0 kΩ,1/8 W,1% 0805,SMD	2
U1	运算放大器	MCP6021,SOT-23-5	1
U2	运算放大器	MCP6021,SOIC-8	1
U1	插座	8-DIP,镀锡	1
$R_1 \sim R_7$,R_{ISO},R_L		根据实验电路要求配置	9
$C_1 \sim C_5$,C_L		根据实验电路要求配置	6

2.1.2 MCP6021 运算放大器的基本特性

MCP6021（MCP6022、MCP6023 和 MCP6024）是高性能的轨对轨输入/输出运算放大器，带宽为 10 MHz,噪声为 8.7 nV/$\sqrt{\text{Hz}}$（10 kHz）,低失调电压为 ±500～±250 μV,总谐波失真为 0.000 53%,电源电压为 2.5～5.5 V,采用 PDIP、SOIC 和

TSSOP 封装，其引脚端封装形式如图 2.1.1 所示。

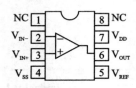

图 2.1.1　MCP6021 引脚端封装形式

2.1.3　基本运算电路实验模板的电路结构

基本运算电路实验模板电路如图 2.1.2 所示。基本运算电路实验模板可以构成的一些运算放大器电路如图 2.1.3 所示。

2.1.4　基本运算电路实验模板的制作步骤

1. 印制电路板制作

按印制电路板设计要求，设计基本运算电路实验模板电路的印制电路板图，参考印制电路板图如图 2.1.4 所示。印制电路板制作过程请参考《全国大学生电子设计竞赛技能训练（第 2 版）》。

2. 元件焊接

按图 2.1.4(a)所示，将元器件逐个焊接在印制电路板上，元件引脚要尽量短。元件焊接方法与要求请参考《全国大学生电子设计竞赛技能训练（第 2 版）》有关章节。

注意：元器件布局图中所有元器件均未采用下标形式。

2.1.5　实训思考与练习题 1：制作求和运算电路实验模板

试采用 MCP6021 制作一个求和运算电路实验模板。参考设计电路和印制电路板图[16]如图 2.1.5 所示。实验的求和电路结构如图 2.1.6 所示。求和运算电路实验模板元器件清单与表 2.1.1 相同。补充的实验求和电路元件清单如表 2.1.2 所列。

表 2.1.2　实验求和电路元件清单

符　号	参　数	数　量
$R_1, R_2, R_3, R_{11}, R_L$	7.96 kΩ	5
R_9	2.00 kΩ	1
R_{ISO}	0 Ω	1
C_L	56 nF	1

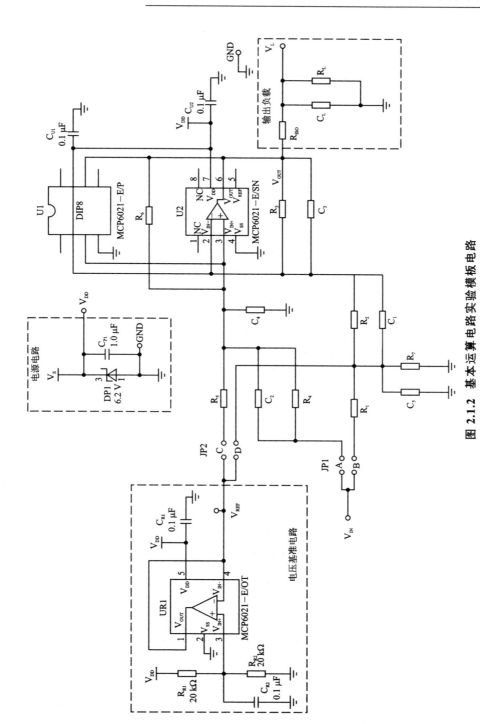

图 2.1.2　基本运算电路实验模板电路

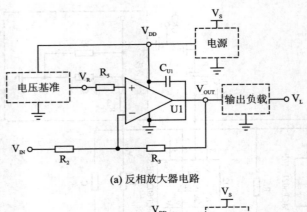

(a) 反相放大器电路

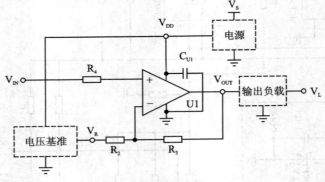

(b) 同相放大器电路

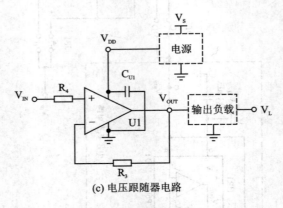

(c) 电压跟随器电路

图 2.1.3　基本运算电路实验电路结构

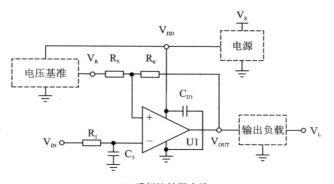

(d) 反相比较器电路

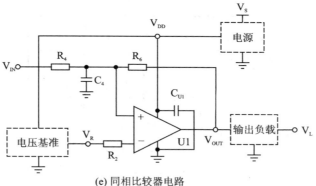

(e) 同相比较器电路

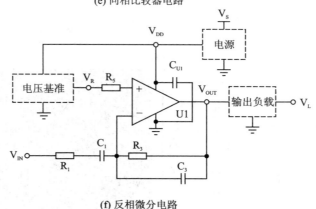

(f) 反相微分电路

图 2.1.3　基本运算电路实验电路结构(续)

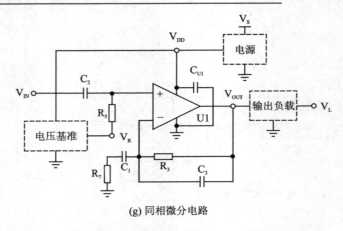

(g) 同相微分电路

图 2.1.3　基本运算电路实验电路结构(续)

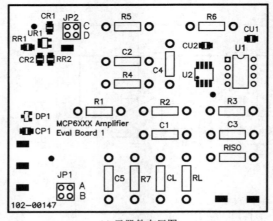

(a) 元器件布局图

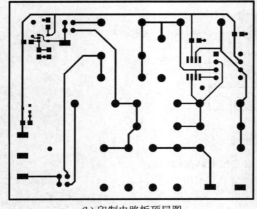

(b) 印制电路板顶层图

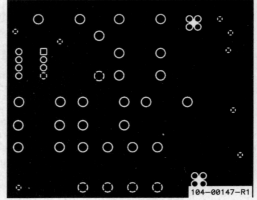

(c) 印制电路板底层图

图 2.1.4　基本运算电路实验模板印制电路板图

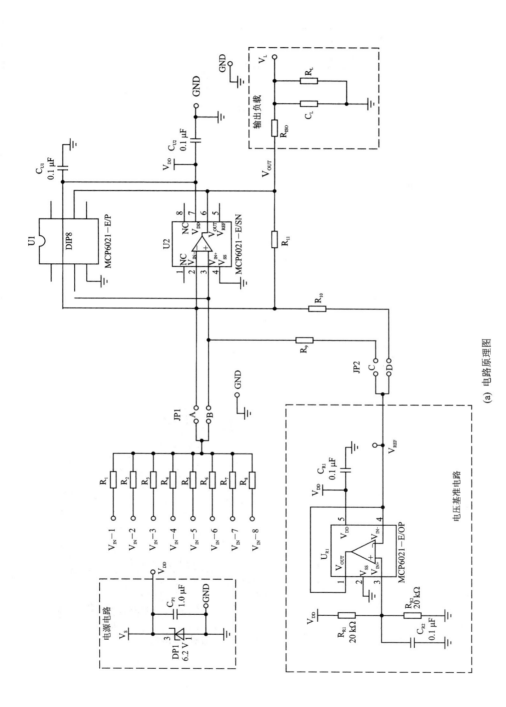

(a) 电路原理图

图 2.1.5 求和运算电路实验模板电路和印制电路板图

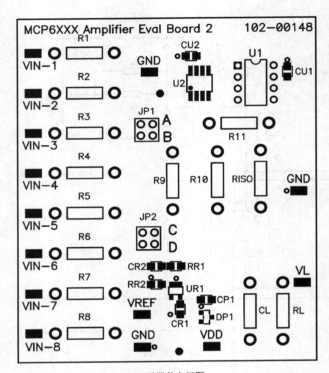

(b) 元器件布局图

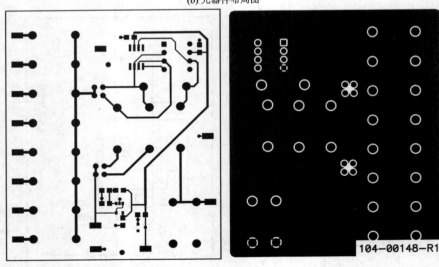

(c) 印刷电路板顶层图　　　　　　　　　(d) 印刷电路板底层图

图 2.1.5　求和运算电路实验模板电路和印制电路板图（续）

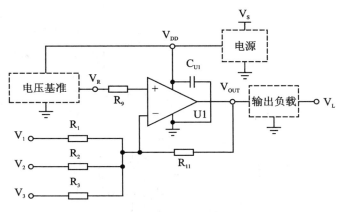

(a) 反相求和放大器电路

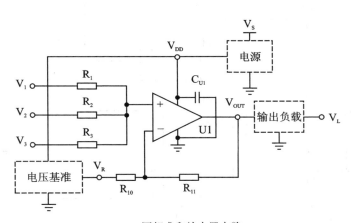

(b) 同相求和放大器电路

图 2.1.6　实验的求和电路结构

2.1.6　实训思考与练习题 2: 制作差分放大器电路实验模板

　　试采用 MCP6021 制作一个差分放大器电路实验模板。参考设计电路和印制电路板图[16]如图 2.1.7 所示。差分放大器电路实验模板元器件清单如表 2.1.3 所列。实验的差分放大器电路结构如图 2.1.8 所示,图中 C_{S1} 为 0.1 μF,R_{S1}、R_{S2} 为 20.0 kΩ,R_{S3} 为 0.0 kΩ,$R_1 \sim R_4$、R_L 为 1.98 kΩ,C_L 为 56 pF。

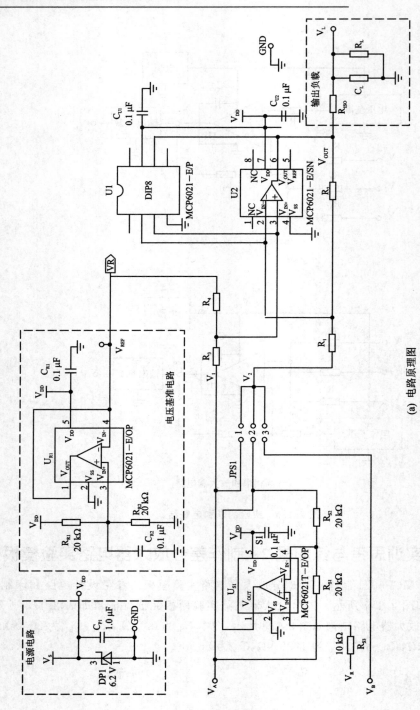

(a) 电路原理图

图 2.1.7　差分放大器实验板模拟电路和印制电路板图

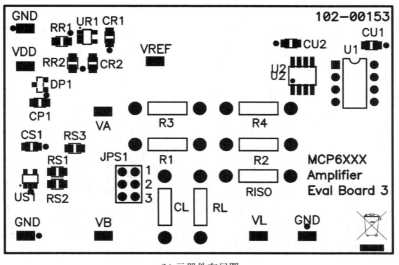

(b) 元器件布局图

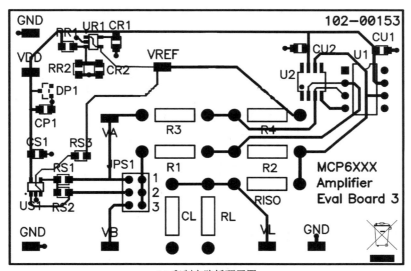

(c) 印制电路板顶层图

图 2.1.7　差分放大器电路实验模板电路和印制电路板图(续)

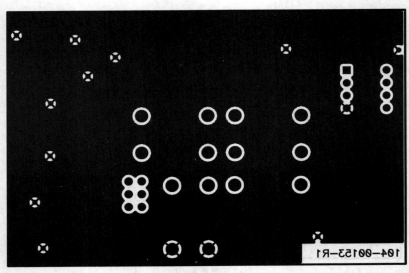

(d) 印制电路板底层图

图 2.1.7 差分放大器电路实验模板电路和印制电路板图(续)

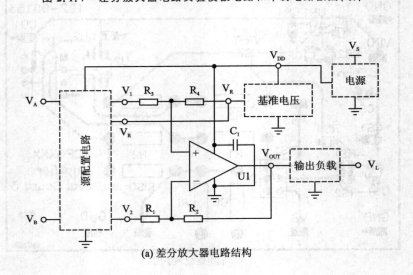

(a) 差分放大器电路结构

图 2.1.8 实验的差分放大器电路结构

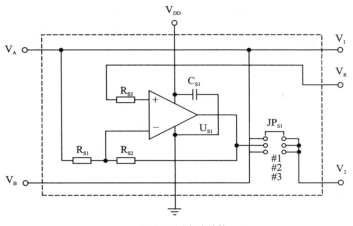

(b) 源配置电路结构

图 2.1.8　实验的差分放大器电路结构(续)

表 2.1.3　差分放大器实验模板元器件清单

符　号	名　称	参　数	数　量
CP1	陶瓷电容器	$1\ \mu F,10\%,25\ V,X5R,0805$	1
$C_{R1},C_{R2},C_{U1},C_{U2},C_{S1}$	陶瓷电容器	$0.1\ \mu F,10\%,25\ V,X7R,0805$	4
DP1	稳压二极管	$6.2\ V,350\ mW,SOT-23$	1
JP1,JP2	插头		2
$R_{R1},R_{R2},R_{S1},R_{S2}$	电阻器	$20.0\ k\Omega,1/8\ W,1\%\ 0805,SMD$	4
R_{S3}	电阻器	$10.0\ k\Omega,1/8\ W,1\%\ 0805,SMD$	1
U1	运算放大器	$MCP6021,SOT-23-5$	1
U2	运算放大器	$MCP6021,SOIC-8$	1
U1	插座	8-DIP,镀锡	1
$R_1 \sim R_4,R_{ISO},R_L$		根据实验电路要求配置	6
C_L		根据实验电路要求配置	1

2.2　有源低通滤波器

2.2.1　实训目的与器材

　　实训目的:制作一个基于 OP07D 运算放大器的有源低通滤波器。

　　实训器材:常用电子装配工具、万用表、示波器、扫频仪、有源低通滤波器电路元器件,如表 2.2.1 所列。

表 2.2.1　有源低通滤波器电路元器件

符　号	名　　称	参　　数	数　量
C_1,C_2,C_5,C_6	瓷片电容器	104	4
C_3,C_4	电解电容器	22 μF	2
D1,D2	LED	红色	2
P1,P2	插针	2 头	2
P3	插针	3 头	1
R_1,R_2	电阻器	RTX - 0.125 W - 10 kΩ	2
R_3,R_6	电阻器	RTX - 0.125 W - 47 kΩ	2
R_4,R_5	电阻器	RTX - 0.125 W - 1 kΩ	2
U1	运算放大器	OP07D	1

2.2.2　OP07D 的主要特性

OP07D 是一个具有宽输入电压 0～±14 V、偏移电压为 150 μV、输入漂移为 1.5 μV/℃、噪声为 0.25 μV_{P-P}、CMRR 和 PSRR 为 115 dB、电源电压范围±3 ～ ±18 V、电源电流消耗为 1.1 mA 的通用运算放大器芯片,芯片采用 8 引脚 SOIC_N (R - 8)或者 8 引脚 DIP(N - 8)封装,引脚端封装形式和内部结构如图 2.2.1 所示。

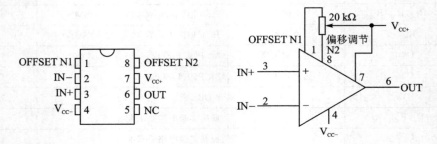

图 2.2.1　OP07D 封装形式和内部结构

2.2.3　有源低通滤波器的电路结构

采用 OP07D 运算放大器构成的二阶有源低通滤波器电路如图 2.2.2(a)所示,由两级 RC 滤波环节与同相比例运算电路组成,其中第 1 级电容 C 接至输出端,引入适量的正反馈,以改善幅频特性。图 2.2.2(b)为二阶低通滤波器幅频特性曲线。

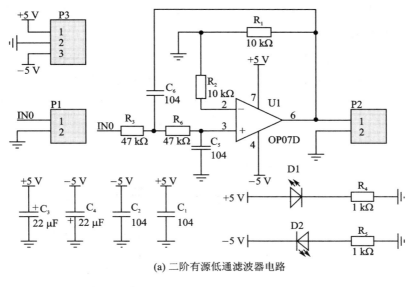

(a) 二阶有源低通滤波器电路

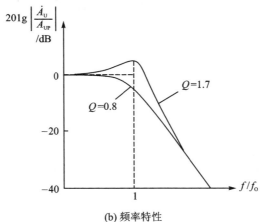

(b) 频率特性

图 2.2.2　二阶低通滤波器

电路性能参数：二阶低通滤波器的通带增益 $A_{UP}=1+\dfrac{R_f}{R_1}$；截止频率 $f_0=\dfrac{1}{2\pi RC}$，它是二阶低通滤波器通带与阻带的界限频率；品质因数 $Q=\dfrac{1}{3-A_{UP}}$，它的大小影响低通滤波器在截止频率处幅频特性的形状。

2.2.4　有源低通滤波器的制作步骤

1. 印制电路板制作

参考二阶有源低通滤波器电路印制电路板（PCB）和元器件布局图如图 2.2.3 所

示。印制电路板制作过程请参考《全国大学生电子设计竞赛技能训练（第 2 版）》。

2. 元件焊接

按图 2.2.3 所示，将元器件逐个焊接在印制电路板上，元件引脚要尽量短。OP07D 采用集成电路插座焊接形式，将插座焊接在印制电路板上，实验时插入芯片。元件焊接方法与要求请参考《全国大学生电子设计竞赛技能训练（第 2 版）》有关章节。

注意：元器件布局图中所有元器件均未采用下标形式。

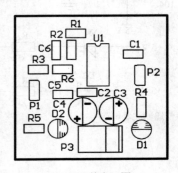 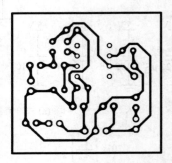

(a) 元器件布局图   (b) 印制电路板图

图 2.2.3 二阶有源低通滤波器印制电路板和元器件布局图

3. 电路测试

（1）粗测：接通 ±12 V 电源。插座 IN0 端连接函数信号发生器，令其输出为 $u_i=1V_{P-P}$ 的正弦波信号，在滤波器截止频率附近改变输入信号频率，用示波器或交流毫伏表观察输出电压幅度的变化是否具备低通特性，如不具备，应排除电路故障。

（2）在输出波形不失真的条件下，选取适当幅度的正弦输入信号（$1V_{P-P}$），在维持输入信号幅度不变的情况下，逐点改变输入信号频率。测量输出电压，记入表 2.2.2 中，描绘频率特性曲线。一些实验测量波形如图 2.2.4 所示。

表 2.2.2 实验测量结果

输入信号频率 f/Hz	100	150	200	250	300	350	400	500	700	1 000
$u_O(V_{P-P})$/mV	984	1 020	1 040	1 030	984	872	760	544	296	152

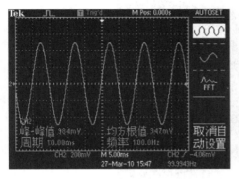

(a) 100 Hz输出信号波形

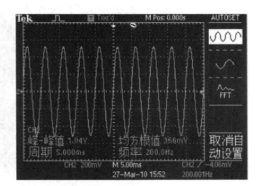

(b) 200 Hz输出信号波形

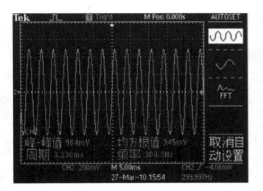

(c) 300 Hz输出信号波形

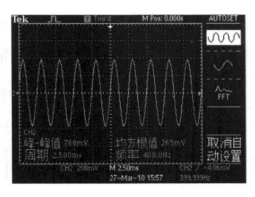

(d) 400 Hz输出信号波形

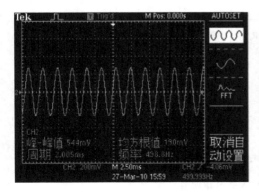

(e) 500 Hz输出信号波形

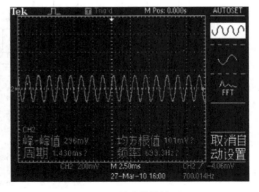

(f) 700 Hz输出信号波形

图 2.2.4　实验测试输出波形

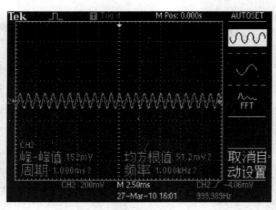

(g) 1 000 Hz输出信号波形

图 2.2.4　实验测试输出波形(续)

2.2.5　实训思考与练习题 1：制作有源高通滤波器

试采用 OP07D 运算放大器制作一个二阶有源高通滤波器,参考电路和印制电路板图如图 2.2.5 所示,元器件清单如表 2.2.3 所列。

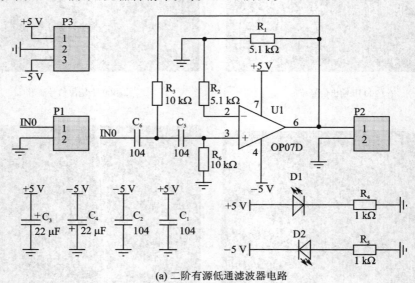

(a) 二阶有源低通滤波器电路

图 2.2.5　二阶有源高通滤波器

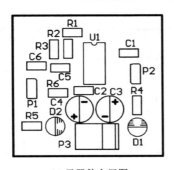

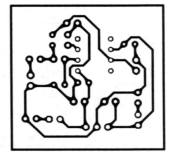

(b) 元器件布局图　　　　　　　(c) 印制电路板图

图 2.2.5　二阶有源高通滤波器(续)

表 2.2.3　有源高通滤波器电路元器件清单

符　号	名　　称	参　　数	数　量
C_1,C_2,C_5,C_6	瓷片电容器	104	4
C_3,C_4	电解电容器	22 μF	2
D1,D2	LED	红色	2
P1,P2	插针	2 头	2
P3	插针	3 头	1
R_1,R_2	电阻	RTX - 0.125 W - 5.1 kΩ	2
R_3,R_6	电阻	RTX - 0.125 W - 10 kΩ	2
R_4,R_5	电阻	RTX - 0.125 W - 1 kΩ	2
U1	运算放大器	OP07D	1

2.2.6　实训思考与练习题 2：制作有源带通滤波器

试采用 OP07D 运算放大器制作一个二阶有源带通滤波器,参考电路和印制电路板图如图 2.2.6 所示,元器件清单如表 2.2.4 所列。

表 2.2.4　有源带通滤波器电路元器件

符　号	名　　称	参　　数	数　量
C_1,C_2,C_5,C_6	瓷片电容器	104	4
C_3,C_4	电解电容器	22 μF	2
D1,D2	LED	红色	2
P1,P2	插针	2 头	2
P3	插针	3 头	1
R_1,R_2	电阻器	RTX - 0.125 W - 47 kΩ	2

续表 2.2.4

符　号	名　称	参　数	数　量
R_3	电阻器	RTX－0.125 W－12 kΩ	1
R_4, R_5	电阻器	RTX－0.125 W－1 kΩ	2
R_6	电阻器	RTX－0.125 W－22 kΩ	1
R_7	电阻器	RTX－0.125 W－160 kΩ	1
U1	运算放大器	OP07D	1

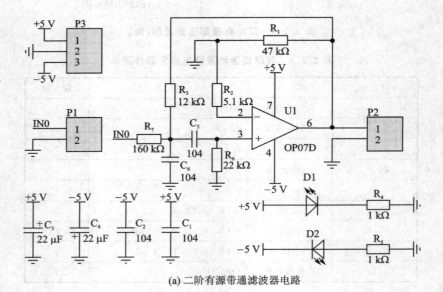

(a) 二阶有源带通滤波器电路

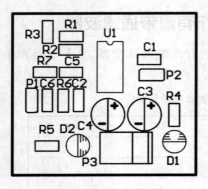

(b) 元器件布局图

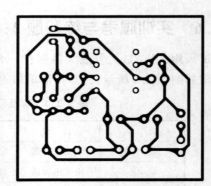

(c) 印制电路板图

图 2.2.6　二阶有源带通滤波器

2.2.7　实训思考与练习题 3：制作有源带阻滤波器

试采用 OP07D 运算放大器制作一个二阶有源带阻滤波器,参考电路和印制电路板图如图 2.2.7 所示,元器件清单如表 2.2.5 所列。

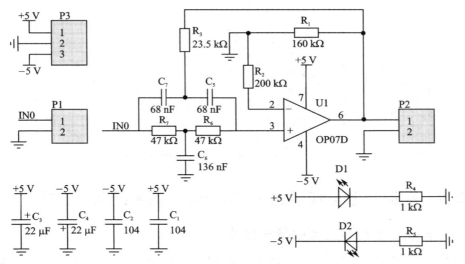

(a) 二阶有源带通滤波器电路

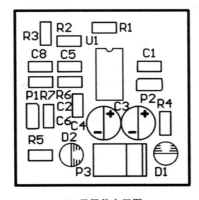

(b) 元器件布局图

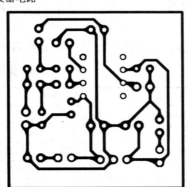

(c) 印制电路板图

图 2.2.7　二阶有源带阻滤波器

表 2.2.5　有源带阻滤波器电路元器件

符　号	名　　称	参　数	数　量
C_1、C_2	瓷片电容器	104	2
C_3、C_4	电解电容器	22 μF	2
C_5、C_8	瓷片电容器	68 nF	2

符　号	名　称	参　数	数　量
C_5,C_7	瓷片电容器	68 nF	2
C_6	瓷片电容器	136 nF	2
D1,D2	LED	红色	2
P1,P2	插针	2 头	2
P3	插针	3 头	1
R_1	电阻器	RTX - 0.125 W - 160 kΩ	2
R_2	电阻器	RTX - 0.125 W - 200 kΩ	2
R_3	电阻器	RTX - 0.125 W - 23.5 kΩ	2
R_4,R_5	电阻器	RTX - 0.125 W - 1 kΩ	2
R_6,R_7	电阻器	RTX - 0.125 W - 47 kΩ	2
U1	运算放大器	OP07D	1

2.2.8　实训思考与练习题 4：制作有源滤波器实验模板

1. 有源滤波器实验模板参考设计

试采用运算放大器制作一个有源滤波器评估板，参考电路和印制电路板图[17]如图 2.2.8 和图 2.2.9 所示，电源板元器件清单如表 2.2.6 所列，实验模板元器件清单如表 2.2.7 和表 2.2.8 所列。

注意：元器件布局图中所有元器件均未采用下标形式。

表 2.2.6　滤波器电源板元器件清单

符　号	名　称	参　数	数　量
R_1,R_2	电阻器	20.0 kΩ,1/8 W,1%,0805 SMD	2
C_1,C_2	陶瓷电容器	1.0 μF,16 V,10%,X7R,0805 SMD	2
C_3,C_4	陶瓷电容器	100 nF,50 V,10%,X7R,0805 SMD	2
JP1	插头	2×2,0.100"垂直,镀金	1
	跳线	1×2,与 JP1 配套	1
J1	插头	1×3,0.100",R/A,镀锡	1
J2	插头	1×3,0.100",R/A,镀锡	1
P1	插座	1×3,0.100",R/A,镀锡	1
P2	插座	1×3,0.100",R/A,镀锡	1
TP1～TP5	测试点	表面安装	5
U1	MCP6271	2 MHz,PDIP - 8（MCP6271 - E/P），SOIC - 8（MCP6271 - E/SN）	1
	插座	8pin DIP 与 U1 配套	1
PCB	印制电路板	1.0 英寸×2.0 英寸	1

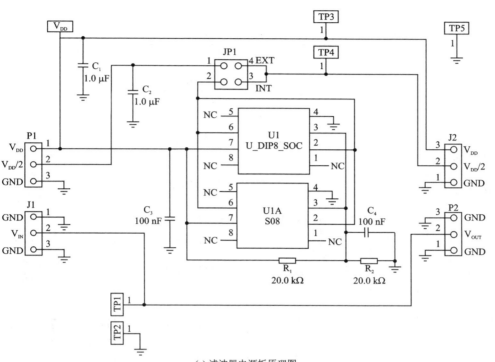

(a) 滤波器电源板原理图

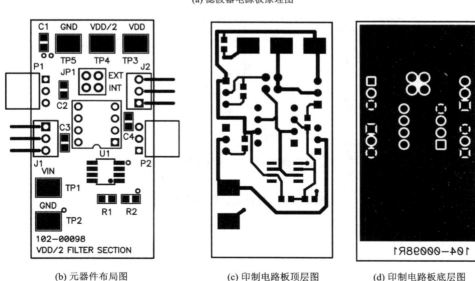

(b) 元器件布局图　　　　　　　　(c) 印制电路板顶层图　　　　　　　　(d) 印制电路板底层图

图 2.2.8　滤波器电源板

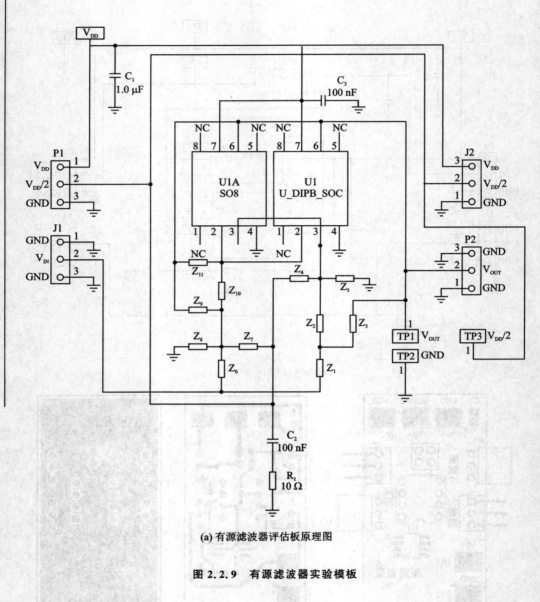

(a) 有源滤波器评估板原理图

图 2.2.9　有源滤波器实验模板

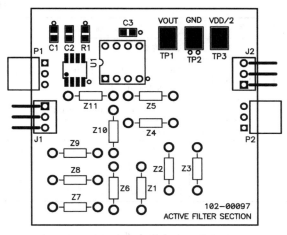

(b) 元器件布局图

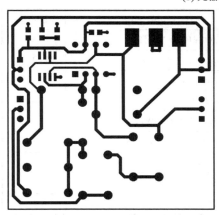

(c) 印制电路板顶层图

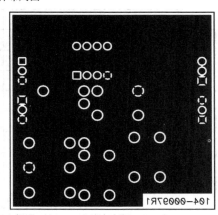

(d) 印制电路板底层图

图 2.2.9　有源滤波器实验模板(续)

表 2.2.7　有源滤波器实验模板元器件清单

符　号	名　　称	参　　数	数　量
R_1	电阻器	10.0 Ω,1/8 W,1%,0805 SMD	1
C_1	陶瓷电容器	1.0 μF,16 V,10%,X7R,0805 SMD	1
C_2,C_3	陶瓷电容器	100 nF,50 V,10%,X7R,0805 SMD	2
J1,J2	插头	1 × 3,0.100",R/A,镀锡	2
P1,P2	插座	1 × 3,0.100",R/A,镀锡	2

续表 2.2.7

符　号	名　称	参　数	数　量
TP1～TP3	测试点	表面安装	3
U1	MCP6271	MCP6271 - E/P（PDIP-8），MCP6271 - E/SN（SOIC - 8）	1
		8pin DIP，Tin，0.300"，与 U1 配套	1
$Z_1 \sim Z_{11}$	电阻器和电容器	见应用电路	
		0.015"～0.025"通孔，0.057"通孔，与 $Z_1 \sim Z_{11}$ 配套	22
		PCB，2.0英寸×2.0英寸	1

表 2.2.8　有源滤波器电路中元件参数

符　号	名　称	参　数	数　量
C_{11}，C_{22}，C_{32}	聚酯薄膜电容器	100 nF，50 V，5％	3
C_{31}	聚酯薄膜电容器	150 nF，50 V，5％	1
C_{21}	聚酯薄膜电容器	390 nF，50 V，5％	1
	跳线	0 Ω，1/8 W	10
R_{21}	金属膜电阻器	3.16 kΩ，1/4 W，1％	1
R_{31}	金属膜电阻器	5.62 kΩ，1/4 W，1％	1
R_{22}	金属膜电阻器	6.81 kΩ，1/4 W，1％	1
R_{11}	金属膜电阻器	10.7 kΩ，1/4 W，1％	1
R_{32}	金属膜电阻器	12.7 kΩ，1/4 W，1％	1

2. Sallen - Key 低通滤波器

Sallen - Key 低通滤波器电路结构如图 2.2.10 所示，电路中 RC 元件与有源滤波器实验模板的 $Z_1 \sim Z_{11}$ 对应关系如表 2.2.9 所列。

表 2.2.9　图 2.2.10 中 RC 元件与有源滤波器实验模板的 $Z_1 \sim Z_{11}$ 对应关系

拓扑结构	SK - LP1	SK - LP2	SK - LP1 - K	SK - LP2 - K
Z_1	0 Ω	R_{11}	0 Ω	R_{11}
Z_2	R_{11}	R_{12}	R_{11}	R_{12}
Z_3	—	C_{11}	—	C_{11}
Z_4	—	—	—	—

续表 2.2.9

拓扑结构	SK - LP1	SK - LP2	SK - LP1 - K	SK - LP2 - K
Z_5	C_{11}	C_{12}	C_{11}	C_{12}
Z_6	—	—	—	—
Z_7	—	—	$0\ \Omega$	$0\ \Omega$
Z_8	—	—	—	—
Z_9	—	—	—	—
Z_{10}	—	—	R_a	R_a
Z_{11}	$0\ \Omega$	$0\ \Omega$	R_b	R_b

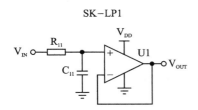

(a) 一阶Sallen-Key低通滤波器($K = 1$)

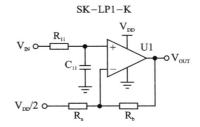

(b) 一阶Sallen-Key低通滤波器($K > 1$)

89

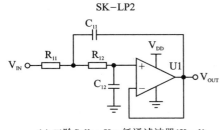

(c) 二阶Sallen-Key低通滤波器($K = 1$)

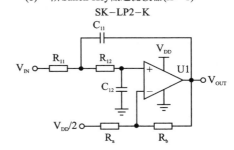

(d) 二阶Sallen-Key低通滤波器($K > 1$)

图 2.2.10　Sallen - Key 低通滤波器电路结构

3. Sallen - Key 高通滤波器

Sallen - Key 高通滤波器电路结构如图 2.2.11 所示,电路中 RC 元件与有源滤波器实验模板的 $Z_1 \sim Z_{11}$ 对应关系如表 2.2.10 所列。

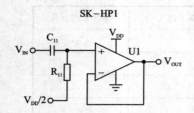

(a) 一阶Sallen-Key高通滤波器($K=1$)

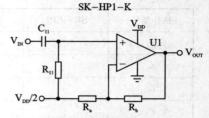

(b) 一阶Sallen-Key高通滤波器($K>1$)

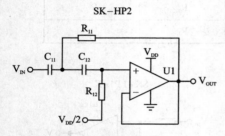

(c) 二阶Sallen-Key高通滤波器($K=1$)

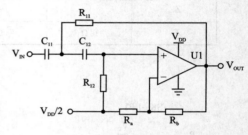

(d) 二阶Sallen-Key高通滤波器($K>1$)

图 2.2.11 Sallen-Key 高通滤波器电路结构

表 2.2.10 图 2.2.11 中 RC 元件与有源滤波器实验模板的 $Z_1 \sim Z_{11}$ 对应关系

拓扑结构	SK - HP1	SK - HP2	SK - HP1 - K	SK - HP2 - K
Z_1	$0\ \Omega$	C_{11}	$0\ \Omega$	C_{11}
Z_2	C_{11}	C_{12}	C_{11}	C_{12}
Z_3	—	R_{11}	—	R_{11}
Z_4	R_{11}	R_{12}	R_{11}	R_{12}
Z_5				
Z_6				
Z_7	—	—	$0\ \Omega$	$0\ \Omega$
Z_8				
Z_9				
Z_{10}	—	—	R_a	R_a
Z_{11}	$0\ \Omega$	$0\ \Omega$	R_b	R_b

4. 多重反馈的低通和带通滤波器

多重反馈的低通和带通滤波器电路结构如图 2.2.12 所示，电路中 RC 元件与有源滤波器实验模板的 $Z_1 \sim Z_{11}$ 对应关系如表 2.2.11 所列。

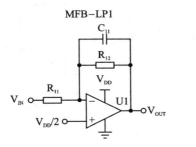

(a) 多重反馈的低通滤波器1

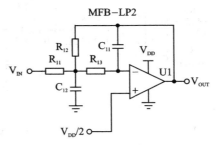

(b) 多重反馈的低通滤波器2

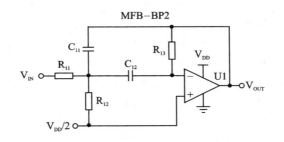

(c) 多重反馈的带通滤波器

图 2.2.12　多重反馈的低通和带通滤波器电路结构

表 2.2.11　图 2.2.12 中 RC 元件与有源滤波器实验模板的 $Z_1 \sim Z_{11}$ 对应关系

拓扑结构	MFB－LP1	MFB－LP2	MFB－BP2	拓扑结构	MFB－LP1	MFB－LP2	MFB－BP2
Z_1	—	—	—	Z_7	—	—	R_{12}
Z_2	—	—	—	Z_8	—	C_{12}	—
Z_3	—	—	—	Z_9	R_{12}	R_{12}	C_{11}
Z_4	0 Ω	0 Ω	0 Ω	Z_{10}	0 Ω	R_{13}	C_{12}
Z_5	—	—	—	Z_{11}	C_{11}	C_{11}	R_{13}
Z_6	R_{11}	R_{11}	R_{11}				

5. 有源滤波器评估板的级联

采用多个有源滤波器实验模板进行级联，可以构成一些性能良好的多阶滤波器。一个 5 阶 Bessel 低通滤波器电路如图 2.2.13 所示。

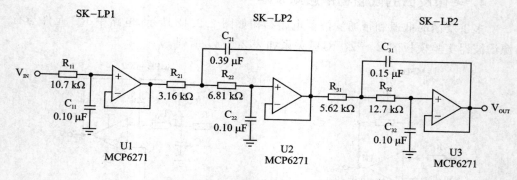

(a) 5 阶 Bessel 低通滤波器电路原理图

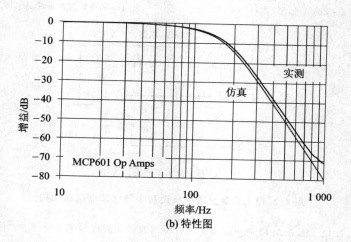

(b) 特性图

图 2.2.13　5 阶 Bessel 低通滤波器电路

2.3　单通道音频功率放大器

2.3.1　实训目的与器材

实训目的：制作一个基于 LM3886 的单通道 50 W 高保真的音频功率放大器。

实训器材：常用电子装配工具、万用表、示波器、LM3886 音频功率放大器电路元器件，如表 2.3.1 所列。

表 2.3.1　LM3886 音频功率放大器电路元器件

符　号	名　称	型　号	数　量
U1	功率放大器集成电路	LM3886	1
D1	全桥整流器	KBPC－25 A/100 V	1
W	电位器	10 kΩ	1
R_2,R_3	电阻器	RTX－0.125 W－1 kΩ	2
R_4,R_5	电阻器	RTX－0.125 W－20 kΩ	2
R_6	电阻器	RTX－0.125 W－30 kΩ	2
R_7	电阻器	RX－10 W－10 Ω	2
C_1	电容器	CC－220～500 pF/100 V	1
C_2	电容器	CD11－10 μF/50 V	1
C_3,C_5,C_7,C_{12},C_{13}	电容器	CL－0.1 μF/100 V	3
C_4	电容器	CC－50 pF/100 V	1
C_6	电容器	CD11－100 μF/50 V	1
C_8～C_{11}	电容器	CD11－6 800 μF/50 V	4
B	电源变压器	220 V/28 V×2	1

2.3.2　LM3886 的主要特性

LM3886 是 National Semiconductor 生产的 68 W 高性能高保真功率放大器，在 5 Hz～100 kHz 内，线性度良好，互调失真低达 0.004%，谐波失真及噪声（THD＋N）仅 0.03%，兼有过压欠压过载、短路、超温保护及静噪功能；$|V_+|＋|V_-|$ 电源电压范围为 20～84 V；全部静态电流 I_{TOT} 为 50～85 mA；当 THD＋N＝0.1%（max）、f＝1 kHz 或 f＝20 kHz 时，输出功率 P_O：

在 $|V_+|＝|V_-|＝28$ V 时，R_L＝4 Ω，输出功率为 68 W；

在 $|V_+|＝|V_-|＝28$ V 时，R_L＝8 Ω，输出功率为 38 W；

在 $|V_+|＝|V_-|＝35$ V 时，R_L＝8 Ω，输出功率为 50 W。

采用 NS Package Number TA11B 和 NS Package Number TF11B 封装，封装外形与尺寸如图 2.3.1 和图 2.3.2 所示。

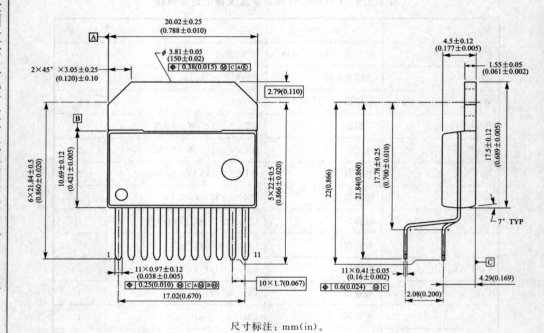

尺寸标注：mm(in)。

图 2.3.1　TA11B 封装外形与尺寸

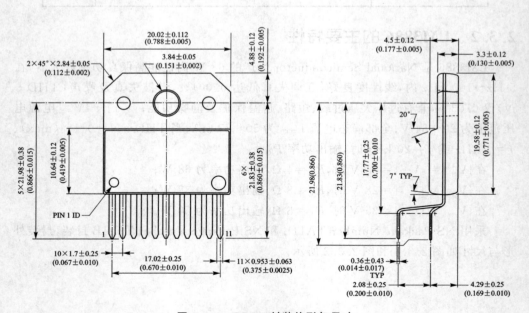

图 2.3.2　TF11B 封装外形与尺寸

2.3.3　单通道音频功率放大器的电路结构

采用 LM3886 的高保真功率放大器电路如图 2.3.3 所示，音频信号通过电位器 W 输入，输出端 3 连接一个电阻值为 8 Ω 的扬声器，电源电压由全桥整流器整流滤波后提供。采用两个相同的电路结构可以构成一个双通道的高保真的音频功率放大器。电源电路如图 2.3.4 所示。

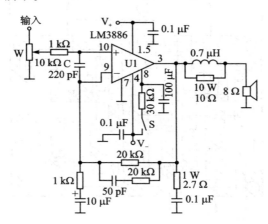

图 2.3.3　LM3886 高保真功率放大器电路图

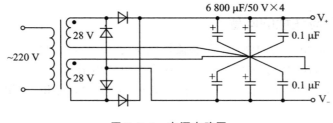

图 2.3.4　电源电路图

2.3.4　单通道音频功率放大器的制作步骤

1. 印制电路板制作

按印制电路板设计要求，设计 LM3886 高保真功率放大器电路的印制电路板图，参考设计[23]如图 2.3.5 所示，选用一块 4 cm×6 cm 单面环氧敷铜板。印制电路板制作过程请参考《全国大学生电子设计竞赛技能训练（第 2 版）》。

2. 元器件焊接

按图 2.3.5 所示，将元器件逐个焊接在印制电路板上，元器件引脚要尽量短。LM3886 集成电路最后焊接，立式焊接在印制电路板上。元器件焊接方法与要求请参考《全国大学生电子设计竞赛技能训练(第 2 版)》有关章节。

　　注意：元器件布局图中所有元器件均未采用下标形式。

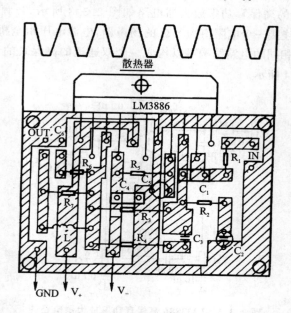

图 2.3.5　LM3886 功率放大器电路的元器件布局和印制电路板图

3. 制作时应注意的问题

　　(1) 电源次级电压为两组 28 V,整流桥电流为 20 A,滤波电容的质量不可忽视,可用 Macon、Nippon 公司等产品,高频去耦电容以聚丙烯为佳。

　　(2) 由于输出功率大,配用的散热器应有足够的辐射表面积,并用导热硅脂降低热阻。

　　(3) 设计印制电路板走线时,应注意输入回路与负载回路接地分开。

　　(4) 信号输入线宜短,太长易自激,输入端电容器 C(500 pF/50 V)可消除高频振荡。

　　(5) 输出端 $0.7~\mu H$ 的电感用 F1.2 漆包线直接在 $10~W/10~\Omega$ 金属膜电阻上平绕 22 匝后与电阻并联。

4. 参数测量

　　音频功率放大器参数测量请参考《全国大学生电子设计竞赛技能训练(第 2 版)》有关章节。

2.3.5　实训思考与练习题 1：制作 LM1875 音频功率放大器

　　试采用 LM1875 制作一个 20 W 高保真音频功率放大器,参考电路图和印制电路板[25]如图 2.3.6 和图 2.3.7 所示。LM1875 有关资料请登录 www. national. com 查询。设计印制电路板时请注意,LM1876 采用 TO - 220 封装形式。

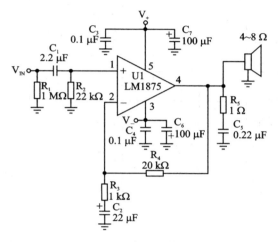

图 2.3.6　LM1875 20 W 高保真音频功率放大器电路原理图

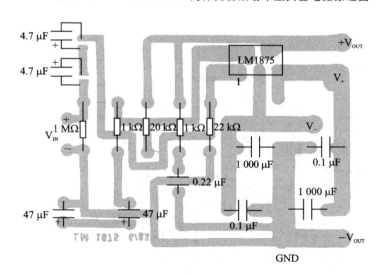

图 2.3.7　LM1875 20 W 高保真音频功率放大器印制电路板图

2.3.6　实训思考与练习题 2:制作 TDA7295 音频功率放大器

试采用 TDA7295 制作一个 80 W 高保真音频功率放大器,参考电路图和印制电路板[26]如图 2.3.8 和图 2.3.9 所示。TDA7295 有关资料请登录 www. st. com 查询。设计印制电路板时请注意,TDA7295 采用 Multiwatt15V 封装形式。

全国大学生电子设计竞赛制作实训(第 3 版)

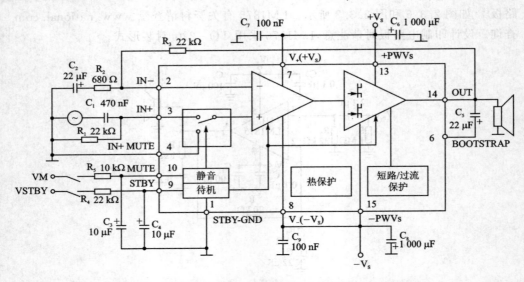

图 2.3.8　TDA7295 80 W 高保真音频功率放大器电路原理图

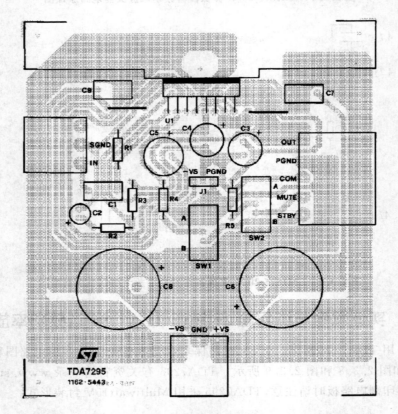

图 2.3.9　TDA7295 80 W 高保真音频功率放大器印制电路板图

2.3.7　实训思考与练习题 3：制作 TDA7296 音频功率放大器

试采用两片 TDA7296 制作一个 60 W 桥式结构的高保真音频功率放大器，参考电路图和印制电路板[27]如图 2.3.10 和图 2.3.11 所示。TDA7296 有关资料请登录 www. st. com 查询。设计印制电路板时请注意，TDA7296 有 Multiwatt15V 和 Multiwatt15H 两种封装形式。

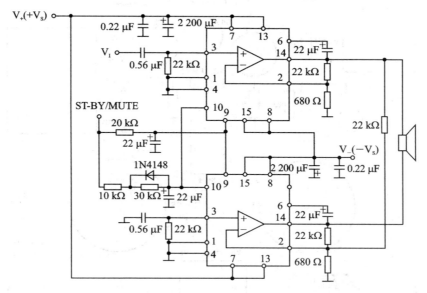

图 2.3.10　两片 TDA7296 60 W 桥式结构的高保真音频功率放大器电路原理图

2.3.8　实训思考与练习题 4：制作 TS4962M D 类音频功率放大器

试制作一个如图 2.3.12 所示采用 TS4962M 的 D 类音频功率放大器电路[19]。电路中 TS4962M 采用差分输入和差分输出形式，放大倍数为：

$$A_V = \frac{300\ \text{k}\Omega}{R_1} \text{ 或者 } A_V = \frac{300\ \text{k}\Omega}{R_2}$$

式中，$R_1 = R_2$ 单位为 kΩ。

图中，Cn_4 和 Cn_5 跳线器可以用来短路 C_2 和 C_3，成为 DC 耦合形式。在采用 C_2 和 C_3 AC 耦合时，-3 dB 截止频率 f(Hz)为：

$$f = \frac{1}{2\pi \times R_1 \times C_2} = \frac{1}{2\pi \times R_2 \times C_3}$$

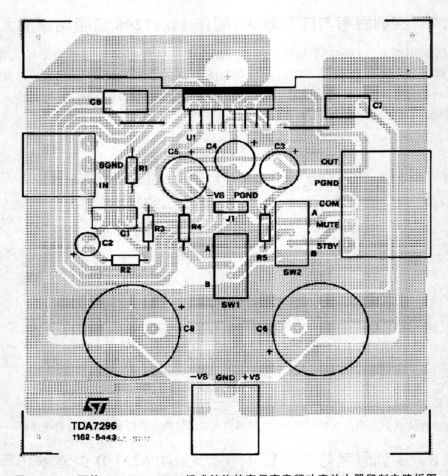

图 2.3.11　两片 TDA7296 60 W 桥式结构的高保真音频功率放大器印制电路板图

制作提示：

1. TS4962M 的主要技术特性

TS4962M 是一个 D 类音频功率放大器芯，输出功率为 2.3 W（@ $V_{cc} = 5$ V，THD $= 1\%$，$f = 1$ kHz，4 Ω），输出功率为 1.4 W（@ $V_{cc} = 5$ V，THD $= 1\%$，$f = 1$ kHz，8 Ω），工作电源电压范围 V_{cc} 为 2.4～5.5 V，效率为 88%。

TS4962M 采用 Flip‑Chip 9×300 μm 封装，引脚端封装形式如图 2.3.13 所示。

2. 电路元器件清单

电路元器件清单如表 2.3.2 所列。

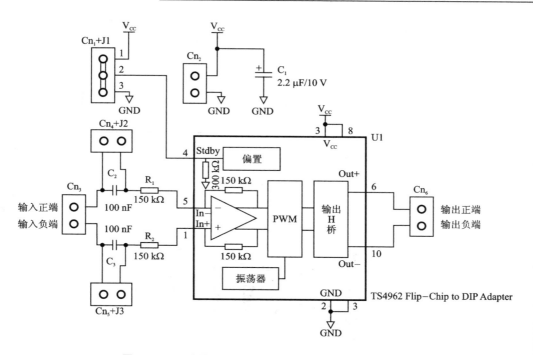

图 2.3.12　采用 TS4962M 的 D 类音频功率放大器电路

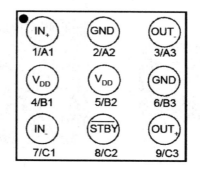

图 2.3.13　TS4962M 引脚端封装形式

表 2.3.2　电路元器件清单

符　号	名　称	参　数	数　量
C_1	电解电容器	2.2 μF/10 V	1
C_2，C_3	电容器	100 nF/63 V	2
Cn_1，Cn_6	插头	3 引脚端，2.54 mm	2

续表 2.3.2

符　号	名　称	参　数	数　量
Cn_2，Cn_3，Cn_4，Cn_5	插头	2 引脚端，2.54 mm	4
J1～J3	跳线	4 引脚，2.54 mm	4
R_1，R_2	电阻	150 kΩ，1/4 W，1%	2
U1	TS4962M	DIP	1

3. 参考印制电路板图

参考印制电路板设计图如图 2.3.14 所示。

注意：元器件布局图中所有元器件均未采用下标形式。

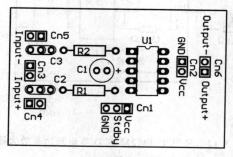

(a) 元器件布局图

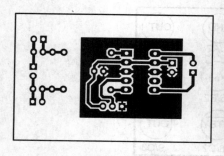

(b) 印制电路板底层图

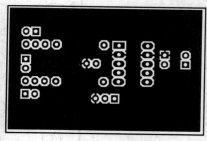

(c) 印制电路板顶层图

图 2.3.14　参考印制电路板设计图

4. DIP 适配器

TS4962M 采用 Flip‑Chip 9×300 μm 封装，不能够直接采用 DIP 形式，需要设计一个 DIP 适配器，DIP 适配器电路和印制电路板如图 2.3.15 所示。图中：C_1 为 100 nF/10 V 陶瓷电容器（0603），C_2 为 1 μF/6.3 V 钽电容器（0805），R_1 和 R_2 为 0 Ω 电阻，U1 为 TS4962MIJ。

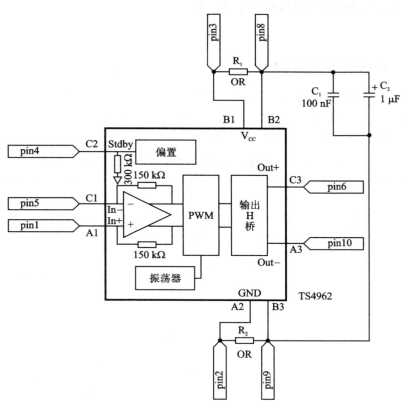

(a) TS4962M DIP适配器电路

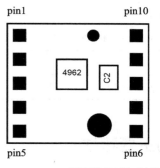

(b) TS4962M DIP适配器印制电路板图

图 2.3.15　TS4962M DIP 适配器电路和印制电路板图

2.4　双通道音频功率放大器

2.4.1　实训目的与器材

实训目的：制作一个基于 TDA1514A 的双通道 50 W 音频功率放大器。

实训器材：常用电子装配工具、万用表、示波器、TDA1514A 双通道 50 W 音频功率放大器电路元器件，如表 2.4.1 所列。

表 2.4.1　TDA1514A 双通道 50 W 音频功率放大器电路元器件

符　号	名　　称	型　　号	数　量	备　注
U1	功率放大器集成电路	TDA1514A	2	
D1	全桥整流器	KBPC – 25 A/50 V	1	
R_1	电阻器	RTX – 0.125 W – 20 kΩ	2	
R_2	电阻器	RTX – 0.125 W – 680 Ω	2	
R_3	电阻器	RTX – 0.125 W – 20 kΩ	2	
R_4	电阻器	RTX – 0.125 W – 470 kΩ	2	
R_5	电阻器	RTX – 0.5 W – 3.3 Ω	2	
C_1	电容器	CA – 1 μF/50 V	2	输入电容要用无极性电容
C_2	电容器	CC – 220 pF/100 V	2	
C_3	电容器	CD11 – 3.3 μF/50 V	2	
C_4	电容器	CL – 0.022 μF/100 V	2	
C_5 , C_6	电容器	CD11 – 0.47 μF/50 V	4	
C_7	电容器	CD11 – 47 μF/100 V	2	
C_8 , C_9	电容器	CD11 – 10 000 μF/50 V	2	

2.4.2　TDA1514A 的主要特性

TDA1514A 是 NXP Semiconductors 生产的 50 W 高性能高保真功率放大器，电源电压范围（引脚 6 到引脚 4 之间）V_P 为 ±10～±30 V；全部静态电流（$V_P = ±27.5$ V）I_{TOT} 为 56 mA；当 THD = −60 dB、$V_P = ±27.5$ V、$R_L = 8$ Ω 时，$P_O = 40$ W；当 $V_P = ±23$ V、$R_L = 4$ Ω 时，$P_O = 48$ W；闭环电压增益 G_C 为 30 dB；输入电阻为 R_1 为 20 Ω；当 $P_O = 50$ mW 时，（信号＋噪声）与噪声之比，即 $(S+N)/N$ 为 83 dB；当 $f =$

100 Hz 时,电源电压纹波抑制 SVRR 为 64 dB;采用 SOT131 - 2 封装,封装外形与尺寸如图 2.4.1 所示。

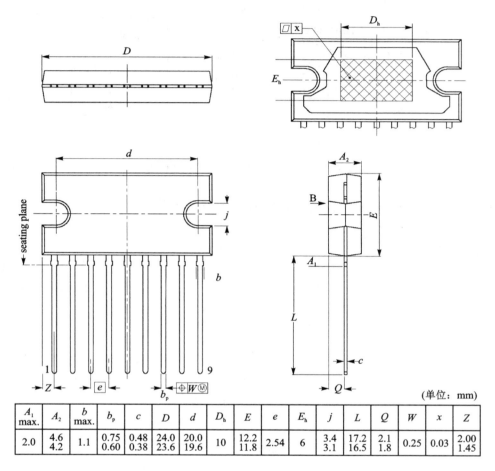

(单位：mm)

A_1 max.	A_2	b max.	b_p	c	D	d	D_h	E	e	E_h	j	L	Q	W	x	Z
2.0	4.6 4.2	1.1	0.75 0.60	0.48 0.38	24.0 23.6	20.0 19.6	10	12.2 11.8	2.54	6	3.4 3.1	17.2 16.5	2.1 1.8	0.25	0.03	2.00 1.45

图 2.4.1　TDA1514A 封装外形与尺寸

2.4.3　双通道音频功率放大器的电路结构

采用 TDA1514A 构成的高保真功率放大器电路如图 2.4.2 所示,音频信号从引脚端 1 输入,输出端 5 连接一个 8 Ω 扬声器,电源电压由全桥整流器整流滤波后提供。采用两个相同的电路结构可以构成一个双通道的高保真的音频功率放大器。

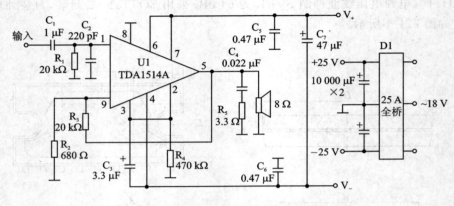

图 2.4.2 TDA1514A 高保真功率放大器电路图

2.4.4 双通道音频功率放大器的制作步骤

1. 印制电路板制作

按印制电路板设计要求，设计 TDA1514A 高保真功率放大器电路的印制电路板图，参考设计[23]如图 2.4.3 所示，选用两块 6 cm×7 cm 单面环氧敷铜板。印制电路板制作过程请参考《全国大学生电子设计竞赛技能训练（第 3 版）》。

2. 元器件焊接

按图 2.4.3 所示，将元器件逐个焊接在印制电路板上，元器件引脚要尽量短。TDA1514A 集成电路最后焊接，平贴焊接在印制电路板上。元器件焊接方法与要求请参考《全国大学生电子设计竞赛技能训练（第 3 版）》有关章节。

注意：元器件布局图中所有元器件均未采用下标形式。

3. 印制电路板与散热板的安装

选择一块 5 mm 厚的平整铝板（铜板更好）作为散热板，尺寸不小于 12 cm×24 cm。左、右声道线路板、滤波电容、全桥整流器等安装在铝板上的参考示意位置，如图 2.4.4 所示。在铝板上钻孔，孔径 4 mm，用于安装电路板、电源滤波电容等。开孔位置尺寸根据印制板固定孔、电源变压器等位置决定。注意：印制电路板、全桥整流器、电解电容器等有关元器件与散热板的绝缘问题。滤波电容连接到印制电路板的正、负电源，引线采用单股导线，便于弯折定型。有些连线需穿过铝板从背后引出。全桥采用方形带中心固定孔的方式。滤波电容采用夹子固定。将功率放大器 IC 安装到散热板上如图 2.4.5 所示位置，功率放大器 IC 与铝板间应加一层薄云母片绝缘，云母片两面涂上导热硅脂。最后将整块铝板接地。

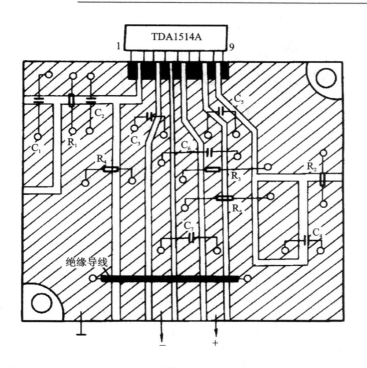

图 2.4.3　TDA1514A 功率放大器电路的元器件布局和印制电路板图

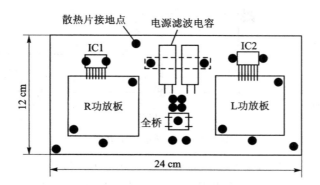

图 2.4.4　印制电路板与其他元器件的安装位置示意图

4. 整机装配

整机装配接线图如图 2.4.6 所示。装配时应注意：

（1）功率放大器输出采用大型接线柱，并且地线接自滤波电容的接地端，而不是接自线路板地端。

（2）机内信号线选用专用信号线，最好不要使用市面出售的很细的屏蔽线，也可选用稍细的 75 Ω 同轴电缆线。

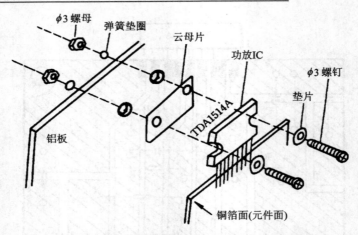

图 2.4.5　功率放大器 IC 安装到散热板上的示意图

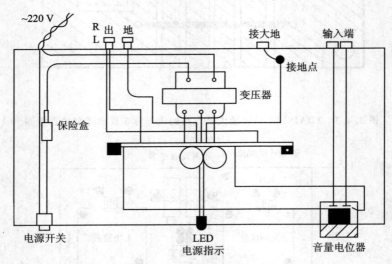

图 2.4.6　整机装配示意图

（3）若机壳为金属壳，要在变压器与底板之间加上绝缘板后再固定。

（4）输入信号的莲花插座负极应与外壳绝缘，电位器外壳应接地。

（5）大地地线一定要连接，如果电源有地线，可采用带接地端的三芯插座，插座里的地线应与机壳上的接地端连接。电源没有地线时，需要自制简易地线。具体方法是：取 3 mm 厚铝板，尺寸大小是 50 mm×200 mm；一端用铜螺钉固定（焊接）一根粗铜线作为地线，选择屋外阴暗潮湿地方，将此铝板埋入地下，越深越好，并应保持此处地面潮湿。

接"地"（指大地）是必须的，它可以消除讨厌的电源干扰声，保证干净清晰的音质，还可以消除静电带来的危险。当将几台机器联机使用时，接大地的"地"只能接在功放机上，不可每台机器均接大地，否则会形成地线环线，产生噪声干扰。

5．参数测量

音频功率放大器参数测量请参考《全国大学生电子设计竞赛技能训练(第 2 版)》相关章节。

6．安装、调试过程中应注意的问题

TDA1514A 是 NXP 公司专为数字音频系统而设计的功放集成电路,具有频响宽、失真小、动态范围和输出功率大等优点。如果使用不当,也很容易造成损坏。因此,这种功放集成电路在安装、调试过程中,必须把握好以下几点:

(1) TDA1514A 功放电路使用的电源电压不能超过 ± 27.5 V,选取 $\pm 23 \sim \pm 25$ V 为宜。如果用到功放电路的极限电压 ± 30 V,随着市电电网的波动,会损坏 TDA1514A。

(2) 调整功放输出点 0 V 电压,必须采用直流伺服电路,如图 2.4.7 所示。伺服电路能较好地解决功放输出端直流电位的漂移。伺服电路供电可在 ± 25 V 电压上取,也可以通过变压器另绕一组双 15 V 经整流三端稳压后供伺服电路使用。如果使用有源伺服电源供电效果更好。伺服电路使用的运放集成电路,可采用 NE5532N,不要采用 NE5532P。因为 P 型易自激,给中点调零电位带来困难,而且还会损坏功放电路。也可以采用 LF358、LM368、C4558 等运放集成电路。若用 C4558,价格比 NE5532 低一半,而且效果相当不错。经测试,功放集成电路的中点失调电压其中一个声道为 0.5 mV;另一声道为 2.5 mV。

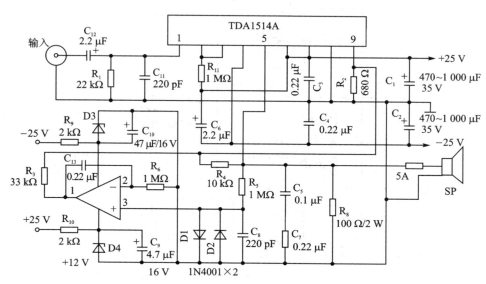

图 2.4.7　TDA1514A 功率放大器采用直流伺服电路的电原理图

(3) 功放集成电路输出电流为 $6 \sim 8$ A,输出功率为 50 W。如果安装两路输出,电源变压器功率应大于 200 W,初级线径使用 φ0.6 mm 漆包线绕制；次级线径选用 φ1.3 mm 漆包线,采用双线并绕,以满足功放低音力度的要求。功放整流电流应选用不小于 10 A 的桥堆或二极管,以利于功放大电流工作。电源去耦滤波电容选用不小于 10000 μF/50 V 的大电容,容量不足时,可用多只并联使用。功放散热器面积要有保证,为减小功放集成电路与散热器之间的热阻,应在接触面涂上硅脂,散热器以工作 4 小时不感到烫手为宜。

（4）电源去耦滤波电容应尽量靠近功放集成电路,如果引线较长时,应在功放线路板(正负电源与地端)上直接焊上两只 470 μF/35 V～1000 μF/35 V 的电容,以减少功放输出的交流声和线路自激。

（5）功放整流输入两端和扬声器输出端应加装保险丝,有条件的可安装扬声器保护电路。

2.4.5　实训思考与练习题 1：制作 TDA1521 10 W×2 音频 功率放大器

试采用 TDA1521/TDA1521Q 制作一个 10 W×2 高保真音频功率放大器,参考电路图如图 2.4.8 所示。TDA1521/TDA1521Q 有关资料请登录 www.nxp.com 查询。设计印制电路板时请注意,TDA1521/TDA1521Q 有 SOT131-2 和 SOT157-2 两种封装形式。

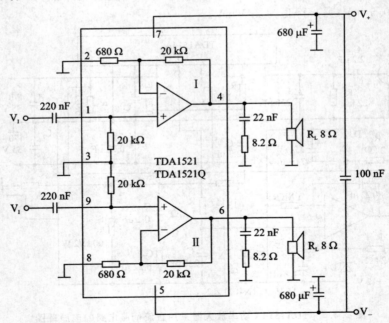

图 2.4.8　10 W×2 高保真音频功率放大器

全国大学生电子设计竞赛制作实训（第 3 版）

2.4.6　实训思考与练习题 2：制作 LM1876 20 W×2 音频功率放大器

试采用 LM1876 制作一个 20 W×2 高保真音频功率放大器，参考电路图如图 2.4.9 所示。LM1876 有关资料请登录 www.national.com 查询。设计印制电路板时请注意，LM1876 采用 TO-220-15 封装形式。

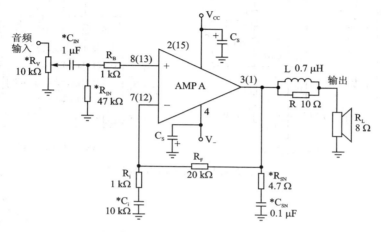

注：带 * 号的元器件表示其数值可调整。

图 2.4.9　20 W×2 高保真音频功率放大器

2.4.7　实训思考与练习题 3：制作 TDA2822 低电压音频功率放大器

试采用 TDA2822 制作一个低电压小功率音频功率放大器，参考电路和印制电路板图[28]如图 2.4.10 和图 2.4.11 所示。TDA2822 有关资料请登录 www.st.com

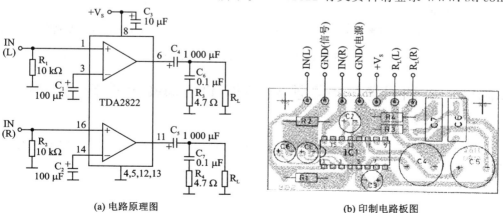

(a) 电路原理图　　　　　　　　　(b) 印制电路板图

图 2.4.10　立体声输出电路

查询。设计印制电路板时请注意，TDA2822 采用 DIP-16 封装形式。散热器设计参考如图 2.4.12 所示。

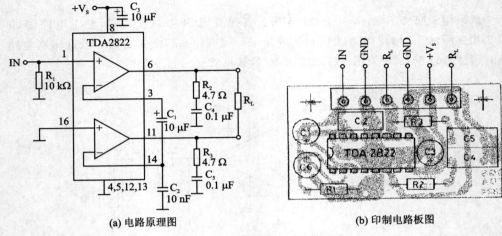

(a) 电路原理图　　　　　　　　　　(b) 印制电路板图

图 2.4.11　桥式输出电路

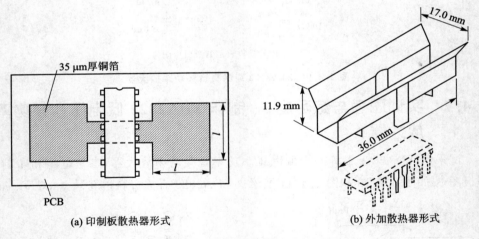

(a) 印制板散热器形式　　　　　　　　(b) 外加散热器形式

图 2.4.12　功率放大器散热器设计

2.4.8　实训思考与练习题 4：制作 TDA7490 D 类音频功率放大器

试采用 TDA7490 制作一个 25 W+25 W 的 D 类音频功率放大器[20]，如图 2.4.13 所示。

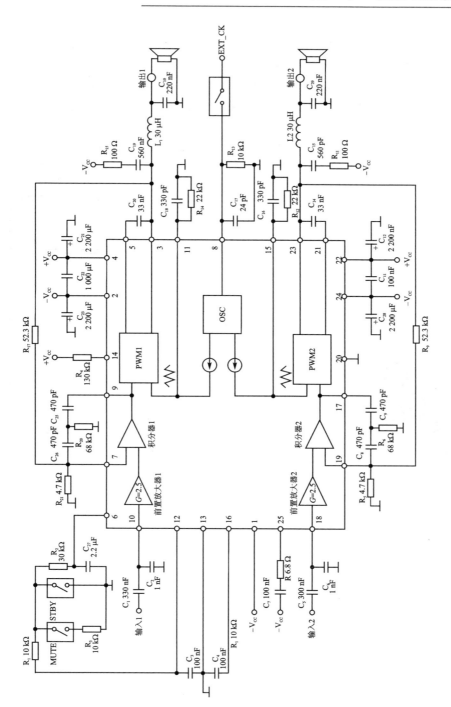

图 2.4.13　采用 TDA7490 的 D 类音频功率放大器电路

制作提示：

1. TDA7490 的主要技术特性

TDA7490 是一个双通道的 D 类音频功率放大器芯片，输出功率为 25 W ＋ 25 W（@R_L＝ 8 Ω/4 Ω；THD ＝ 10%），工作电源电压范围 V_{CC} 为 ±10～±25 V，效率为 89%。

TDA7490 采用 Flexiwatt 25 封装，外形与引脚端封装形式如图 2.4.14 所示。

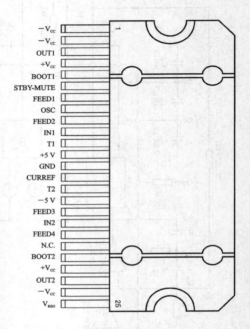

(a) Flexiwatt 25 封装外形　　　　　　　　(b) TDA7490 引脚端封装形式

图 2.4.14　TDA7490 封装外形与引脚端封装形式

2. 参考印制电路板图

参考印制电路板设计图如图 2.4.15 所示。

注意： 元器件布局图中所有元器件均未采用下标形式。

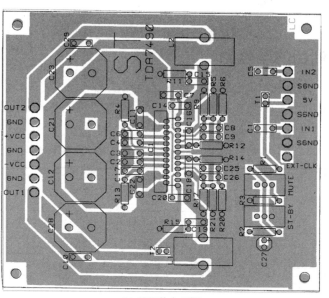

(a) 元器件布局图

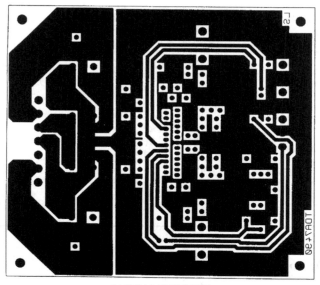

(b) 印制电路板底层图

图 2.4.15　参考印制电路板设计图

2.5　语音录放器

2.5.1　实训目的与器材

实训目的：制作一个基于 ISD2560 的语音录放器。

实训器材：常用电子装配工具、万用表、示波器、ISD2560 语音录放器电路元器件，如表 2.5.1 所列。

表 2.5.1　ISD2560 语音录放器电路元器件

符　号	名　称	型　号	数　量	备　注
U1	语音录放集成电路	ISD2560	1	
R_1	电阻器	RTX－0.125 W－2 kΩ	1	
R_2	电阻器	RTX－0.125 W－470 kΩ	1	
R_3	电阻器	RTX－0.125 W－10 kΩ	1	
$R_4 \sim R_{13}$	电阻器	RTX－0.125 W－10 kΩ	1	R－PACK10 排阻
R_{14}, R_{15}, R_{17}	电阻器	RTX－0.125 W－47 kΩ	3	
R_{16}	电阻器	RTX－0.5 W－10 Ω	1	
R_{18}, R_{19}	电阻器	RTX－0.125 W－470 Ω	2	
C_1, C_5	电容器	CL－0.22 μF/50 V	2	
C_2	电容器	CD11－4.7 μF/10 V	1	
C_3	电容器	CD11－1 μF/10 V	1	
C_4	电容器	CD11－22 μF/10 V	1	
C_6, C_7	电容器	CL－0.1 μF/50 V	2	
C_8	电容器	CD11－220 μF/10 V	1	
SW	DIP 指拨开关	DIP－10	1	
BM	麦克风	驻极体麦克风	1	
BL	扬声器	16 Ω	1	

2.5.2　ISD2560 的主要特性

ISD2560 是 ISD 系列录放语音集成电路之一，内部结构方框图如图 2.5.1 所示，芯片内部包含语音电路、大容量 EEPROM 存储器、功率放大器等。录音过程即可以完成语音固化，所录音的内容可以永久保存，能重复录放达 10 万次。

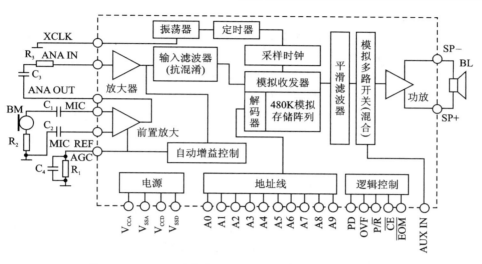

图 2.5.1　ISD 系列单片语音录放集成电路内部结构方框图

1. 录　音

在进行存储操作之前,ISD2560 要分几个阶段对输入到麦克风 BM 电路的语音电信号进行调整。首先将输入的电信号放大到存储电路动态范围的最佳电平,这个阶段由前置放大器、放大器和自动增益控制电路来实现。前置放大器通过隔直电容器 C_1、C_2 与麦克风 BM 连接(见图 2.5.1)。隔直电容器 C_1、C_2 用来去掉交流小信号中的直流成分。

信号的放大分两步完成:先将语音电信号经前置放大器放大,由模拟输出端(ANA OUT)输出,经 C_3 和 R_3,加到放大器的输入端,使语音电信号得以进一步放大。这种结构,使得系统设计更加灵活(尤其是非语音信号的输入),同时提供了一个用于截止低频信号的端子接口电路。

自动增益控制电路,能随时跟踪、监视控制放大器输出的音频信号电平,并反馈增益电压,实现对前置放大器的自动增益调节,以便维持进入输入滤波器的信号是最佳的电平。这样,使录音信号为最佳、最高电平,又可使削波减至最小。自动增益电路的特性由两个时间来描述,即响应时间与释放时间。响应时间是指当输入信号增大时,自动增益控制(AGC)用减小增益来响应所需要的时间。释放时间是指输入信号降低时,使增益增加所需要的时间。可以通过选择连接在 AGC 引脚的电阻 R_1 和电容器 C_4 的阻容值,来调节响应时间与释放时间的常量。通常,将前置放大器的增益压缩到 20 dB 左右的范围内,这是为了能补偿各种麦克风的特性及各种语音音量的需要;而将动态信号范围增大 20 dB,是为了保持信号的完整性,以便把削波和其他失真减至最小。

模拟信号的存储是采用取样技术,采样频率为 8 kHz,因此需要输入滤波器去掉采样频率的 1/2 以上的输入频率分量。输入滤波器的高频截止频率选在 3.4 kHz 以上,要有足够宽的频带,以保证高音质的语音。输入滤波器是一个五极点低通滤波器,在 3.4 kHz 每个倍频程衰减 40 dB。

对输入的信号调整后,再将输入波形通过模拟收发器,写入 480K 模拟存储阵列中,由 8 kHz 采样时钟取样,并经过电平移位而产生写入过程所需要的高电平,同时补偿隧道效应相关的一些实际因素。采样时钟也用于存储阵列的地址译码,以便输入信号顺序地写入存储阵列。

2. 放音

录入的模拟电压信号,在采样时钟的控制下,顺序地从 480K 模拟存储阵列中读出,恢复成原样的采样波形。在输出的通路上,平滑滤波器去掉采样频率分量,恢复原始的语音波形。采样时钟频率会影响录音的时间长度和录音质量。提高采样时钟频率,虽然使放音的质量得到了改善,但是录音的时间必然就减少了许多。反之亦然,降低取样频率,则增加了录音时间,所付出的代价是降低了录音的质量。为了解决这些问题,在产品出厂之前,振荡器频率精度的调节优于 1.5%。在调整振荡器的振荡频率时,也同时自动地调整了平滑滤波器的截止频率。

平滑滤波器的输出,通过一个模拟多路开关连接到输出功率放大器的输入端。语音信号经功放进行功率放大后,从两个输出引脚 SP+、SP- 直接驱动扬声器 BL 播放所录制的语音。扬声器选用 16 Ω 时,其驱动功率约为 50~100 mW。对于系统应用,也可以在辅助输入端(AUX IN)输入语音信号,经功放后驱动扬声器 BL。

ISD 系列的每个 EEPROM 存储单元,等效于 8 位存储器。信号写入存储单元采用闭环方式。取样保持电路在编程周期内保持数据,并将存储的模拟电压提供给比较器的一个输入端。比较器的另一个输入是存储单元本身的输出。在多次语音信号的写入过程中,电子被"泵入"存储阵列,并使存储电平反馈到比较器。当比较器的信号,也就是存储单元的输出电压等于取样保持电平时,该存储阵列的编程即行停止。每一次写入时,使极少量的电荷注入存储单元以建立系统的分辨率,从而保证了最低的充电量。一个存储单元在写入语音信号的同时,也就自动地消除了这个存储单元原有的语音信号。

3. ISD2560 的引脚功能

ISD2560 有 SOIC、PDIP 和 TSOP 三种封装形式,SOIC 和 PDIP 封装形式引脚端排列如图 2.5.2 所示。ISD2560 所有模拟电路引脚电压均以内部产生的模拟地为参考,偏置电压大约为 1.5 V。可以在麦克风输入端 MIC(引脚端 17)和麦克风补偿端 MIC REF(引脚端 18)、模拟输入端 ANA IN(引脚端 20)上测量到这个偏置值。测量值应在内部值的 ±20 mV 范围之内。这些引脚端的连接都应使用电容器耦合,使偏压不受影响。

各引脚端的功能如下:

① MIC(引脚端 17)为麦克风前置放大器输入端。集成电路内部的前置放大器用于放大 1～20 mV 范围内的信号,是一个增益可控的跨导放大器,输入阻抗 10 kΩ,最大增益 24 dB。一般的驻极体麦克风所输出的语音信号电平,已足够驱动该放大器。由于输入阻抗已知,频率响应的下限由音频信号源和输入耦合电容来确定。驻极体麦克风用 0.22 μF 的耦合电容。

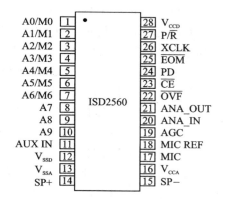

图 2.5.2　ISD2560 引脚端封装形式(SOIC/PDIP)

② MIC REF(引脚端 18)为麦克风补偿端。麦克风补偿端是麦克风前置放大器的反向输入端,用来抵消噪声或对 ISD2560 作共模抑制的输入端。通常从这个引脚端到模拟地之间连接两只电容(见图 2.5.1 中的 C_2)。这个电容器的容值和麦克风前置放大器的 MIC 端的耦合电容值要求相同。麦克风的地与麦克风补偿电容的地,要求紧紧靠近。

③ AGC(引脚端 19)为自动增益控制端。在图 2.5.1 中,AGC 引脚端经并联的电阻 R_1 和电容器 C_4 接地。由这两只元器件确定自动增益控制电路的两个时间常量,即响应时间和释放时间。响应时间由 ISD 器件内部的电阻和外部电容 C_4 组成的网络确定。释放时间由两个并联的外部元器件,即 R_1、C_4 的阻容值确定。通常,$R_1 = 470$ kΩ,$C_4 = 4.7$ μF。

④ ANA_OUT(引脚端 21)为模拟输出端。该端是麦克风前置放大器的直接输出。在应用中,这个输出端由一只电容器、一只电阻与模拟输入端 ANA IN 端相连。

⑤ ANA_IN(引脚端 20)为模拟输入端。该端与前置放大器直接连接。如同麦克风输入一样,连接模拟输入和模拟输出的耦合电容器,确定了电路的低端频响。图 2.5.1 电路中,耦合电容器 C_3 可以在 0.22～1 μF 选取,R_3 也可不用,由 C_3 跨接在 ANA IN 与 ANA OUT 引脚端上。

⑥ $\overline{\text{EOM}}$(引脚端 25)及 EOM 位为 ISD 系列器件对信息的内在寻址,要求一直到信息的终点才知道。记录周期可以随时通过 $\overline{\text{CE}}$ 信号的上升沿停止。EOM 位(End of Message Bit)设置在 ISD 器件的 EEPROM 存储器中。当加上 $\overline{\text{CE}}$ 信号脉冲时,放音开始,并且一直到找到 EOM 位时才停止。ISD 系列器件存储阵列的每一行都可以作为起始地址。存储阵列中每一行有个 EOM 定位点。

在 ISD1000A 系列中有 640 个定位点(4×160＝640EOM 位)。如果取样频率等于 8 kHz,每行的寻址时间为 100 ms,则 EOM 位的分辨率是 25 ms。这样,从信息结束到 $\overline{\text{EOM}}$ 信号输出的最大延时是 25 ms,$\overline{\text{EOM}}$ 为负向信号,时间为 12.5 ms。$\overline{\text{EOM}}$ 上升沿标志信息结束。因此,在 $\overline{\text{EOM}}$ 处于低电平时,语音仍连续从器件输出,

全国大学生电子设计竞赛制作实训(第 3 版)

在它的上升沿时停止。在 ISD 系列器件中,这些时间参数不是固定的。在 ISD1000A 系列中,EOM 也作溢出指示。放音时如果出现溢出,$\overline{EOM}$ 端变低并维持到溢出被清除。如果录音时出现溢出,则 $\overline{CE}$ 端的信号将传送到器件的 $\overline{EOM}$ 输出端。

⑦ $\overline{OVF}$(引脚端 22,仅 ISD2500 系列)为 ISD2500 系列附加的这一引脚端,主要是将溢出信号和 EOM 端输出信号分离成为两个引脚,即 $\overline{OVF}$ 端和 $\overline{EOM}$ 端。这样更有利于多个 ISD2500 器件的级联应用(即用几片 ISD2500 连接在一起,实现延长录音时间等需要)。在 ISD2500 系列中,$\overline{EOM}$ 引脚仅在放音中遇到设置的 EOM 位时才出现一个低脉冲;而在溢出时,它不输出低脉冲。在 $\overline{VOF}$ 引脚端,当出现溢出时便输出时间约为 6 ms 的低脉冲。出现溢出以后,$\overline{CE}$ 端(ISD2500 的引脚端 23)信号经器件内部送至 $\overline{OVF}$ 输出端,也就是所输入的 $\overline{CE}$ 信号在器件溢出时会出现在 $\overline{OVF}$ 输出端。采用此种方式是考虑到几只 ISD2500 器件在级联应用时的需要。在级联时,每一个器件的 $\overline{OVF}$ 端都连接到下一个器件 $\overline{CE}$ 端,最后一个器件的 $\overline{OVF}$ 端的处理方法,将在后面详细介绍。

- 在录音过程中对 $\overline{OVF}$ 的操作:由于在录音期间 $\overline{CE}$ 信号保持低电平,在溢出时 $\overline{OVF}$ 端变低并维持在低电平,而不是输出低脉冲。当 $\overline{CE}$ 输入端变低时,$\overline{OVF}$ 端会跟着也变低。

- 在放音过程中对 $\overline{OVF}$ 的操作:通常,启动放音操作由 $\overline{CE}$ 信号的下跳沿控制,然后 $\overline{CE}$ 再回到高电平。在这种情况时,$\overline{OVF}$ 端在溢出时输出一个低脉冲,用来启动级联中的下一个器件。如果系统在放音期间 $\overline{CE}$ 信号为连续的低电平,则 $\overline{OVF}$ 引脚端在溢出时变为低电平,并维持在低电平状态,而不是输出低脉冲。

注意:当出现溢出时,级联中的 ISD2500 器件的 $\overline{CE}$ 不作为低脉冲输出。用设置 $\overline{EOM}$ 位或者使它运行到溢出,可以结束放音。若是需要输出一个逻辑信号以指示信息已经结束,则可以采用 $\overline{CE}$ 或 $\overline{OVF}$ 的任意一个输出,也可以用一个二输入端的与门来实现信息指示。

⑧ SP+(引脚端 14)和 SP−(引脚端 15)为扬声器输出端。ISD 器件内部的功放,通过 SP+、SP− 输出语音电流信号,直接驱动扬声器播音。当扬声器阻抗为 16 Ω 时,输出功率为 50 mW。也可以使用更低阻抗或更高阻抗的扬声器,但是会造成音量减小、失真或输出电流超过额定值等。这两个输出端也可以单端使用,即在 SP+ 或 SP−端任意取其一端接扬声器的一端,而扬声器的另一端接地。但是,绝不允许用导线将 SP+ 和 SP−短接起来,也不允许将 SP+ 或 SP−接地。在单端连接驱动扬声器时,建议采用 $100\sim220\ \mu$F 的电解电容器串接在扬声器回路中,否则有可能产生很大的直流偏置电流($\geqslant100$ mA)造成 ISD 器件的损坏。

当 ISD2500 系列器件的 PD 端(引脚端 24)为低电平,$P/\overline{R}$ 端(引脚端 27)为高电平(放音)时,扬声器两个输出引脚的平均电压约为 1.5 V。当器件在录音或掉电时,扬声器两个输出端将被拉到"地"电位。扬声器输出端 SP+、SP−不能与其他信号并联。

⑨ JAUX_IN(引脚端 11)为辅助输入端。当 ISD 器件处于放音方式,P/$\overline{R}$ 端为高电平,PD 为低电平。此时若无放音信号,辅助输入 AUX IN 便可输入其他语音信号,经 ISD 器件的功放后,驱动扬声器播音。ISD 器件内部的"功放"实则是一个差分放大器,其电压增益小于 0 dB,输入阻抗对模拟地而言大约为 10 kΩ。因此,器件增设了 AUX IN 辅助输入端后,便可实现用其他信号源驱动扬声器播放。

⑩ $\overline{CE}$、PD、P/$\overline{R}$、$\overline{EOM}$(引脚端 23、24、27、25)为微处理器接口。ISD 系列器件的 $\overline{CE}$、PD 和 $\overline{R}/\overline{R}$ 引脚端内部都有防抖动电路,可以用轻触式按键开关驱动。这些输入端的使用很灵活,可以由微处理器来控制。$\overline{CE}$、PD、P/$\overline{R}$ 及 $\overline{EOM}$ 引脚端都与 TTL 电平兼容并可由微处理器系统驱动。

⑪ XCLK(引脚端 26)为外部时钟端。外部时钟端又叫辅助振荡端。ISD 器件的芯片上包括一个温度补偿的基准振荡器,由它来控制器件的采样速度。这个振荡不要求外接元器件,采样速度取决于内部振荡器电路的分频器。在通常的情况下,XCLK 端接地。

ISD 系列器件也可以用外部振荡器(外部时钟)通过 XCLK 端来驱动 ISD 器件。将一个 TTL 电平的时钟信号接到 XCLK 端,器件的内部振荡器则会自行关掉,而由外部时钟控制。进入 XCLK 引脚端的时钟信号,经过一个由两个触发器组成的分频器,因此要求外部时钟必须两倍于所要求的内部时钟,对外部时钟的占空比无要求。如果时钟低于设计频率,可能产生混淆误差;当时钟高于设计频率时,滤波器仍控制在带宽上限的原始值,也未必有利。ISD2560 外部时钟频率为 1 024 kHz。

⑫ A0~A9(引脚端 1~10)为地址位。ISD 器件可以实现 1~600 段的录放语音功能,每段录放音都具有一个起始端,该起始地址的选择由 A0~A9 来确定。A6、A7(在 ISD2500 器件中则是 A8、A9)两个地址位同时为高电平时,可选工作模式,但工作模式未加锁定。只有当 $\overline{CE}$ 为低电位时工作周期启动,工作模式才有效。如果下一工作周期没有选择工作模式,则执行通常的地址周期。因为工作模式没有锁定,所以在使用时,地址位 A0~A9 全部接地。

ISD2500 器件共有 10 根地址线,具有 1 024 种组合状态。最前面 600 个状态作为内部存储器的寻址使用,最后 256 个状态作为操作模式(OPERATIONAL MODE,以下简称 OPM)使用。当用作 OPM 时,A8、A9 必须为高电平。当使用 OPM 时,有两点必须注意:一是所有的 OPM 都是从 A0 地址开始的,然后进入其余的地址空间。当状态变化时,即使放音状态转到了录音状态,或从录音状态转到了放音状态,或自动进入低功耗状态,地址指针总是自动复零。二是 OPM 的模式位是锁存的,当 $\overline{CE}$ 下降沿为低电平时,就不再执行 OPM。

⑬ 快速寻址方式位 M0(即 A0/M0,引脚端 1):M0 是用于控制语音快速存取的,用户不必知道某段语音的具体物理地址,只需知道相对地址,就可以找到该段语音内容。通常 M0 与 M4 是一起使用的。M0 的使用按以下步骤操作:

a. 使 $\overline{CE}$ 端、P/$\overline{R}$ 端及 PD 端为低电平,除 M0、M4 为高电平外,其余地址位接

低电平，然后接通电源。

b. 将 $\overline{CE}$ 端接低电平，开始录制几秒钟语音作为第 1 段语音，$\overline{CE}$ 为高电平时结束录音。

c. 采用上述方法，录制第 2 段语音。由于 M4 为高电平，内部的地址不会自动复位，从而第 2 段语音是紧接着第 1 段语音的。

d. 以同样的方法录制第 3 段语音。录制完毕，将 P/$\overline{R}$ 端接高电位。

e. 将 M4 悬空，M0 接高电平。这时器件 ISD 处于语音快速提取状态。

f. 在 $\overline{CE}$ 端加入一个 $10\ \mu s$ 的负脉冲触发信号，ISD 器件便开始按顺序查找语音存储位置。

g. 第 1 个 $\overline{CE}$ 脉冲结束后，内部的地址计数器指向第 2 段的起始地址；如果再加入一个 $\overline{CE}$ 脉冲，则指向第 3 段的起始地址。

h. 将 A0 设置为 0 后，$\overline{CE}$ 的负脉冲将使 ISD 进入放音状态。放音的起始地址，由地址计数器指向决定。

⑭ EOM 标志消除位 A1/M1（引脚端 2）：A1 工作模式可以把顺序地记录的单个信息组合为一个信息段。只在最后信息段的结尾处设置一个 EOM 位。在操作上，这种选择使得在每一段录音工作结束时内部地址计数器禁止增加。M1 是用来消除 EOM 位的，从而可以使多段语音组成只有一个 EOM 的一段语音，以下是 M1 的具体使用方法：

a. 使 M4、M1 为高电平，$\overline{CE}$ 为低电平时，将使器件进入录音状态；$\overline{CE}$ 为高电平时，录音结束。

b. 这时地址指针指向第 1 段语音的最后一个地址，EOM 位被记录在存储器相应空间上。

c. 使 M4、M1 继续保持高电平，$\overline{CE}$ 再次为低电平时，将使器件进入一个新的录音周期。由于地址指针仍然不变，上一段语音的 EOM 位被消除，$\overline{CE}$ 变高电平时，录音过程马上停止。

⑮ EOM 控制位 A2/M2（引脚端 3）：若 A2 设置为 OPM 状态，那么 EOM 端就无输出。

⑯ 连续放音控制（循环）位 A3/M3（引脚端 4）：若 $\overline{CE}$ 为低电平，就可进行连续放音。

⑰ 地址指针复位控制 A4/M4（引脚端 5）：M4 作为 OPM 时，将使地址指针复位迫零。当 A4 作为 OPM 时，只有录放音状态转换时，或执行了 PD 过程后，地址才能复位。当 A4 为高电平，$\overline{CE}$ 为低电平时，才进行放音状态；当遇到 EOM 位时，放音马上结束。当下一次 $\overline{CE}$ 为负电平出现时，将播放第 1 段语音。若要重新播放第 1 段语音，必须再操作一次 PD，使地址指针复位。

⑱ $\overline{CE}$ 选择位 A5/M5（引脚端 6）：通常，$\overline{CE}$ 的下降沿启动（即在 $\overline{CE}$ 端加入负脉冲触发信号），ISD 便进入放音状态。$\overline{CE}$ 为低电平，启动录音状态。当 A5 为

OPM 位时，是用 $\overline{CE}$ 的低电平来控制放音状态的。

⑲ 按键控制方 A6/M6（引脚端 7）：当 M6 为 OPM 时，需要用 3 个按键才能控制 ISD 的录放音状态。这时 $\overline{CE}$ 作为启动/暂停键，PD 作为停止/复位键，EOM 作为工作状态指示灯驱动输出端（接发光二极管 LED）。

⑳ V_{CCD}（引脚端 28）和 V_{CCA}（引脚端 16）电源端：可以将 V_{CCD}、V_{CCA} 同时接 +5 V。如果电源电压低于 +3.5 V 时，ISD 器件便立即进入录音禁止状态；如果此时正在放音状态，即扬声器播音音量太低，则无法听清，甚至无音。

㉑ V_{SSD}（引脚端 12）和 V_{SSA}（引脚端 13）电源地：使用时，V_{SSD}、V_{SSA} 同时接地。

㉒ NC 空脚：NC 为没用的空脚，使用时应悬空，不与电路中任何器件相连接。

2.5.3　ISD2560 语音录放器的电路结构

采用 ISD2560 的语音录放器电路如图 2.5.3 所示，语音信号从麦克风输入、输出端连接一个 16 Ω 扬声器。$\overline{CE}$、PD、P/$\overline{R}$ 控制引脚端可以采用按键或者通过微控制

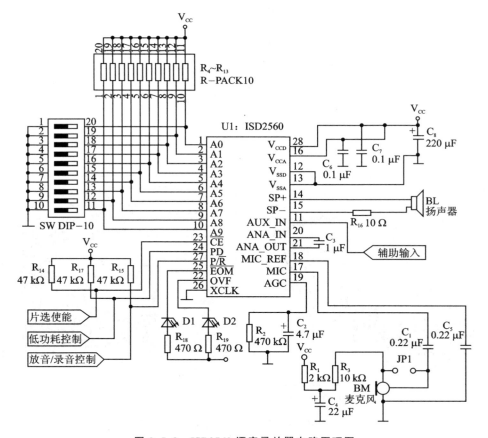

图 2.5.3　ISD2560 语音录放器电路原理图

器控制。A0～A9（引脚端 1～10）地址位由 DIP 开关控制。电源电压可采用电池或者由全桥整流器整流滤波后提供。选择地址是选用双封直插式指拨开关 SW1（DIP - 10）；R_4～R_{13} 为上拉电阻；C_6、C_7 用于 V_{CCA}、V_{CCD} 电源滤波。

2.5.4　ISD2560 语音录放器的制作步骤

1. 印制电路板制作

按印制电路板设计要求，设计 ISD2560 语音录放器电路的印制电路板图，参考设计[32]如图 2.5.4 所示，选用两块 12 cm×12 cm 双面环氧敷铜板。印制电路板制作过程请参考《全国大学生电子设计竞赛技能训练（第 2 版）》。

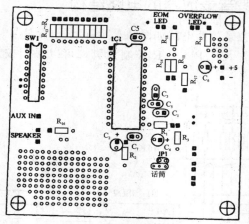

(a) 元器件布局图

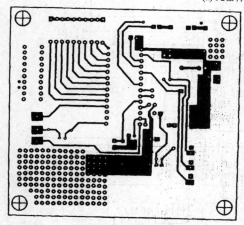

(b) 印制电路板顶层图

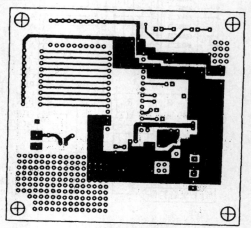

(c) 印制电路板底层图

图 2.5.4　ISD2560 语音录放器电路的印制电路板图

2. 元器件焊接

按图 2.5.4(a)所示,将元器件逐个焊接在印制电路板上,元器件引脚要尽量短。U1 最好采用插座安装,插座的缺口标记与印制电路板相应标记对准,注意不要装反。集成电路插入插座时也要注意不要插反。一般制作好的语音录放器电路,无须调试即可正常工作。元器件焊接方法与要求请参考《全国大学生电子设计竞赛技能训练(第 2 版)》有关章节。

3. 外部元器件的选用应注意的一些问题

1) 旁路电容

在 V_{CCD}、V_{CCA} 电源(引脚端 28、16)与地之间需要有低电抗的高频旁路电容(C_7、C_6),推荐的电容值为 0.1 μF。此外,用一个 10～470 μF 的大容量电容器作低频旁路。

2) 耦合电容器

用作耦合电容器的电容,必须注意它的耐压、漏电和电容值。容值的确定与所要求的频响有关。

3) 电 阻

在 ISD 系列器件的应用中,任何涉及增益或电平的关键部分是不用电阻的。在电路中,对电阻的型号要求不严,电阻的误差允许在 $\pm 10\%$ 左右。

4) 电 池

ISD 系列器件都可以在 4.5～6.5 V 下正常工作。可使用电池来作电源 V_{cc}。如果电压高于上述范围,应设法(如采用 7805 三端固定稳压器)将电压降到 4.5～6 V。

若采用电池做电源时,必须考虑到电池的内阻会随着电池的放电而迅速增大。如果去耦电路不能使内阻降低,那么录音的质量就会下降。

标准的 ISD 系列器件一般采用单一的 5 V 电源,并要求电源内阻低且无噪音,这个条件尤其是在录音过程中相当重要。在 V_{CCA} 引脚端出现的任何高频噪音,都会被录进 ISD 器件的存储阵列中。因此,要求电源的连接线要尽量短,导线的直流电阻或电感要尽可能地小。有些电源本来就内含噪声,如市售的交流整流稳压电源,使用时必须加强直流滤波,如增设 0.01 μF 和 470 μF 滤波电容器。

ISD 系列器件的电源和地线都有 2 个引脚端,分开连接,使 ISD 器件内部的模拟部分和数字部分之间的干扰减到最小。电源线和地线的印制电路板布置方法如图 2.5.5 所示。

5) 扬声器

ISD2560 系列器件要求扬声器的最小阻抗为 16 Ω。8 Ω 的扬声器也可以使用,

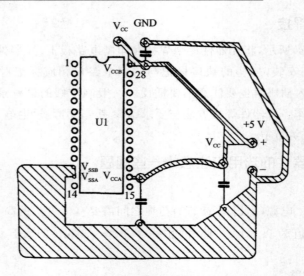

图 2.5.5　ISD 器件印制电路板的电源和地的布线

但会产生较高的音量并增加失真,同时使电源的总电流加大。采用一只 $8\sim20\ \Omega$ 的电阻与扬声器串联,可以控制音量,并减小电源总电流。扬声器的质量对音频性能有非常大的影响。

在某些应用场合,也可以采用压电陶瓷片或耳机。

6) 麦克风

ISD 系列器件选用驻极体麦克风。驻极体麦克风的连接方法有多种。

ISD 系列器件有两个麦克风输入端 MIC 和 MIC_REF。这两个引脚端对应于芯片上的前置放大器是差分输入端。无偏置麦克风可以直接跨接在这两个引脚端上,不需要耦合电容器。

当使用驻极体麦克风时,它的信号必须以外部电路的"地"为基准,需要偏置电路。这样会产生两个外部噪声源。噪声可以来自 V_{CC} 电源和印刷电路板接地电流。MIC REF 引脚端在驻极体应用中抑制噪声的输入端。减少噪声还必须依赖好的印制电路板材料和合乎规范的设计。要求 V_{CCD} 和 V_{CCA} 引脚端有合适的旁路电容器。当使用无偏置麦克风(即自偏置麦克风)时,这两个噪声源也就消除了。

驻极体麦克风的接线端子有二端的和三端的,二端驻极体麦克风的连接方法如图 2.5.6 所示,三端驻极体麦克风的连接如图 2.5.7 所示。

驻极体麦克风差分接入麦克风前置放大器的连接电路如图 2.5.8 所示,由于 R_3 和 R_4 阻值相等,因此对抑制麦克风前置放大器的噪声有积极作用。

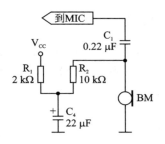

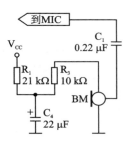

图 2.5.6　二端驻极体麦克风的连接图　　　图 2.5.7　三端驻极体麦克风的连接图

自偏置麦克风连接电路如图 2.5.9 所示。

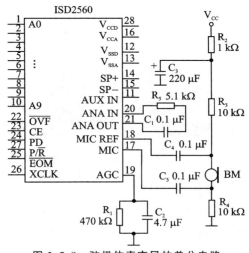

图 2.5.8　驻极体麦克风的差分电路

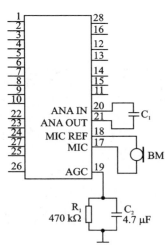

图 2.5.9　自偏置麦克风连接电路

除了驻极体麦克风外，晶体、压电陶瓷和动圈麦克风（以及晶体头戴受话器）在使用时，可直接连到 ISD 器件的 MIC 端和 MIC_REF 端上。一般晶体和动圈麦克风输出的信号电平较大，而压电陶瓷麦克风的要小些。压电扬声器在作为麦克风使用时，必须安装在一块硬纸板上。

2.5.5　实训思考与练习题 1：制作 ISD1620 语音录放器

试采用 ISD1620 制作语音录放器，参考电路和印制电路板图[34] 如图 2.5.10 和图 2.5.11 所示。ISD1620 有关资料请登录 www.winbond.com.tw 查询。设计印制电路板时请注意，ISD1620 有 SOIC 和 PDIP 两种封装形式。

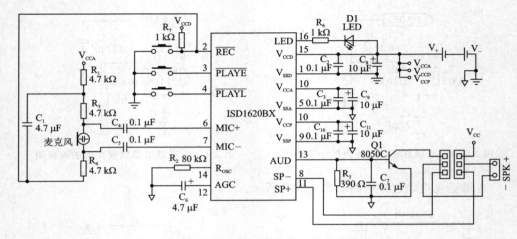

图 2.5.10 ISD1620 语音录放器电路

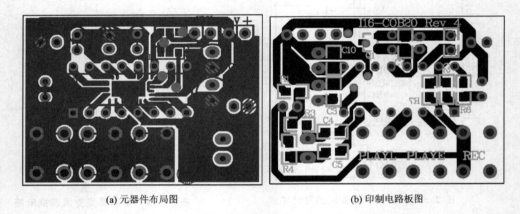

(a) 元器件布局图 　　　　　　　(b) 印制电路板图

图 2.5.11 ISD1620 语音录放器印制电路板图

2.5.6 实训思考与练习题 2:制作 ISD51XX 语音录放器

试采用 ISD51XX 系列芯片制作一个语音录放器,参考电路图如图 2.5.12 所示。ISD51XX 系列芯片有关资料请登录 www. winbond. com. tw 查询。设计印制电路板时请注意,ISD51XX 系列芯片有 SOIC 和 PDIP 两种封装形式。

2.5.7 实训思考与练习题 3:制作 ISD5216 语音录放器

试采用 ISD5216 芯片制作一个语音录放器,参考电路图如图 2.5.13 所示。ISD5216 芯片有关资料请登录 www. winbond. com. tw 查询。设计印制电路板时请注意,ISD5216 芯片有 SOIC、PDIP 和 TOSP 三种封装形式。

全国大学生电子设计竞赛制作实训（第 3 版）

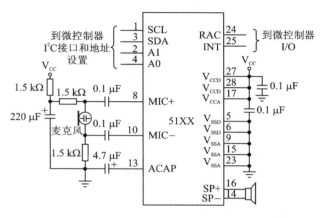

图 2.5.12　ISD51XX 系列芯片语音录放器参考电路图

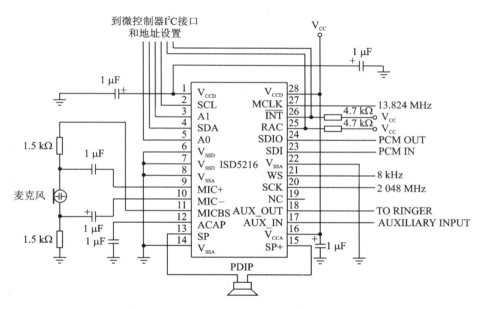

图 2.5.13　ISD5216 语音录放器参考电路图

2.5.8　实训思考与练习题 4：制作 TS472 麦克风前置放大器

试制作图 2.5.14 所示的采用 TS472 的低噪声麦克风前置放大器电路。

制作提示：

1. TS472 的主要技术特性

TS472 是一个先进的麦克风前置放大器芯片，噪声为 $10\ \text{nV}/\sqrt{\text{Hz}}$，失真度为 0.1%，$-3\ \text{dB}$ 带宽为 40 kHz，启动时间为 5 ms，采用单电源供电，工作电源电压为 2.2~

129

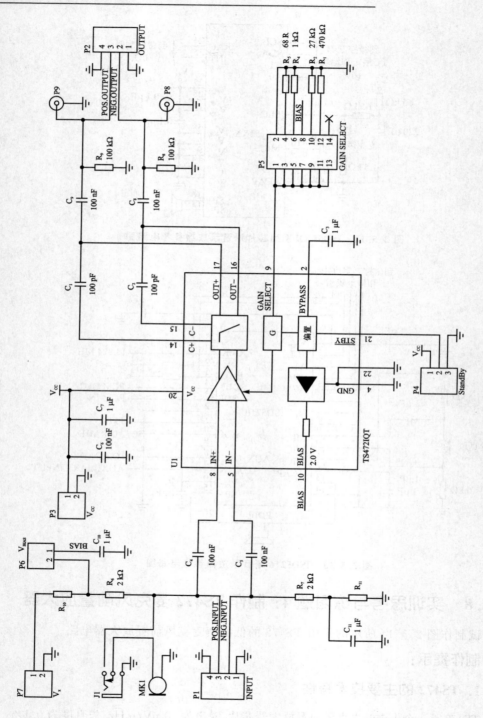

图 2.5.14　采用 TS472 的低噪声麦克风前置放大器电路

5.5 V,电流为 1.8 mA,提供 2.0 V 低噪声的麦克风偏置电压输出,采用 Flip - Chip -
12 和 QFN24 4 mm×4 mm 封装。QFN24 4×4 mm 引脚端封装形式如图 2.5.15
所示。

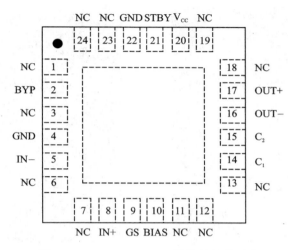

图 2.5.15　TS472 QFN24 引脚端封装形式

2. 电路元器件参数表

电路元器件参数表如表 2.5.2 所列。

表 2.5.2　电路元器件参数表

符　号	名　称	参　数	数　量
C_1,C_2,C_{11}	电容器	未安装,0805	
C_3,C_7,C_{10}	电容器	1 μF/10 V,0805	3
C_4,C_5,C_6,C_8,C_9	电容器	100 nF/50 V,0805	5
R_1	电阻器	470 kΩ/100 mW,1%,0805	1
R_2	电阻器	27 kΩ/100 mW,1%,0805	1
R_4	电阻器	1 kΩ/100 mW,1%,0805	1
R_5	电阻器	68 Ω/100 mW,1%,0805	1
R_6,R_7,R_{10},R_{11}	电阻器	未安装,0805	0
R_8,R_9	电阻器	100 kΩ/100 mW,1%,0805	2
P_1,P_2	垂直插头	1×4,2.54 mm	2
P_3,P_6,P_7	垂直插头	1×2,2.54 mm	3
P_4	垂直插头	1×3,2.54 mm	1
P_5	垂直插头	2×7,2.54 mm	1
U1	放大器芯片	TS472IQT	1

3. 参考印制电路板图

参考印制电路板设计图如图 2.5.16 所示。

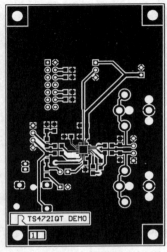
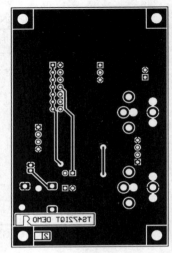

(a) 印制电路板顶层图　　　　　　　(b) 印制电路板底层图

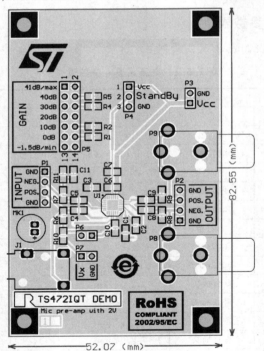

(c) 元器件布局图

图 2.5.16　参考印制电路板设计图

注意：元器件布局图中所有元器件均未采用下标形式。

2.6　语音解说文字显示系统

2.6.1　实训目的与器材

实训目的：制作一个语音解说文字显示系统。

实训器材：常用电子装配工具、万用表、示波器、语音解说文字显示系统电路元器件，如表 2.6.1 所列。

表 2.6.1　语音解说文字显示系统电路元器件

符　号	名　称	型　号	数　量	备　注
U1	单片机	AT89S52	1	
U2	语音芯片	ISD4004 - 08MP	1	
U3	锁存器	SN74HC373	1	
U4	编码器	74LS148N	1	
U5	音频功率放大器	LM386	1	
U6	三端稳压器	LM317	1	
U7	三端稳压器	LM7805	1	
Q1	晶体管	C9012	1	
Q2	晶体管	C9014	1	
D1～D9	发光二极管	LED	9	
R_3, R_5, R_8	电阻器	RTX - 0.125 W - 100 Ω	3	
R_1, R_2, R_4, R_9	电阻器	RTX - 0.125 W - 10 kΩ	4	
R_6	电阻器	RTX - 0.125 W - 470 Ω	1	
R_7	电阻器	RTX - 0.125 W - 10 Ω	1	
R_{14}	电阻器	RTX - 0.125 W - 1 kΩ	1	
R_{11}	排阻	RTX - 0.125 W - 10 kΩ×8	1	
C_3, C_4, C_8	电容器	CD11 - 10 μF/10 V	3	
C_{14}, C_{17}	电容器	CD11 - 220 μF/63 V	2	
$C_6, C_{11}, C_{12}, C_{15}, C_{16}$	电容器	CC - 0.1 μF/100 V	5	
C_5	电容器	CD11 - 47 μF /16 V	1	
C_7	电容器	CC - 47 000 pF/100 V	1	
C_{10}, C_{13}	电容器	CD11 - 1 μF/50 V	2	
C_1, C_2	电容器	CC - 30 pF/100 V	2	
Y1	晶振	11.059 2 MHz	1	

续表 2.6.1

符　号	名　称	型　号	数　量	备　注
SP1	扬声器	8 Ω/0.4 W	1	
J2	音频输入插孔	2pin	1	
K0～K10	按键开关	KFC-A06	11	
J0	插座	20pin	1	

2.6.2　语音解说文字显示系统的主要元器件特性

语音解说文字显示系统各模块的采用的主要元器件：

（1）主控模块采用 AT89S52 单片机控制；

（2）语音输出模块采用集成语音芯片 ISD4004-8M 实现；

（3）同步语音文字显示模块采用 OCM12232 点阵型液晶显示模块；

（4）键盘控制模块采用点触式开关进行键盘控制；

（5）LED 输出模块采用发光二极管。

主要元器件功能与应用电路见电路结构部分。

2.6.3　语音解说文字显示系统的电路结构

制作一台语音解说文字显示系统。

设计要求：按键按下，对应的 LED 灯亮，液晶显示中文解说词，语音播放对应的解说词，主从机之间有通信功能。

根据设计要求，系统可划分为控制部分与状态输出部分。其中控制部分包括主控模块与开关控制模块。状态输出部分包括显示模块，语音输出模块和 LED 输出模块。系统结构方框图如图 2.6.1 所示。

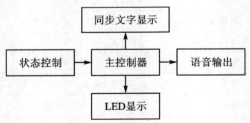

图 2.6.1　系统结构方框图

1）主控制器模块

主控制器电路如图 2.6.2 所示，采用单片机 AT89S52 作为系统的控制器。主控电路直接控制整个系统的工作和运行，完成电路大部分运算、控制工作，以控制电压的形式输出给被控单元，实现键盘信号的接受，控制语音输出与显示。

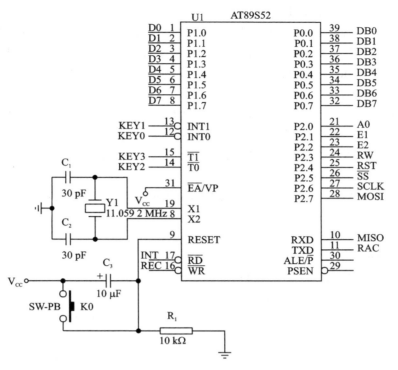

图 2.6.2　主控制器电路图

2）语音电路模块

语音电路如图 2.6.3 所示，采用 ISD4004 进行语音的存储与回放。由于该芯片需用的电源电压为 3 V，而主电源输出电源为 5 V，所以必须采用一个稳压芯片 LM317 实现 5 V 与 3 V 之间的转换。

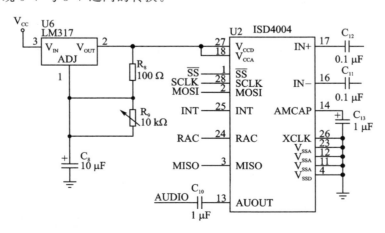

图 2.6.3　语音电路图

ISD4004 引脚功能如下：

- IN+(引脚端 17)为录音信号的同相模拟输入端,可单端或差分驱动输入。单端输入时,信号由耦合电容输入,最大幅度为峰-峰值 32 mV,耦合电容和本引脚端的 3 kΩ 输入阻抗决定了芯片频率的低端截止频率。在差分驱动时,信号最大幅度为峰-峰值 16 mV。

- IN−(引脚端 16)为录音信号反相模拟输入端。单端驱动输入时,本引脚端通过电容接地。差分驱动输入时,信号通过耦合电容输入,最大幅度为峰-峰值 16 mV,本引脚端的标称输入阻抗为 56 kΩ,两种方式下,IN+ 和 IN−端的耦合电容值应用相同。

- AUDOUT(引脚端 13)为音频输出端,可驱动 5 kΩ 的负载。

- $\overline{\text{SS}}$(引脚端 1)为片选端。此引脚端为低时,选中 ISD4004 芯片。

- MOSI(引脚端 2)为串行输入端。此引脚端为单行输入端,主控制器应在串行时钟上升沿之前半个周期将数据放到本端。

- MISO(引脚端 3)为串行输出端。芯片未选中时,本引脚端呈高阻态。

- SCLK(引脚端 28)为串行时钟输入端,由控制器产生,用于同步 MOSI 和 MISO 的数据传输。数据在 SCLK 上升沿锁存到 ISD4004,在下降沿移出 ISD4004。

- INT(引脚端 25)为中断端。本引脚端为漏极开路输出,ISD4004 在任何操作(包括快进)中检测到 EOM 或 OVF 时,本引脚端变低并保持,中断状态在下一个 SPI 周期开始清除,中断状态也可用 RITN 指令读取。

- RAC(引脚端 24)为行地址时钟漏极开始输出。每个 RAC 周期表示 ISD 存储器的操作进行了一行(ISD4004 芯片中的存储器有 2 400 行)。采样频率为 8 kHz,RAC 周期为 200 ms,其中 175 ms 保持高电平,25 ms 为低电平。快进模式下,RAC 周期 218.75 μs 为高电平,31.25 μs 为低电平,该端可用于存储管理技术。

- XCLK(引脚端 26)为外部时钟输入端。本引脚端有内部下拉元器件,芯片内部的采样时钟在出厂前已调校,误差在 +1% 内,在不外接时钟时,此端必须接地。

- AMCAP(引脚端 14)为自动静噪控制端。1 μF 电容构成内部峰值检测电路的一部分,检测出的峰值电平与内部设定的阈值做比较,决定自动静噪电路的工作与否。大信号时自动静噪电路不衰减,静音时衰减 6 dB。同时,1 μF 电容也影响自动静噪电路时信号幅度的响应速度,本引脚端接 V_{CCA} 则禁止自动静噪。

音频由 ISD4004 的引脚端 13 输出,经 LM386 音频放大,输出接到扬声器,电路如图 2.6.4 所示。

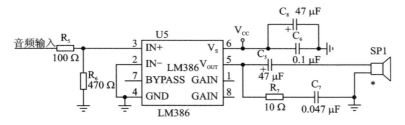

图 2.6.4　放大电路图

3) 液晶同步语音文字显示模块

采用 OCM12232 点阵型液晶显示模块。该模块具有低功耗、电源电压范围宽等特点;具有 16common 和 61segment 输出;可外接驱动 IC 扩展驱动,2 560 位显示 RAM(DD RAM),即 80×8×4 位;有与 68 系列或 80 系列相适配的 MPU 接口功能,并有专用的指令集;可完成文本显示或图形显示的功能设置;体积小,便于携带。

液晶显示模块采用并口通信,其中引脚 19、20 悬空,直接由电源电路提供 5 V 电压。

4) 状态控制模块

采用按键开关控制对状态进行选择,电路如图 2.6.5 所示,经编码器 74LS148N 对状态选择进行编码,输入到单片机,由单片机控制输出语音信号与语音同步显示信号。

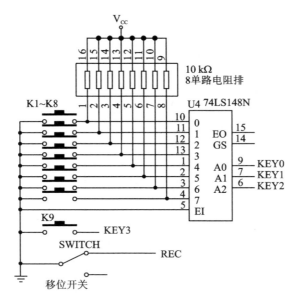

图 2.6.5　按键开关电路

5) LED 显示模块

采用发光二极管实现输出状态显示。状态形式电路如图 2.6.6 所示,采用

74HC373 锁存器实现驱动与锁存功能,三极管 Q1 起放大作用,驱动发光二极管工作,通过主控芯片 AT89S52 的 I/O 口对发光二极管的亮灭进行控制,从而实现它们对解说系统的状态指示作用。发光二极管采用冷光超亮型。

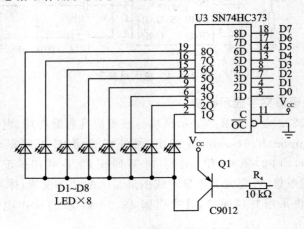

图 2.6.6　LED 状态显示电路

6）电源电路设计

电源电路采用三端集成稳压器 LM7805 进行稳压,如图 2.6.7 所示。图中没有给出变压器与桥式整流电路,交流电压经降压整流成 9 V 后由电源插孔接入电路中。LM7805 输入电压为 9 V,输出电压为 5 V。在图 2.6.7 中接入了发光二极管 D0,作为电源状态指示灯。图 2.6.7 所示电路输出的 5 V 电压可直接用到单片机与显示模块上。

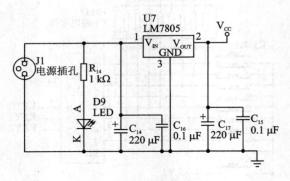

图 2.6.7　电源电路图

7）系统软件设计

系统的软件设计采用 C 语言,对单片机进行编程实现各项功能。程序是在 Windows XP 环境下,基于 Keil μVision2 软件平台编写、调试、运行。

软件主要实现的功能有:扫描键盘;LED 流水灯,LED 录放音指示,LED 显示键盘选择状态;控制语音电路录放工作;驱动液晶显示器,实现同步语音显示。

① 主程序设计。主程序主要起到一个导向和决策的功能,进入系统时,首先显示作品名称、作者姓名以及小动画,LED 显示流水灯。通过按键选择 LED、语音、显示的输出状态。主程序流程图如图 2.6.8 所示。

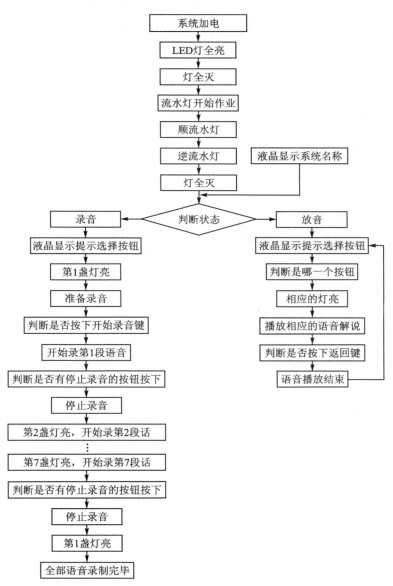

图 2.6.8　语音解说系统主程序流程图

② LED 显示模块程序设计。系统启动显示流水灯,键盘选择后,控制 LED 状态输出。

③ 语音模块程序设计。系统启动,进入放音模式,等待按键,根据按键的不同播放与之对应的解说词。

④ 语音文字显示模块程序设计。接通电源,液晶显示启动画面和启动动画,进入到待机模式之后,根据按键的选择显示与之对应的文字和图片。

⑤ 按键程序设计。按键功能通过 74LS148 编码器来控制不同的解说词和显示内容。

2.6.4　语音解说文字显示系统的制作步骤

1）印制电路板制作

按印制电路板设计要求,设计语音解说系统电路的印制电路板图,参考设计如图 2.6.9 所示。印制电路板制作过程请参考《全国大学生电子设计竞赛技能训练(第 2 版)》。注意各器件的封装形式。

2）元器件焊接

按图 2.6.9 所示,将元器件逐个焊接在印制电路板上,元器件引脚要尽量短。集成电路最好采用插座安装,插座的缺口标记与印制电路板相应标记对准,注意不要装反。集成电路插入插座时也要注意不要插反。一般制作好的语音解说系统电路,无须调试即可正常工作。元器件焊接方法与要求请参考《全国大学生电子设计竞赛技能训练(第 2 版)》有关章节。

注意：元器件布局图中所有元器件均未采用下标形式。

3）系统测试

在系统硬件和软件都安装调试好后,便可以进行软件和硬件的综合测试,实现系统预定功能。

① LED 与键盘测试。导入流水灯程序与键盘控制程序,检查 LED 是否运行正常,按键测试 LED 显示是否与键盘同步;如出现问题,检查程序与硬件电路。

② 语音电路录放功能测试。在未对语音芯片分段前,对语音芯片进行录音测试,检查程序和硬件的正确性。之后,对整块语音芯片按照预期的时间段进行分段,并分别计算各分段的地址。导入放音程序,检查是否能够对之前所录得音进行正常的播放,如果能够,则与按键程序一起倒入,检查各段录音是否按照所设计的流程进行播放。

③ 液晶显示功能测试。由于液晶显示模块的引脚较多,在进行程序检测之前,确保硬件电路的正确性,防止虚焊和导线短路现象的出现。导入测试程序,检查是否能够正确输出相应的文字。之后与按键程序一起导入,检查各画面是否按照按键的控制显示相关的内容。

④ 总体测试。将所有程序正确组合后导入,检查系统是否正常运行。

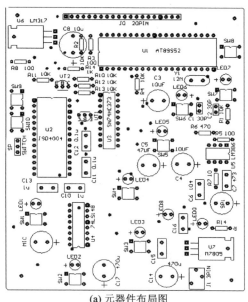

(a) 元器件布局图

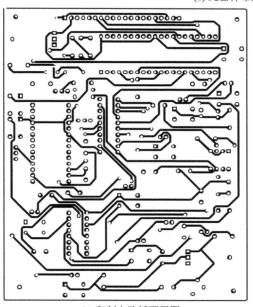

(b) 印制电路板顶层图

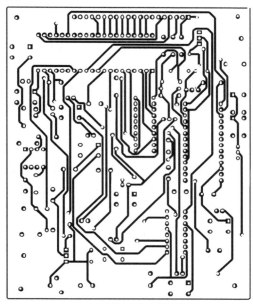

(c) 印制电路板底层图

图 2.6.9　语音解说系统电路的元器件布局和印制电路板图

2.6.5　实训思考与练习题：制作 LED 语音解说文字显示系统

试利用 MAXQ2000、MAX6960 和 APR9600 构建一个 LED 语音解说文字显示系统，系统结构方框图如图 2.6.10 所示。

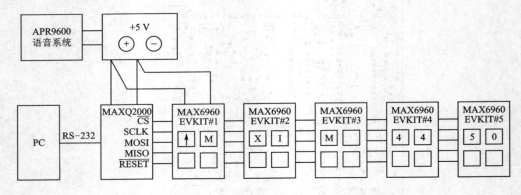

图 2.6.10　LED 语音解说文字显示系统结构方框图

制作提示：

1) MAXQ2000 的特性

MAXQ2000 微控制器具有高性能、低功耗 16 位 RISC 内核，工作频率为 DC～20 MHz，每兆赫近 1 MIPS；双路 1.8 V 内核或 3 V I/O 电源；提供低功耗、灵活的接口；33 条指令，绝大多数为单周期指令；3 个独立的数据指针，加速数据转移，具有自动递增/递减功能；16 层硬件堆栈。16 位指令字、16 位数据总线；16×16 位通用寄存器。

MAXQ2000 微控制器具有 32K 字闪存，10000 次闪存写入/擦除次数。1K 字内部数据 RAM。用于编程的 JTAG/串行引导加载程序。

MAXQ2000 - RAX 采用 QFN - 68 封装，MAXQ2000 - RBX 采用 TQFN - 56 封装，具有最多 50 个通用 I/O 引脚。100/132 段 LCD 驱动器。最多 4 个 COM 口与 36 段输出。支持静态、1/2 和 1/3 LCD 偏置。无需外部电阻。SPITM 和 1 - Wire 硬件 I/O 端口。1 个或 2 个串行 UART。48 位累加器的单周期 16×16 硬件乘法/累加操作。3 个 16 位可编程定时/计数器。8 位系统定时器/闹钟。32 位二进制实时时钟，具有定时闹钟，可编程看门狗定时器。

MAXQ2000 微控制器具有灵活的编程接口，引导加载程序简化编程。通过 JTAG 进行在系统编程。支持闪存的在应用编程。

MAXQ2000 微控制器具有超低功耗，PMM1 为 2.2 V 时，8 MHz 工作频率，电流为 190 μA。低功耗停机模式下电流为 700 nA。低功耗有 32 kHz 模式和 256 分频模式。

Maxim 公司提供 MAXQ2000 开发板和免费的 MAX - IDE 开发环境，采用汇编语言编写了专为 MAXQ2000 量身定做的示例固件。

MAX - IDE 可从 Maxim 网站免费下载。

2) MAX6960～MAX6963 的特性

MAX6960～MAX6963 是一个 8×8 阴极阵列 LED 点阵单元驱动器芯片,通过一个高速 4 线串行接口与微处理器连接,实现 8×8 点阵红色、绿色和黄色(R、G、Y) LED 显示。MAX6960～MAX6963 无需外部元器件,可驱动两个单色 8×8 矩阵显示器或者一个 RGY 8×8 矩阵显示器。驱动器还可以与外部调整管配合使用,以更高的电流和电压控制红色、绿色、蓝色(RGB)以及其他显示器。MAX6960～MAX6963 具有开路和短路 LED 探测功能,同时提供模拟和数字点阵段电流校准,以对不同生产批次的 8×8 显示器进行补偿或色彩匹配。一个本地 3 线总线对多个互连的 MAX6960～MAX6963 进行同步,自动分配存储器映射地址,以适应用户的显示面板结构。MAX6960～MAX6963 的 4 线接口连接了多个驱动器,在驱动器之间共享、分配显示存储器映射。一个全局写操作可向同一面板上的所有 MAX6960～MAX6963 发送命令。MAX6963 分两级亮度控制来驱动单色显示器。MAX6962 分两级或者四级亮度控制来驱动单色显示器。MAX6961 分两级亮度控制来驱动单色或者 RGY 显示器。MAX6960 分两级或者四级亮度控制来驱动单色或者 RGY 显示器。

MAX6960～MAX6963 的工作电压 2.7～3.6 V;具有高速 20 MHz 串行接口;可调的 40 mA 或者 20 mA 峰值段电流;可直接驱动两个单色或者一个 RGY 阴极阵列 8×8 矩阵显示器;模拟逐位段电流校准,数字逐位段电流校准;256 级面板亮度控制(所有驱动器);每彩色像素级 4 级亮度控制;开路/短路 LED 探测;显示存储器页面突发写入;全局命令可访问所有驱动器;可通过外部调整管控制 RGB 面板或者更高电流/电压的面板;多显示数据页面方便进行动画显示;从每秒 63 个页面至每 63 s 一个页面自动切换;支持中断,驱动器切换定时功能可扩展至多个驱动器,以降低电源峰值要求;低功耗关断时可保持所有数据;温度范围为 -40～+125℃;采用 MQFP - 44 或者 TQFN - 44 封装。

Maxim 公司提供专用软件 MAX6960 EV Kit Software,用于 MAX6960 的编程和开发。参考的 MAX6960 8×8×4 应用电路和印制电路板图[38]如图 2.6.11～图 2.6.15 所示。

3) APR9600

APR9600 语音录放芯片是一款音质好、噪音低、不怕断电、反复录放的新型语音电路,单片电路可录放 32～60 s;串行控制时可分 256 段以上,并行控制时最大可分 8 段;有多种手动控制方式;分段管理方便;多段控制时电路简单;采样速度及录放音时间可调;每个单键均有始停止循环多种功能等特点;采用 DIP - 28 封装,引脚端功能如表 2.6.2 所列。

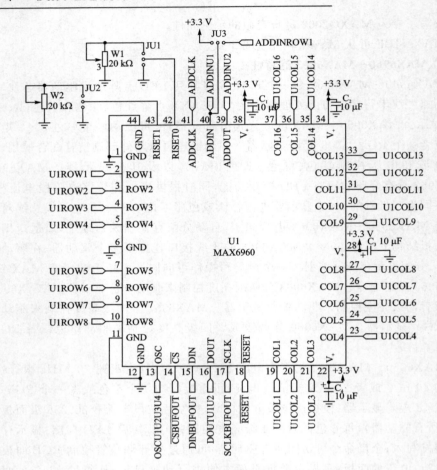

图 2.6.11　MAX6960 应用电路(×4)

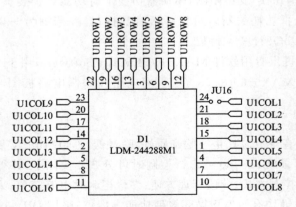

图 2.6.12　8×8 LED 矩阵(×4)

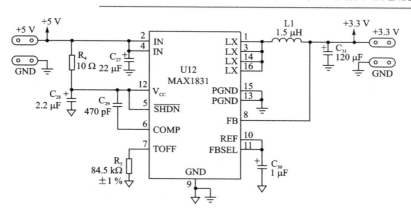

图 2.6.13 3 A 开关电源

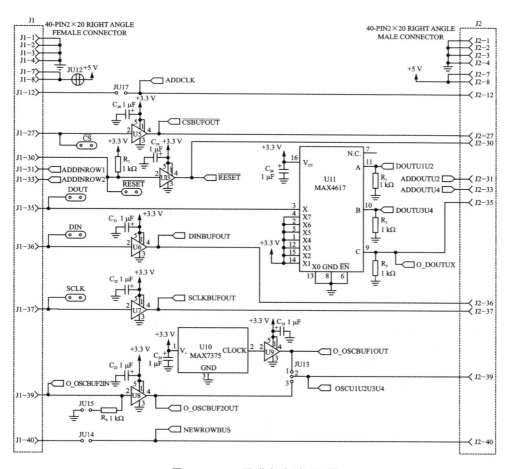

图 2.6.14 8 通道多路(复用)器

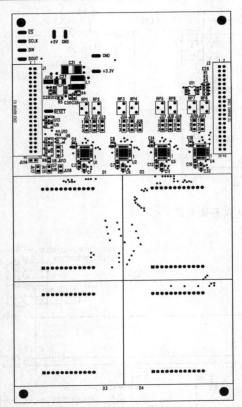

(a) 元器件布局图

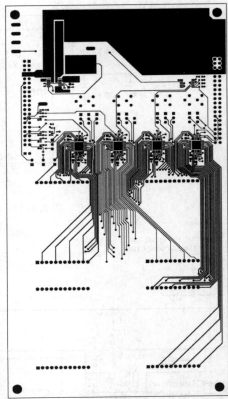

(b) 印制电路板顶层图

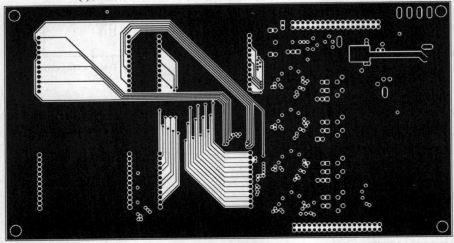

(c) 印制电路板底层图

图 2.6.15　MAX6960 8×8×4 印制电路板图

表 2.6.2 APR9600 引脚端功能

引脚	符号	功能	引脚	符号	功能
1	$\overline{M1}$	第 1 段控制或连续录放控制（低电平有效）	15	SP−	外接扬声器负端
2	$\overline{M2}$	第 2 段控制或快进选段控制（低电平有效）	16	V_{CCA}	模拟电路电源正端
3	$\overline{M3}$	第 3 段控制（低电平有效）	17	MIC_IN	麦克风输入端
4	$\overline{M4}$	第 4 段控制（低电平有效）	18	MIC_REF	麦克风输入基准端
5	$\overline{M5}$	第 5 段控制（低电平有效）	19	AGC	自动增益控制端
6	$\overline{M6}$	第 6 段控制（低电平有效）	20	ANA_IN	线路输入端
7	OSCR	振荡电阻	21	ANA_OUT	线路输出端（麦克风放大器输出端）
8	$\overline{M7}$	第 7 段控制及片溢出指示（低电平有效）	22	STROBE	工作期间闪烁指示灯输出端（低电平有效）
9	$\overline{M8}$	第 8 段控制（低电平有效）及操作模式选项	23	CE	复位/停止键或启动/停止键（高电平有效）
10	$\overline{BUSY}$	忙信号输出（工作时出 0,平时为 1）	24	MSEL1	模式设置端
11	BE	键声选择（接 1 为有键声,0 则无）	25	MSEL2	模式设置端
12	V_{SSD}	数字电路电源地	26	EXT_CLK	外接振荡频率端（使用内部时钟时,该端接地）
13	V_{SSA}	模拟电路电源地	27	$\overline{RE}$	录放选择端（0 为录音、1 为放音）
14	SP+	外接扬声器正端	28	V_{CCD}	数字电路电源正端

在 APR9600 芯片的内部,录音时外部音频信号通过麦克风输入和线路输入方式进入,麦克风可采用普通的驻极体麦克风,在芯片内麦克风放大器（Pre-Amp）中自带自动增益调节（AGC）,可由外接阻容件设定响应速度和增益范围。如果信号幅度在 100 mV 左右即可直接进入线路输入端,音频信号由内部滤波器、采样电路处理后以模拟量方式存入专用快闪存储器 Flash RAM 中。

由于 Flash RAM 是非易失器件,断电等因素不会使存储的语音丢失。放音时芯片内读逻辑电路从 Flash RAM 中取出信号,经过一个低通滤波器送到功率放大器中,然后直接推动外部的扬声器放音。厂家要求外接扬声器为 16 Ω,实际试验用 8～16 Ω 均可,一般音量下输出功率 12.2 mW（16 Ω）。

APR9600 的录放控制有多种操作模式，可分为串行控制和并行控制两类，由芯片 MSEL1（24 脚）、MSEL2（25 脚）、$\overline{M8}$（9 脚）的设置来实现，如表 2.6.3 所列。其中每种操作模式都有对应的有效键，而且同一个键在不同操作模式下可能有不同的功能。因此在芯片设计、使用前应详尽了解芯片的各种操作模式，选择最合适自己的方式设计，电路也会变得非常简单。

表 2.6.3　APR9600 操作模式

MSEL1（24 脚）	MSEL2（25 脚）	$\overline{M8}$（9 脚）	有效键 $\overline{M1}\sim\overline{M8}$ 为段控制键，$\overline{CE}$ 多为停止复位键	功　能（以 60 s 计）
0	1	0/1	$\overline{M1}$、$\overline{M2}$、$\overline{CE}$	并行控制，分 2 段，每段最大 30 s
1	0	0/1	$\overline{M1}$、$\overline{M2}$、$\overline{M3}$、$\overline{M4}$、$\overline{CE}$	并行控制，分 4 段，每段最大 15 s
1	0	1	$\overline{M1}\sim\overline{M8}$、$\overline{CE}$	并行控制，分 8 段，每段最大 7.5 s
1	1	0	$\overline{CE}$	单键控制，单段 7.5 s 循环，$\overline{CE}$ 为启动/停止键
0	0	1	$\overline{M1}$、$\overline{CE}$	串行顺序控制，可分一至任意多段
0	0	0	$\overline{M1}$、$\overline{M2}$、$\overline{CE}$	串行选段控制，$\overline{M2}$ 系选段快进键（录音时 $\overline{M8}=1$ 时可录一至任意多段，$\overline{M8}=0$ 时只能录两段）

注：① RE＝0（置低电平）为录音状态；RE＝1（置高电平）为放音状态。
　② $\overline{M1}\sim\overline{M8}$ 键在有效段控放音时，按一下键即开始放音一段，放音期间再按一下即停止；若按键不放即循环放音。
　③ $\overline{M1}\sim\overline{M8}$ 键在有效段控录音时，按住不放为录音，松键即停止。

APR9600 的电源电压为 $4.5\sim6.5$ V，静态电流为 $1\ \mu A$，工作电流为 25 mA。其外接振荡电阻与采样率、语音频带、录放时间的关系如表 2.6.4 所列。该电阻可以根据用户需要的时间和音质效果无级调节。

表 2.6.4　外接振荡电阻与采样率、语音频带、录放时间的关系

振荡电阻（7 脚 OSCR）/kΩ	采样频率/kHz	录放音频带/kHz	录放音时间/s
44	4.2	2.1	60
38	6.4	3.2	40
24	8.0	4.0	32

APR9600 典型应用电路如图 2.6.16 所示。将 APR9600 的控制引脚端与 MAXQ2000 微控制器连接，可以实现语音解说和文字显示同步。

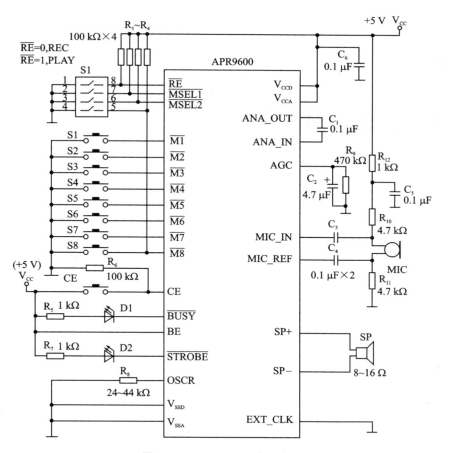

图 2.6.16　APR9600 应用电路

第 **3** 章

数字电路制作实训

3.1 FPGA 最小系统

3.1.1 实训目的与器材

实训目的：制作一个基于 LatticeXP3 的 FPGA 最小系统。

实训器材：常用电子装配工具、万用表、示波器、LatticeXP3 的 FPGA 最小系统电路元器件，如表 3.1.1 所列。

表 3.1.1 LatticeXP3 的 FPGA 最小系统电路元器件

符 号	名 称	型 号	数 量	备 注
FPGA 电路				
U1	FPGA 芯片	LFXP3TQ100	1	
$C_2 \sim C_{18}$	电容器	$0.1\,\mu\mathrm{F}$	17	
I/O 插头				
J1,J2	插头	header 8×2	2	
J3,J4	插头	header 10×2	2	
按键电路				
R_3	电阻器	$470\,\Omega$	1	
R_8	电阻器	$220\,\Omega$	1	
R_{34},R_{35}	电阻器	$10\,\mathrm{k}\Omega$	2	
D2	发光二极管	黄色 LED	1	
D3	发光二极管	红色 LED	1	
S2,S12,S14,S15	按键开关	SW push button	4	
数码管显示电路				
U3,U4	8 路 3 态缓冲驱动器	74HC244	2	
D13	共阳 LED 数码管	LEQ－M28R	1	
$R_{40} \sim R_{51}$	电阻器	$470\,\Omega$	12	

符　号	名　　称	型　号	数　量	备　注
LED 显示电路				
$R_{25} \sim R_{33}$	电阻器	220 Ω	9	
R_1	电阻器	470 Ω	1	
D1	发光二极管	绿色 LED	1	
D4~D12	发光二极管	红色 LED	9	
Q1	晶体管	BSS138/SOT	1	
拨码开关电路				
R_2，R_4，R_5，$R_{17} \sim R_{24}$	电阻器	10 kΩ	11	
S1	单掷单刀常闭开关	SW KEY - SPDT	1	
S3	指拨开关	SW DIP - 2	1	
S13	指拨开关	SW DIP - 8	1	
JTAG 接口电路				
R_6，R_7	电阻器	4.75 kΩ	2	
C_{19}	电容器	0.1 μF	1	
C_{20}	电容器	20 pF	1	
J6	插座	CON8	1	
RS - 232 接口电路				
U2	RS - 232 接口芯片	MAX3232	1	
$C_{21} \sim C_{25}$	电容器	0.1 μF	5	
P1	插座	DB9	1	
PS/2 鼠标、键盘接口电路				
R_{10}，R_{11}	电阻器	10 kΩ	2	
J7	插头	header 6	1	
VGA 接口电路				
R_{11}，R_{13}，R_{15}	电阻器	680 Ω	3	
R_{12}，R_{14}，R_{16}	电阻器	330 Ω	3	
P_2	插座	DB15	1	
时钟电路				
Y1	时钟电路	OSC4/SM	1	
电源电路				
U5	三端稳压器	RC1117X - SOT23 3.3 V	1	$V_{CC3.3}$
U6	三端稳压器	RC1117X - SOT23 3.3 V	1	V_{CC_ADJ}
R_{36}，R_{38}	电阻器	220 Ω	2	
R_{37}，R_{39}	电阻器	120 Ω	2	
$C_{27} \sim C_{30}$	电容器	10 μF	5	钽电容器
D14，D15	发光二极管	LED	2	
S4~S11	单掷单刀常闭开关	SW KEY - SPDT	8	
S16	单掷双刀常闭开关	SW DPDT	1	

3.1.2　LatticeXP 的主要特性

LatticeXP 采用低成本的 FPGA 结构和非易失、可无限重构的 ispXP™(eX-panded Programmability,拓展了的可编程性)技术,能实现瞬时上电和单芯片应用,具备出色的安全性。LatticeXP 是一种用于替代基于 SRAM 的 FPGA 和与之相关的引导存储器的低成本选择方案。LatticeXP 器件采用了先进的 130 nm CMOS Flash 处理工艺、优化的器件结构和专有的电路设计。

LatticeXP 器件的工作电压为 3.3 V、2.5 V、1.8 V 和 1.2 V,基于 SRAM 的存储单元控制器件逻辑的操作。这些单元在上电后 1 ms 内由芯片上的 Flash 载入,提供瞬时上电的性能,或通过用户命令引导。器件也可以经由一个微处理器接口配置,即 sysCONFIG™ 接口或 JTAG 接口。系统支持 IEEE 标准 1149.1 边界扫描和内部逻辑分析器 ispTRACY。与传统的基于 SRAM 的 FPGA 不同,LatticeXP 器件不需要外接引导存储器,所以能提供单芯片的解决方案,从而减少了电路板面积,并简化了系统制造过程。由于没有外接的引导器件,启动时无需外部编程信号流(bit-stream),而窥探外部编程信号流正是 SRAM FPGA 的主要安全隐患。LatticeXP 还禁止从器件的 SRAM 和 Flash 部分回读编程信号流,进一步提高了器件的安全性。LatticeXP 器件结构以易于综合的工业标准四输入查找表(LUT)逻辑块为基础结构,只有 25% 的逻辑块包含分布式内存。这一优化既满足了大多数用户对少量分布式内存的需求,又降低了成本。由于器件拥有 sysCLOCKTM 锁相环(PLL)和内嵌模块 RAM(EBR),用户可将这些功能集成在 FPGA 中,无须采用分立元器件,进一步降低了成本。

LatticeXP 器件有 5 种密度可供选择,密度范围为 3K～20K 个 LUT。器件的 I/O 数目从 62～340 不等。可编程 sysIO 缓冲器支持宽范围的接口：LVCMOS 3.3/2.5/1.8/1.5/1.2；LVTTL；SSTL 18 Class I；SSTL 3/2 Class I/II；HSTL 15 Class I/III；HSTL 18 Class I/II/III；PCI；LVDS, Bus-LVDS, LVPECL。具有 54～396 Kb sysMEM 嵌入式 RAM 块,多达 79 Kb 分布式 RAM。封装形式有低成本的塑料四方扁平封装(PQFP)、薄四方扁平封装(TQFP)和 1 mm 微间距球栅阵列(fpBGA)封装。

LatticeXP 器件结构示意图如图 3.1.1 所示。LatticeXP 器件的中间是逻辑块阵列,器件的四周是可编程 I/O 单元(Program I/O Cell,简称 PIC)。在逻辑块的行之间分布着嵌入式 RAM 块(sysMEM Embedded Block RAM,简称 EBR)。

PFU 阵列的左边和右边,有非易失存储器块。在配置模式下,通过 IEEE1149.1 口或 sysCONFIG 外部口对非易失存储器块编程。上电时,配置数据从非易失存储器块传送至配置 SRAM。采用这种技术,就不再需要昂贵的外部配置存储器,没有设计未经许可就被读出的风险。数据经宽总线从非易失存储器块传送至配置

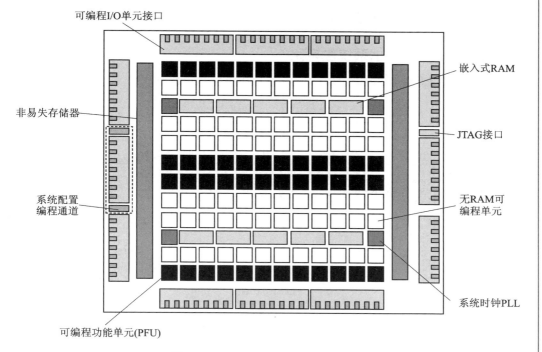

可编程I/O单元接口

嵌入式RAM

非易失存储器

JTAG接口

系统配置
编程通道

无RAM可
编程单元

系统时钟PLL

可编程功能单元(PFU)

图 3.1.1　LatticeXP 器件结构示意图

SRAM，这个过程只有数毫秒时间，提供了能易于与许多应用接口的瞬时上电能力。

　　器件中有两种逻辑块：可编程功能单元（Programmable Function Unit，简称 PFU），无 RAM 的可编程功能单元（Programmable Function Unit withoutRAM，简称 PFF）。PFU 包含用于逻辑、算法、RAM/ROM 和寄存器的积木块；PFF 包含用于逻辑、算法、ROM 的积木块。优化的 PFU 和 PFF 能够灵活、有效地实现复杂设计。器件中每行为一种类型的积木块，每 3 行 PFF 间隔就有 1 行 PFU。每个 PIC 块含有两个具有 sysIO 接口的 PIO 对。

　　器件左边和右边的 PIO 对可配置成 LVDS 发送对和接收对。sysMEM EBR 是大的专用快速存储器块，可用于配置成 RAM 或 ROM。

　　PFU、PFF、PIC 和 EBR 块以行和列的形式呈二维网格状分布，如图 3.1.1 所示。这些块与水平的和垂直的布线资源相连。软件的布局、布线功能会自动地分配这些布线资源。

　　系统时钟锁相环（PLL）处在含有系统存储器块行的末端，这些 PLL 具有倍频、分频和相移功能，用于管理时钟的相位关系。每个 LatticeXP 器件提供多达 4 个 PLL。

　　该系列中每个器件都带有内部逻辑分析器（ispTRACY）的 JTAG 口。系统配置端口允许串行或者并行器件配置。LatticeXP 器件能工作于 3.3 V、2.5 V、1.8 V 和 1.2 V 的电压，易于集成至整个系统。

全国大学生电子设计竞赛制作实训（第 3 版）

3.1.3　FPGA 最小系统的电路结构

1. LatticeXP 最小系统主电路

一个基于 LFXP3TQ100 的 LatticeXP 最小系统主电路如图 3.1.2 所示。

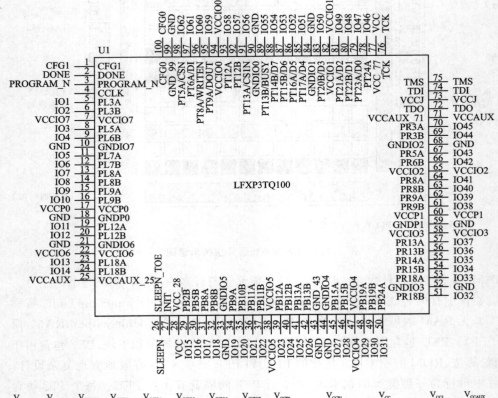

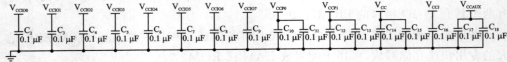

图 3.1.2　基于 LFXP3TQ100 的 LatticeXP 最小系统主电路图

2. I/O 输出插座电路

最小系统采用 4 个 I/O 输入/输出插座将 LFXP3TQ100 的 I/O 引脚端引出，电路如图 3.1.3 所示。

3. 按键电路

按键电路如图 3.1.4 所示，4 个轻触按键可用于触发信号输入，并可配合软件将

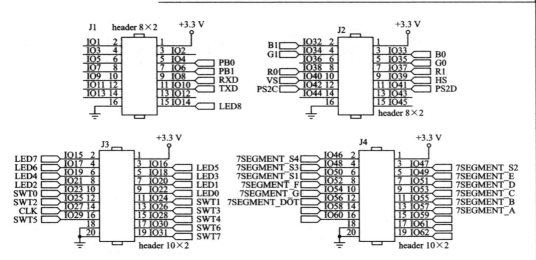

图 3.1.3　最小系统的 4 个输入/输出插座

其定义为复位信号等功能,以便于调试。

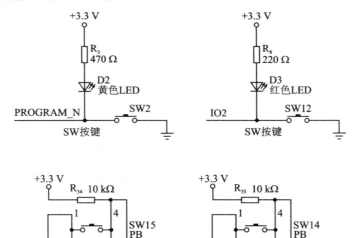

图 3.1.4　按键电路

4. 数码管显示电路

数码管显示电路如图 3.1.5 所示,数码管显示电路通过两片 74HC244 驱动 4 位共阳极数码管(D13 LDQ - M28R)显示。

5. LED 显示电路

LED 显示电路如图 3.1.6 所示,10 个发光二极管(LED)用于辅助调试,可以通过设置 LED 的点亮状态,直观显示运行结果。

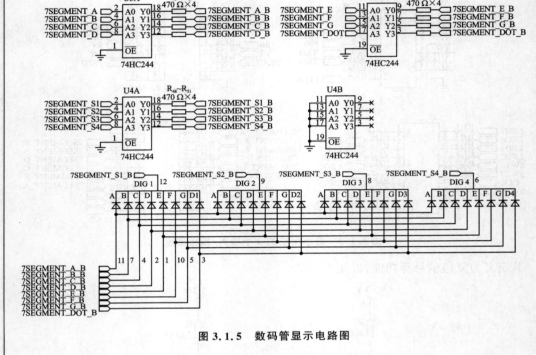

图 3.1.5　数码管显示电路图

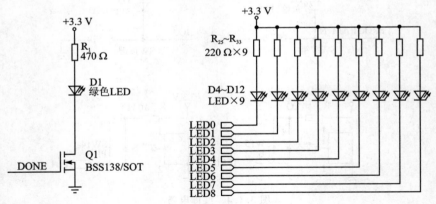

图 3.1.6　LED 显示电路图

6. 拨码开关电路

拨码开关电路如图 3.1.7 所示。在简单的逻辑调试时，指拨开关可用作状态输入，以减少额外的硬件连接。

7. JTAG 接口电路

JTAG 接口电路如图 3.1.8 所示。

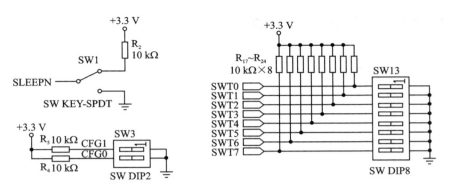

图 3.1.7　拨码开关电路图

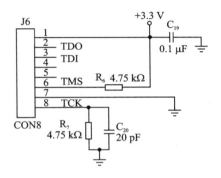

图 3.1.8　JTAG 接口电路图

8. RS - 232 串行接口电路

RS - 232 串行接口采用 SP3232 专用器件,电路如图 3.1.9 所示。

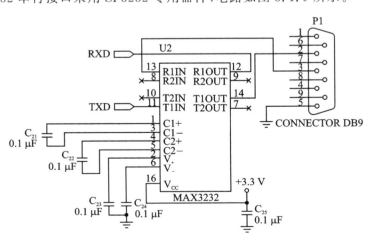

图 3.1.9　RS - 232 串行接口电路图

9. PS/2 鼠标、键盘接口电路

PS/2 鼠标、键盘接口电路如图 3.1.10 所示。

10. 时钟电路

时钟电路如图 3.1.11 所示,它由时钟芯片 OSC4/SM 组成,连接到芯片时钟输入端。

11. VGA 接口电路

VGA 接口电路如图 3.1.12 所示。

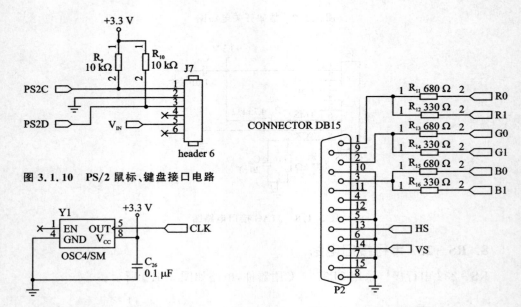

图 3.1.10　PS/2 鼠标、键盘接口电路

图 3.1.11　时钟电路

图 3.1.12　VGA 接口电路

12. 电源电路

稳压电源和供电电压选择开关如图 3.1.13 所示。通过设定选择开关,可为 LFXP3TQ100 的 8 组 I/O 分别选择供电电压。评估板提供了 3.3 V 和 V_{CC_ADJ} 可选。通过调节可调电阻 R_{904},可以将 V_{CC_ADJ} 设定为 1.25~3.3 V 范围内的任意电压。电源电路引脚端连接与功能参见表 3.1.7。

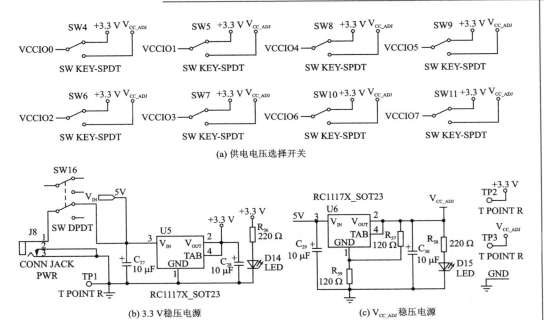

(a) 供电电压选择开关

(b) 3.3 V稳压电源　　　(c) V_{CC_ADJ} 稳压电源

图 3.1.13　稳压电源和供电电压选择开关

3.1.4　FPGA 最小系统的制作步骤

1. 印制电路板制作

按印制电路板设计要求，设计 LFXP3TQ100 的 LatticeXP 最小系统电路的印制电路板图，参考设计如图 3.1.14 所示。该电路板选用一块 125 mm×105 mm 双面环氧敷铜板。注意：LFXP3C3Q208C 采用 PQFP-208(28 mm×28 mm)封装。印制电路板制作过程请参考《全国大学生电子设计竞赛技能训练(第 2 版)》。

2. 元器件焊接

按图 3.1.14(a)、(b)所示，将元器件逐个焊接在印制电路板上，贴片元器件焊接方法与要求请参考《全国大学生电子设计竞赛技能训练(第 2 版)》有关章节。

注意：元器件布局图中所有元器件均未采用下标形式。

3. 系统开发

ispLEVER 是完整的 CPLD 和 FPGA 设计软件，能帮助用户完成从概念到产品的设计。ispLEVER 包含许多有用的开发工具，用于设计输入、项目管理、IP 集成、器件映射、布局和布线，以及在系统逻辑分析等。

ispLEVER(Windows)还包含 Synplicity 和 Mentor Graphics 的第三方工具，这些工具用于综合和仿真。

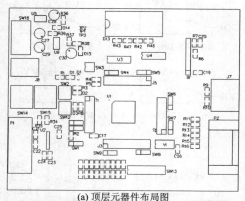

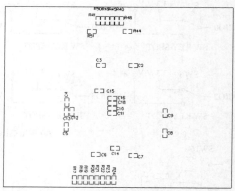

(a) 顶层元器件布局图　　　　　　　　　　　(b) 底层元器件布局图

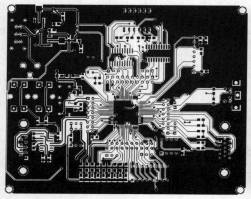

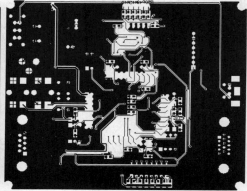

(c) 印制电路板顶层图　　　　　　　　　　　(d) 印制电路板底层图

图 3.1.14　LFXP3－100 FPGA 最小系统电路印制电路板图

ispLEVER 6.0 完全支持最新的高性能、低成本的 LatticeECP2™ 和 Lattice-SC™ FPGA 芯片系列，并且具有极好性能的设计流程，高度集成的 Design Planner 接口，以及一个 IPexpress™ 用户可配置的 IP 核拓展库。

借助莱迪思的 ispLEVER® 设计工具，在 LatticeXP 系列芯片上可以实现大型复杂设计。

ispLEVER 设计工具提供支持 LatticeXP 的逻辑综合工具的综合库。ispLEVER 工具采用综合工具的输出结果，并且配合其自己的 Design Planner 工具的约束条件，在 LatticeXP 器件中进行布局布线。ispLEVER 工具从布线中提取时序信息，并将它们反注到设计中来进行时序验证。

莱迪思还提供许多用于 LatticeXP 系列的预先设计的 IP（Intellectual Property，知识产权）ispLeverCORE™ 模块。采用这些 IP 标准模块，设计者可以将精力集中于自己设计中的特色部分，从而提高了工作效率。

ispLEVER 设计流程如图 3.1.15 所示。

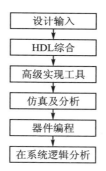

图 3.1.15 ispLEVER 设计流程

3.1.5 实训思考与练习题：制作 LatticeXP 最小系统

试采用 LFXP3C3Q208C 制作一个 LatticeXP 最小系统。LFXP3C3Q208C 有关资料请登录 www. latticesemi. com 查询。基于 LFXP3C3Q208C 的 FPGA 最小系统电路和印制电路板图参考设计如图 3.1.16～图 3.1.27 所示。设计印制电路板时请注意，LFXP3C3Q208C 采用 PQFP－208(28 mm×28 mm)封装。

制作提示：

1）LatticeXP 最小系统主电路
基于 LFXP3C3Q208C 的 LatticeXP 最小系统主电路如图 3.1.16 所示。

2）I/O 输出插座电路
最小系统采用 4 个 I/O 输入/输出插座将 LFXP3C3Q208C 的 I/O 引脚端引出，电路如图 3.1.17 所示。

3）按键电路
按键电路如图 3.1.18 所示，4 个轻触按键可用于触发信号输入，并可配合软件将其定义为复位信号等功能，以便于调试。按键电路引脚端连接如表 3.1.2 所列。

表 3.1.2　按键电路引脚端连接

开　关	信号名称	LFXP3C3Q208C 引脚端	开　关	信号名称	LFXP3C3Q208C 引脚端
S102	PROGRGAMN	pin3	S104	IO134	pin205
S103	IO133	pin204	S105	IO135	pin206

4）数码管显示电路
数码管显示电路如图 3.1.19 所示，引脚端连接如表 3.1.3 所列。数码管显示电路通过两片 74HC244 驱动 4 位共阳极数码管显示。

全国大学生电子设计竞赛制作实训（第 3 版）

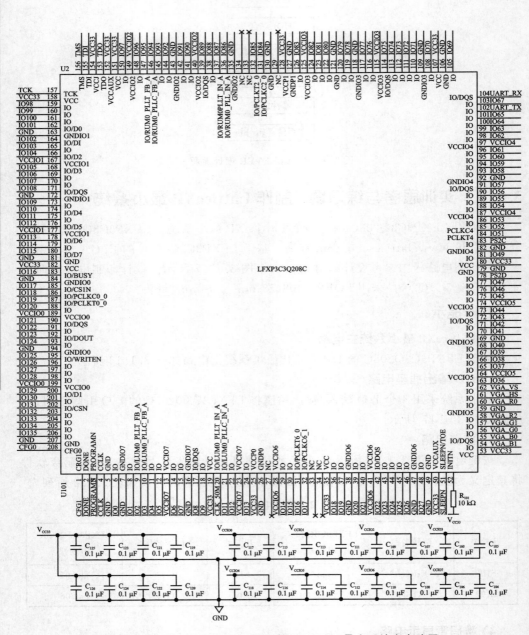

图 3.1.16　基于 LFXP3C3Q208C 的 LatticeXP 最小系统主电路图

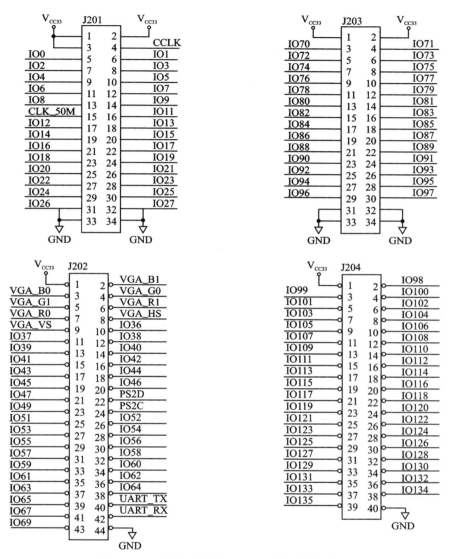

图 3.1.17　最小系统的 4 个 I/O 输入/输出插座

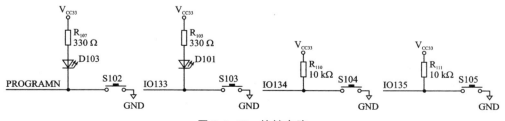

图 3.1.18　按键电路

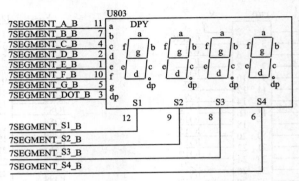

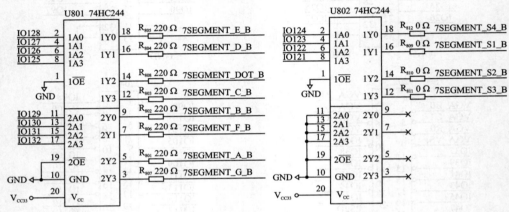

图 3.1.19　数码管显示电路

表 3.1.3　数码管显示电路引脚端连接

器件引脚端	信号名称	LFXP3C3Q208C 引脚端	器件引脚端	信号名称	LFXP3C3Q208C 引脚端
U801 − 1A0	IO128	pin198	U801 − 2A2	IO131	pin202
U801 − 1A1	IO127	pin197	U801 − 2A3	IO132	pin203
U801 − 1A2	IO126	pin196	U802 − 1A0	IO124	pin193
U801 − 1A3	IO125	pin195	U802 − 1A1	IO123	pin192
U801 − 2A0	IO129	pin200	U802 − 1A2	IO122	pin191
U801 − 2A1	IO130	pin201	U802 − 1A3	IO121	pin190

5）LED 显示电路

LED 显示电路如图 3.1.20 所示，10 个发光二极管（LED）用于辅助调试，可以通过设置 LED 的点亮状态，直观显示运行结果。

6）拨码开关电路

拨码开关电路如图 3.1.21 所示，引脚端连接如表 3.1.4 所列。在简单的逻辑调

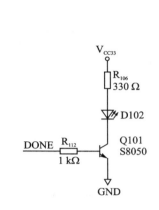

图 3.1.20　LED 显示电路图

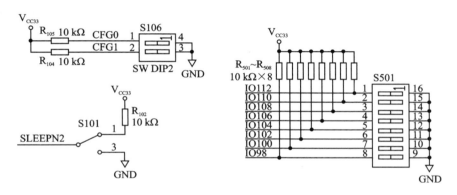

图 3.1.21　拨码开关电路图

试时，指拨开关可用作状态输入，以减少额外的硬件连接。

7）JTAG 接口电路

JTAG 接口电路如图 3.1.22 所示，引脚端连接如表 3.1.5 所列。

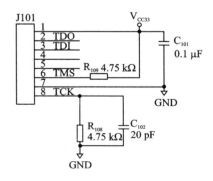

图 3.1.22　JTAG 接口电路图

表 3.1.4　拨码开关电路的引脚端连接

指拨开关引脚端	信号名称	LFXP3C3Q208C 引脚端	指拨开关引脚端	信号名称	LFXP3C3Q208C 引脚端
S501 - 1	IO112	pin176	S501 - 7	IO100	pin161
S501 - 2	IO110	pin174	S501 - 8	IO98	pin159
S501 - 3	IO108	pin171	S106 - 1	CFG0	pin208
S501 - 4	IO106	pin169	S106 - 2	CFG1	pin1
S501 - 5	IO104	pin166	S101	SLEEPN	pin51
S501 - 6	IO102	pin164			

表 3.1.5　JTAG 接口电路的引脚端连接

插座引脚端	信号名称	LFXP3C3Q208C 引脚端	插座引脚端	信号名称	LFXP3C3Q208C 引脚端
J101 - 1	DC3V3		J101 - 5		
J101 - 2	TDO	pin153	J101 - 6	TMS	pin156
J101 - 3	TDI	pin155	J101 - 7	GND	
J101 - 4			J101 - 8	TCK	pin157

8) RS - 232 串行接口电路

RS - 232 串行接口采用 SP3232 专用器件,电路如图 3.1.23 所示,图中 UART - RX 与 LFXP3C 的引脚端 104 连接,UART - TX 与 LFXP3C 的引脚端 102 连接。

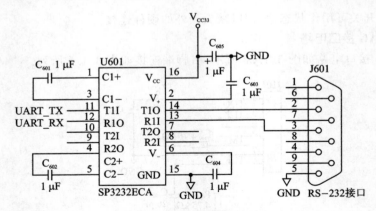

图 3.1.23　RS - 232 串行接口电路图

9) PS/ 2 鼠标、键盘接口电路

PS/2 鼠标、键盘接口电路如图 3.1.24 所示,图中 PS2C 与 LFXP3C 的引脚端 83

连接,PS2D 与 LFXP3C 的引脚端 78 连接。

10) 时钟电路

时钟电路如图 3.1.25 所示,它由时钟芯片 CYA01 组成,连接到芯片时钟输入端。

11) VGA 接口电路

VGA 接口电路如图 3.1.26 所示,引脚端连接如表 3.1.6 所列。

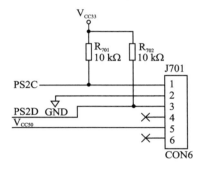

图 3.1.24　PS/2 鼠标、键盘接口电路图

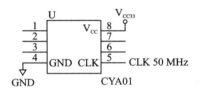

图 3.1.25　时钟电路图

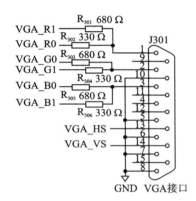

图 3.1.26　VGA 接口电路图

表 3.1.6　VGA 接口电路引脚端连接

插座引脚端	信号名称	LFXP3C3Q208C 引脚端	插座引脚端	信号名称	LFXP3C3Q208C 引脚端
J301 - 1	VGA_R0	pin60	J301 - 3	VGA_B0	pin55
	VGA_R1	pin58		VGA_B1	pin54
J301 - 2	VGA_G0	pin56	J301 - 13	VGA_HS	pin61
	VGA_G1	pin57	J301 - 14	VGA_VS	pin62

12) 电源电路

稳压电源和供电电压选择开关如图 3.1.27 所示。通过设定选择开关,可为 LFXP3C3Q208C 的 8 组 I/O 分别选择供电电压。评估板提供了 3.3 V 和 V_{CC_DAJ} 可选。通过调节可调电阻 R_{904},可以将 V_{CC_ADJ} 设定为 1.25～3.3 V 之间的任意电压。电源电路引脚端连接与功能如表 3.1.7 所列。

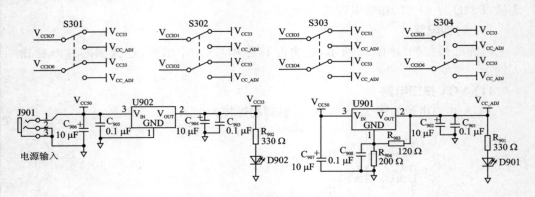

图 3.1.27　稳压电源和供电电压选择开关

表 3.1.7　电源电路引脚端连接与功能

功能选择	LFXP3C3Q208C 引脚端	信号名称	功能描述
V_{CCIO0}	pin189	V_{CC33}	I/O BANK0 工作电压为 3.3 V
	pin199	V_{CC_ADJ}	I/O BANK0 工作电压为 V_{adj}
V_{CCIO1}	pin167	V_{CC33}	I/O BANK1 工作电压为 3.3 V
	pin177	V_{CC_ADJ}	I/O BANK1 工作电压为 V_{adj}
V_{CCIO2}	pin140	V_{CC33}	I/O BANK2 工作电压为 3.3 V
	pin149	V_{CC_ADJ}	I/O BANK2 工作电压为 V_{adj}
V_{CCIO3}	pin115	V_{CC33}	I/O BANK3 工作电压为 3.3 V
	pin125	V_{CC_ADJ}	I/O BANK3 工作电压为 V_{adj}
V_{CCIO4}	pin87	V_{CC33}	I/O BANK4 工作电压为 3.3 V
	pin97	V_{CC_ADJ}	I/O BANK4 工作电压为 V_{adj}
V_{CCIO5}	pin64	V_{CC33}	I/O BANK5 工作电压为 3.3 V
	pin74	V_{CC_ADJ}	I/O BANK5 工作电压为 V_{adj}
V_{CCIO6}	pin28	V_{CC33}	I/O BANK6 工作电压为 3.3 V
	pin41	V_{CC_ADJ}	I/O BANK6 工作电压为 V_{adj}
V_{CCIO7}	pin13	V_{CC33}	I/O BANK7 工作电压为 3.3 V
	pin23	V_{CC_ADJ}	I/O BANK7 工作电压为 V_{adj}

LatticeXP3 的 FPGA 最小系统电路元器件，如表 3.1.8 所列。

表 3.1.8　LatticeXP3 的 FPGA 最小系统电路元器件

符　号	名　称	型　号	数　量	备　注
FPGA 电路				
U2	FPGA 芯片	LFXP3C3Q208C	1	
R_{101}	电阻器	10 kΩ	1	
$C_{103} \sim C_{126}$	电容器	0.1 μF	24	
J201,J203	插头	header 17×2	2	
J202	插头	header 20×2	1	
J204	插头	header 22×2	1	
按键电路				
R_{110},R_{111}	电阻器	10 kΩ	2	
R_{107},R_{103}	电阻器	330 Ω	2	
D101,D103	发光二极管	LED	2	
S102~S105	按键开关	SW 按键	4	
数码管显示电路				
U801,U802	8 路 3 态缓冲驱动器	74HC244	2	
U803	共阳 LED 数码管	LEQ－M28R	1	
$R_{801} \sim R_{808}$	电阻器	220 Ω	8	
$R_{809} \sim R_{812}$	电阻器	0 Ω	4	
LED 显示电路				
R_{106},$R_{401} \sim R_{409}$	电阻器	330 Ω	10	
R_{112}	电阻器	1 kΩ	1	
D102,D401~D409	发光二极管	LED	10	
Q101	晶体管	S8050	1	
拨码开关电路				
R_{102},R_{104},R_{105},$R_{501} \sim R_{508}$	电阻器	10 kΩ	11	
S101	单掷单刀常闭开关	SW KEY－SPDT	1	
S106	指拨开关	SW DIP－2	1	
S501	指拨开关	SW DIP－8	1	
JTAG 接口电路				
R_{108},R_{109}	电阻器	4.75 kΩ	2	
C_{101}	电容器	0.1 μF	1	
C_{102}	电容器	22 pF	2	
J101	插座	CON8	1	

符 号	名 称	型 号	数 量	备 注
RS－232 接口电路				
U601	RS－232 接口芯片	SP3232ECA	1	
$C_{601} \sim C_{605}$	电容器	1 μF	5	
J601	插座	DB9	1	
PS/2 鼠标、键盘接口电路				
R_{701}、R_{702}	电阻器	10 kΩ	2	
J701	插头	header 6	1	
VGA 接口电路				
R_{301}、R_{303}、R_{305}	电阻器	680 Ω	3	
R_{302}、R_{304}、R_{306}	电阻器	330 Ω	3	
J301	插座	DB15	1	
时钟电路				
U	时钟芯片	CYA01	1	
电源电路				
U901	三端稳压器	RC1117X－SOT23	1	V_{CC_ADJ}
U902	三端稳压器	3.3 V	1	V_{CC33}
R_{901}、R_{902}	电阻器	330 Ω	2	
R_{903}	电阻器	120 Ω	1	
R_{904}	电阻器	200 Ω	1	电位器
C_{901}、C_{903}、C_{905}、C_{908}	电容器	0.1 μF	4	
C_{902}、C_{904}、C_{906}、C_{907}	电容器	10 μF	5	钽电容器
D901、D902	发光二极管	LED	2	
S301～S304	单掷双刀常闭开关	SW DPDT	1	
J901	电源插座	CONN JACK PWR	1	

3.2 彩灯控制器

3.2.1 实训目的与器材

实训目的：制作一个彩灯控制器。

实训器材：常用电子装配工具、万用表、示波器、彩灯控制器电路元器件，如表 3.2.1 所列。

表 3.2.1　彩灯控制器电路元器件

符　号	名　称	型　号	数　量	备　注
U1	集成电路	CD4011	1	
U2	集成电路	CD4518	1	
VTH1～VTH3	晶闸管	MCR1006	3	
D1～D5	二极管	1N4004	5	
D6	稳压器	2CW50	1	1N4105
W	电位器	WS1 - X - 1 MΩ	1	
R_1	电阻器	RJ - 1/2 W - 82 kΩ	1	
R_2	电阻器	RTX - 1/8 W - 1 MΩ	1	
R_3	电阻器	RTX - 1/8 W - 10 kΩ	1	
R_4～R_6	电阻器	RTX - 1/8 W - 30 kΩ	3	
C_1	电容器	CD11 - 16 V - 220 μF	1	
C_2	电容器	CD11 - 16 V - 4.7 μF	1	
S	单刀单掷开关		1	
H1,H2,H3	彩色钨丝灯	220 V,15～40 W	3	

3.2.2　彩灯控制器的主要元器件特性

1. CD4011

CD4011 是一个二输入端四与非门电路,内部结构如图 3.2.1 所示。

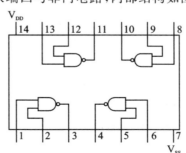

图 3.2.1　CD4011 内部结构

2. CD4518

　　CD4518 是一个具有双同步加法计数功能的 BCD 计数器,内部结构和时序波形图如图 3.2.2 和图 3.2.3 所示,真值表如表 3.2.2 所列。

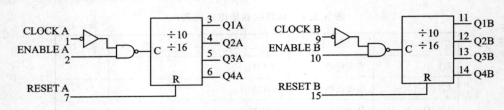

图 3.2.2　CD4518 内部结构

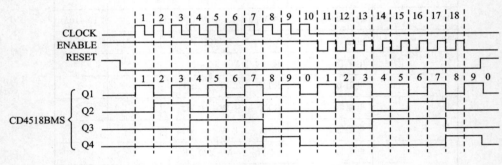

图 3.2.3　CD4518 时序波形图

3.2.3　彩灯控制器的电路结构

　　彩灯控制器电路如图 3.2.4 所示,由电源电路、时钟脉冲信号发生电路和灯光控制电路三部分组成,其中,H1、H2、H3 采用红、绿、蓝彩色灯泡。

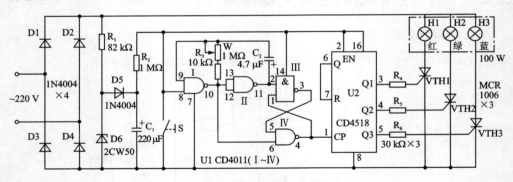

图 3.2.4　彩灯控制器电路原理图

　　220 V 交流电经 D1~D4 桥式整流后,一路作为彩灯回路电源;另一路经 R_1 降压限流、D6 稳压、D5 隔离和 C_1 滤波后,为彩灯控制电路提供一个约 10 V 的直流电压。

　　U1(CD4011)构成一个时钟脉冲信号发生器,其中与非门 Ⅰ、Ⅱ 以及 W、R_3 和 C_2 构成一个多谐振荡器,与非门 Ⅲ、Ⅳ 构成一个 R-S 触发器;R-S 触发器对振荡器产生的脉冲进行整形后,输出到 U2 的时钟脉冲 CP 输入端。

U2(CD4518)是一个具有双同步加法计数功能的 CMOS 集成电路,对时钟脉冲进行计数和二进制编码,Q1~Q4 输出端的状态循环发生变化,如图 3.2.4 所示。从图 3.2.4 中可以看出,当 U2 的 CP 端输入第 1 个时钟脉冲时,其 Q1 输出高电平,VTH1 受触发导通,H1 通电发出红光;当第 2 个时钟脉冲到来时,U2 的 Q2 端输出高电平,VTH2 随之导通,H2 通电发出绿光;当第 3 个时钟脉冲到来时,U2 的 Q1、Q2 端同时输出高电平,VTH1、VTH2 均导通,H1、H2 同时通电点亮,根据混色原理,灯箱对外变成黄色;依次类推,U2 的 Q1、Q2、Q3 端有 8 种逻辑状态,可使"三基色"灯顺序产生 7 种色光(红、绿、红+绿=黄、蓝、红+蓝=紫、绿+蓝=青、红+绿+蓝=白)来。当第 8 个时钟脉冲到来时,U2 的 Q1、Q2、Q3 端均输出低电平,H1、H2、H3 全部熄灭片刻;同时 U2 的 Q4 端输出高电平,将其信号直接送入清零端 R,使 U2 内部电路复位;第 9 个时钟脉冲送入 U2 时,循环上述过程。

灯光变色速度由与非门 Ⅰ、Ⅱ 组成的多谐振荡器工作频率确定,其工作频率可利用公式 $f=1/[0.69(R_P+R_3)C_2]$ 来估算。按图 3.2.4 所示数值,调节电位器 W 的阻值,可使灯光每隔 0.1~10 s 自动变换一种颜色。闭合开关 S,与非门 Ⅰ 的控制输入端由高电平变为低电平,振荡器停止工作,变色灯便停留在上述 8 个状态中的某一个状态。

3.2.4　彩灯控制器的制作步骤

1. 印制电路板制作

按印制电路板设计要求,设计彩灯控制器电路的印制电路板图,参考设计[41]如图 3.2.5 所示。该电路板选用一块 80 mm×40 mm 单面环氧敷铜板。印制电路板制作过程请参考《全国大学生电子设计竞赛技能训练(第 3 版)》。

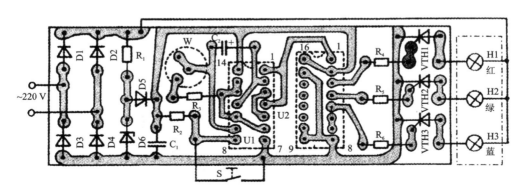

图 3.2.5　彩灯控制器印制电路板图

注意：CD4011 和 CD4518 有 DIP、SOIC、SOP 等封装形式。

2. 元器件焊接

按图 3.2.5 所示，将元器件逐个焊接在印制电路板上，元器件引脚要尽量短。U1、U2 最好采用插座安装，插座的缺口标记与印制电路板相应标记对准，注意不要装反。集成电路插入插座时也要注意不要插反。一般制作好的控制器电路，无须调试即可正常工作。元器件焊接方法与要求请参考《全国大学生电子设计竞赛技能训练（第 2 版）》有关章节。

3. 注意问题

（1）因电路直接采用 220 V 交流电供电，焊好的电路板经检查无误后，应装在一个绝缘的、密封的小盒内，以免使用时不慎而发生触电事故。

（2）彩色灯泡采用 220 V、15～40 W 彩色钨丝灯泡，要求每组色灯总功率不要超过100 W。

3.2.5 实训思考与练习题 1：制作 CD4011/4017 彩灯循环控制器

试采用 CD4011 和 CD4017 制作一个彩灯循环控制电路，参考电路图如图 3.2.6 所示。其中 CD4011 组成多谐振荡器，为 U2（CD4017）提供时钟脉冲。U2 是一块十进制计数/分配器，它有 3 个控制输入端，即 R 复位清零端、时钟输入端 CP 和 CE。电路中 CE 端接地，时钟脉冲从 CP 端输入，构成计数器电路。当其 CP 端输入时钟脉冲时，U2 的输出端 Q0～Q5 依次出现高电平。当 Q0～Q3 依次出现高电平时，固态继电器 SSR1～SSR4 被依次触发导通，使对应的灯泡 E1～E4 被逐一点亮。当 Q4 输出端为高电平时，Q0～Q3 输出端均为低电平，SSR1～SSR4 全部关断，灯泡 E1～E4 全处于熄灭状态。Q5 端与 R 端相连，当 Q5 端输出高电平时，该高电平作用于 U2 的清零复位端 R，使 U2 清零，重新又开始上述过程，从而实现了灯泡循环点亮控制功能。

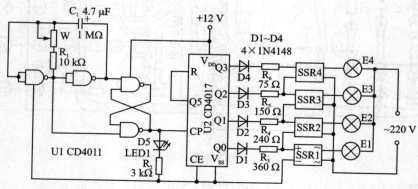

图 3.2.6 彩灯循环控制电路

电路中,每路灯泡顺序点亮的时间及全熄灭停留的时间均相同,调节 W,可使灯泡在 0.1～10 s 范围内变化。

CD4011 和 CD4017 有关资料请登录相关网站查询。设计印制电路板时请注意,CD4011 和 CD4017 有 DIP、SOIC、SOP 等多种封装形式。

3.2.6　实训思考与练习题 2:制作 555/ CD4017 彩灯循环控制器

试采用 555 时基电路和 CD4017 制作一个彩灯循环控制电路,参考电路图如图 3.2.7 所示,其中 555 时基电路组成多谐振荡器,为 U2(CD4017)提供时钟脉冲。U2 是一块十进制计数/分配器,它有 3 个控制输入端,即 R 复位清零端,时钟输入端 CP 和 CE。电路中 R 与 CE 端接地,时钟脉冲从 CP 端输入,构成计数器电路。随着时钟脉冲的输入,U2 的输出端 Q0～Q9 依次出现高电平,所以发光二极管 D1～D10 依次点亮形成移动的光点,并不停地循环下去。调节电位器 W 可改变循环的速度。

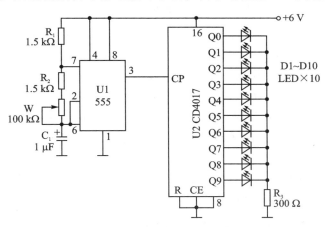

图 3.2.7　彩灯循环控制电路

555 时基电路和 CD4017 有关资料请登录相关网站查询。设计印制电路板时请注意,555 时基电路和 CD4017 有 DIP、SOIC、SOP 等多种封装形式。

3.2.7　实训思考与练习题 3:制作触摸式电子摇奖器

试采用 CD4011 和 CD4017 制作一个触摸式电子摇奖器电路,参考电路图如图 3.2.8 所示。其中与非门 I、II 组成一个时钟脉冲发生器,与非门 III 构成一个计数闸门电路。与非门 III 的一个输入端连接时钟脉冲发生器的输出端,另一个输入端经 R_3 与触摸金属片 M 相连。U2 为十进制计数/分配器 CD4017,在它的输出端 Q0～Q9 上接有 D1～D10 这 10 个发光二极管,分别代表 0～9 共 10 个数。C_2 与 R_5 组成上电复位清零电路。

全国大学生电子设计竞赛制作实训(第 3 版)

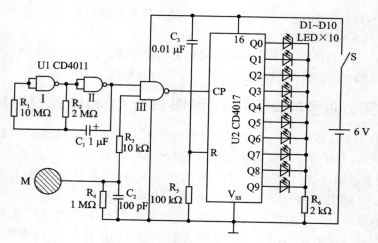

图 3.2.8　触摸式电子摇奖器的电路

当人手不触摸金属片 M 时，与非门Ⅲ的下输入端为低电平，使计数闸门封锁，U2 不计数。当用手触摸金属片 M 时，由于感应信号的作用，与非门Ⅲ的下输入端变为高电平，计数闸门被打开，时钟脉冲信号通过与非门Ⅲ加到 U2 的输入端 CP，U2 开始计数，其输出端 Q0～Q9 依次出现高电平，使 D1～D10 快速轮流闪亮。当手移开金属片 M 时，则计数闸门恢复到关闭状态，使计数暂时停止，这时，U2 的输出端只有某一个为高电平，使相应的发光二极管一直保持点亮状态，该发光三极管所代表的数就是所得到的摇奖号码。

CD4011 和 CD4017 有关资料请登录相关网站查询。设计印制电路板时请注意，CD4011 和 CD4017 有 DIP、SOIC、SOP 等多种封装形式。

3.2.8　实训思考与练习题 4：音频变色灯控制器

试采用 VA741、LM3914 和 CD4017 制作一个音频变色灯控制电路，参考电路图如图 3.2.9 所示。其中 U1 为运算放大器 μA741，用来对输入的音频信号进行缓冲放大，调节 W1 可改变 U1 的放大增益。U2 为 10 点 LED 电平指示器 LM3914，它可将从 U1 放大的音频信号电平分为 10 个等级的电平输出。调节 W2 可改变输入给 U2 的电平大小，使音频信号在 U2 的输出端的电平，既能使指示灯达到满幅亮度又能明暗变化分明。U3 为十进制计数/分配器 CD4017，经 U1 放大的音频信号同时由它进行了分频处理。音频变色灯控制电路可在音频信号的驱动下，控制灯泡发出千姿百态的色彩变化，其变化规律与音频信号的频率及电平大小相对应。

μA741、LM3914 和 CD4017 有关资料请登录相关网站查询。设计印制电路板时请注意，μA741、LM3914 和 CD4017 有 DIP、SOIC、SOP 等多种封装形式。

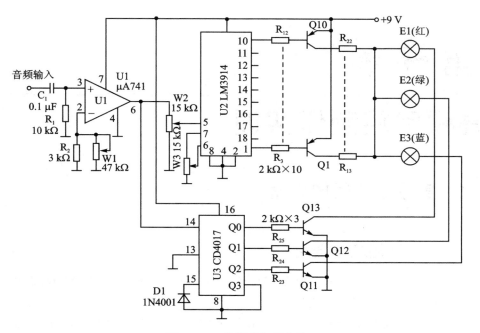

图 3.2.9　音频变色灯电路

第 **4** 章

高频电路制作实训

4.1 射频小信号放大器

4.1.1 实训目的与器材

实训目的：制作一个通频带为 78～88 MHz，中心频率 f_0 为 83 MHz，带宽 BW 为 10 MHz 的射频小信号放大器。

实训器材：常用电子装配工具、万用表、示波器、83 MHz 射频小信号放大器电路元器件，如表 4.1.1 所列。

表 4.1.1　83 MHz 射频小信号放大器电路元器件

符　号	名　　称	型　　号	数　量
Q1	N 沟道 FET	2SK241GR	1
C_1	电容器	CC－30 pF/100 V	1
C_2	电容器	CC－10 pF/100 V	1
C_3,C_4	瓷介微调电容器	CW－20 pF/100 V	2
C_5,C_6	电容器	CC－0.01 μF/100 V	2
L_1	输入电感	ϕ0.8 mm 镀镍线绕 4 圈，内径 11 mm，长 7 mm，分接头距接地 1 圈之处	1
L_2	输出电感	ϕ0.8 mm 镀镍线绕 3.5 圈，内径 9 mm，长 8 mm	1

4.1.2 2SK241GR 的主要特性

2SK241 N 沟道 FET 的引脚端封装形式如图 4.1.1 所示，引脚端 1 为漏极，引脚端 2 为源极，引脚端 3 为栅极。2SK241 的噪声系数 NF 为 1.7 dB（典型值），功率增益 G_{PS} 为 28 dB（典型值），反向传输电容 C_{rss} 为 0.035 pF（典型值），推荐使用的电压范围为 5～15 V，一般作为 FM 调谐器、VHF 频带放大使用。

$T_A=25℃$时,2SK241 最大极限参数如表 4.1.2 所列,其一般电性能指标参数如表 4.1.3 所列。

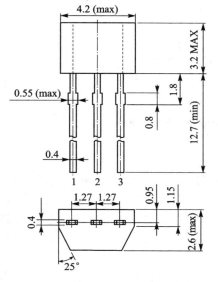

图 4.1.1　2SK241 FET 的外形尺寸(单位 mm)

表 4.1.2　2SK241 最大极限参数($T_A=25℃$)

参　数	符　号	额定值
漏极–源极间电压	V_{DS}	20 V
栅极–源极间电压	V_{GS}	±5 V
漏极电流	I_D	30 mA
漏极允许功耗	P_D	200 mW
通道温度	T_{ch}	125 ℃
存储温度	T_{stg}	$-55\sim125$ ℃

表 4.1.3　2SK241 一般电性能指标参数($T_A=25℃$)

参　数	符　号	测试条件	最小值	标准值	最大值
栅极漏电流/nA	I_{GSS}	$V_{DS}=0,V_{GS}=\pm5$ V	—	—	±50
栅极–源极间电压/V	V_{DSX}	$V_{GS}=-4$ V,$I_D=100\ \mu$A	20	—	—
漏极电流/mA	I_{DSS}^{*}	$V_{DS}=10$ V,$V_{GS}=0$	1.5	—	14
栅极–源极间关断电压/V	$V_{GS(OFF)}$	$V_{DS}=10$ V,$I_D=100\ \mu$A	—	—	−2.5
输入电容/pF	C_{iSS}	$V_{DD}=10$ V,$V_{GS}=0,f=1$ kHz		3.0	
反向传输电容/pF	C_{rSS}			0.035	0.050
功率增益/dB	G_{PS}	$V_{DD}=10$ V,$V_{GS}=0,f=100$ MHz		28	
噪声系数/dB	NF			1.7	3.0

　* I_{DDS} 等级：O(1.5~3.5 mA)、Y(3.0~7.0 mA)、GR(6.0~14.0 mA)。

4.1.3　射频小信号放大器的电路结构

　　一个采用 2SK241GR 构成的 83 MHz 射频小信号放大器电路如图 4.1.2 所示。该电路的输入阻抗为 50 Ω,输出阻抗为 50 Ω,中心频率为 83 MHz,功率增益为 20 dB(min),噪声系数 NF 为 3 dB(max),最大工作温度为 60℃,输入带宽和输出带宽为 10 MHz,电源电压为 10 V。

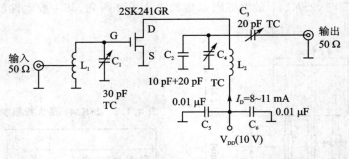

图 4.1.2　2SK241GR 83 MHz 射频小信号放大器电路图

1. 输入回路

输入信号源阻抗为 50 Ω,通过阻抗变换电路与 FET 的输入阻抗进行阻抗匹配。在图 4.1.3 所示的高频放大电路中,为了取得最大增益进行的阻抗匹配,使 $R_S = R_i$,称之为功率匹配。在功率匹配的状态下,S/N 会下降,NF 会恶化。输入回路的设计目标是为了获得最小信噪比匹配。在输入回路中,取 $R_S < R_i$,以获得适当的功率增益,使噪声降至最低,根据所需要的带宽决定 Q_L。

输入阻抗变换电路如图 4.1.4 所示,输入信号源阻抗为 50 Ω,满足 2SK241 GR 的信噪比匹配条件的 FET 输入阻抗为 800 Ω。

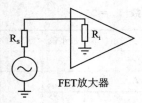

图 4.1.3　输入阻抗匹配

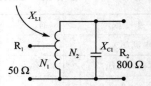

图 4.1.4　高频放大器输入阻抗变换电路

通过计算可得如下参数:

频带宽 BW＝88 MHz－78 MHz＝10 MHz;

中心频率 f_0＝83 MHz;

选择性 $Q_L = f_0/\mathrm{BW} = 83/10 = 8.3$;

假设 $R_2 = 800$ Ω(满足 2SK241 GR 的信噪比匹配条件的 FET 输入阻抗),则

$$X_{L1} = X_{C1} = R_2/Q_L = 800\ \Omega/8.3 = 96.4\ \Omega$$

因为

$$C = \frac{1}{2}\pi f_0 X_{C1} = \frac{1}{2}\pi \times 83 \times 10^6 \times 96.4 = 20.0\ \mathrm{pF}$$

所以,C_1 取用 30 pF 的微调电容器。

$$L_1 = X_{L1}/2\pi f_0 = 96.4/(2\pi \times 83 \times 10^6) = 0.18\ \mu\mathrm{H}$$

由于 L_1 值小,故采用空芯圆筒形线圈。利用业余无线电计算图表,如图 4.1.5 所示,可求得 0.181 μH 线圈应该用直径 0.8 mm 的镀镍线,内径 11 mm,长度7 mm 绕 4 匝。

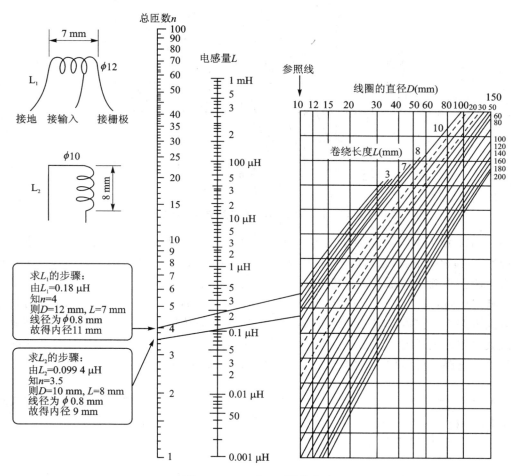

图 4.1.5　L_1 和 L_2 计算图表

L_1 抽头供阻抗变换。因 $R_1/R_2=(N_1/N_2)^2$,所以由 $50/800=(N_1/4)^2$ 得 $N_1=1$。与输入端连接的 L_1 抽头在距接地端第 1 圈的位置。

2. FET 2SK241GR 放大电路

放大电路使用 FET 2SK241GR,2SK241GR 根据其饱和源极电流 I_{DSS}($V_{GS}=$ 0 V 时的源极电流)分为 O(1.5～3.5 mA)、Y(3.0～7.0 mA)、GR(6.0～14 mA) 三类。

2SK241GR 的正向传输导纳 Y_{fs}($|Y_{fs}|=\Delta I_D/\Delta V_{GS}$)如图 4.1.6 所示,$\Delta V_{GS}$ 为输入电压(栅极-源极间变化电压),ΔI_D 为输出电流(漏极变化电流)。在零偏栅源压,

$I_{DSS}=10$ mA 时,正向传输导纳 Y_{fs} 为最大值。

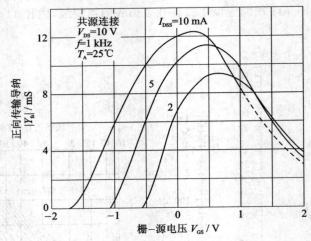

图 4.1.6　2SK241GR 的正向传输导纳 Y_{fs}

FET 放大电路的各种接地形式如图 4.1.7 所示。图 4.1.7(a) 为源极接地的 FET 高频放大电路,输入阻抗高,经过放大的信号经反向传输电容 C_{rss} 反馈,会使放大电路在高频段增益下降。图 4.1.7(b) 为栅极接地的 FET 高频放大电路,输入阻抗低,反向传输电容 C_{rss} 与输出 LC 网络并联,放大电路工作稳定。一般,FET 高频放大电路为了获得稳定的放大,通常采用以减少反向传输电容 C_{rss} 影响的栅极接地放大电路形式。图 4.1.7(c) 为 FET 共源-共栅级联电路结构,采用输入阻抗高的源极接地电路与反向传输电容小的栅极接地电路连接,具有两种电路结构的优点。

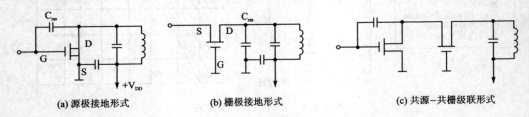

(a) 源极接地形式　　　　(b) 栅极接地形式　　　　(c) 共源-共栅级联形式

图 4.1.7　FET 放大电路的各种接地形式

图 4.1.2 所示电路采用源极接地放大电路形式,这与 2SK241GR 内部特性有关。2SK241GR 的反向传输电容 C_{rss} 为 0.035 pF(典型值),与一般 FET 的 C_{rss} 数皮法相比,是非常微小的。2SK241GR 的内部如图 4.1.8 所示,是由一个源极接地的 FET 与一个栅极接地的 FET 级联构成,形成一个共源-共栅级联电路结构,适合高频

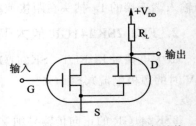

图 4.1.8　2SK241GR 的内部结构

放大应用。

根据厂家资料上的电气特性测试条件,2SK241GR 的电源电压 $V_{DD}=10$ V,在环境温度 25℃时,其最大允许的功率损耗为 200 mW。考虑 FET 在实际使用时本身会发热和在夏季温度的上升,设计时设环境温度可能上升到 60℃。可根据下式计算:

$$P(T_A)=P_{D(max)} \cdot \frac{T_{A(max)}-T_A}{T_{A(max)}-25℃}$$

式中:$P(T_A)$ 为在 T_A(℃)时的允许损耗;$P_{D(max)}$ 为在环境温度 25℃的允许损耗。根据厂家资料:$P_{D(max)}=200$ mW;$T_{A(max)}$ 为最大接点温度 125℃。

把数值代入公式中,得

$$P(60℃)=200 \text{ mW} \times \frac{125℃-60℃}{125℃-25℃}=130 \text{ mW}$$

从厂家提供的 P_D 与 T_A 关系曲线(见图 4.1.9),找出在 T_A 为 60℃时,对应 P_D 为 130 mW,所以 2SK241GR 工作在安全区内。

漏极电流 $I_D=P(T_a)/V_{DD}$,即 $I_D=130$ mW/10 V$=13$ mA。按图 4.1.10 所示电路,可以调整源极电阻 R_S 的数值,使 2SK241GR 的漏极电流为 8~10 mA。但在本设计中,2SK241GR 采用零偏压,I_{DSS} 为 8~10 mA,R_S 的数值为 0 Ω。

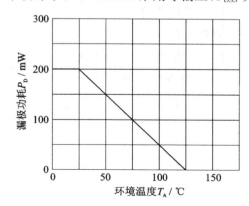

图 4.1.9　P_D 与 T_A 的关系

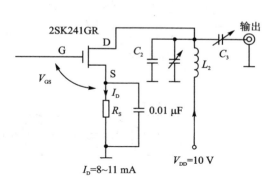

图 4.1.10　利用源极电阻 R_S 调整漏极电流 I_D

3. 负载阻抗

从厂家提供的 I_D 与 V_{GS} 关系曲线(见图 4.1.11)和 I_D 与 V_{DS} 关系曲线(见图 4.1.12)可见,2SK241GR 在电源电压为 10 V、栅-源间电压 V_{GS} 为 0 V、漏极电流为 10 mA 时,若负载电阻 $R_L \approx 600$ Ω,则漏极电流的增加与减少相等,可获得最大的输出。

电路负载电阻 R_L 为 50 Ω,为与 2SK241GR 最佳负载电阻 600 Ω 匹配,需要输出匹配网络。

全国大学生电子设计竞赛制作实训(第 3 版)

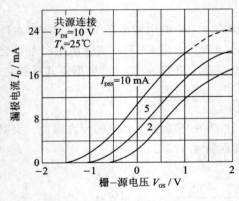

图 4.1.11　I_D 与 V_{GS} 关系

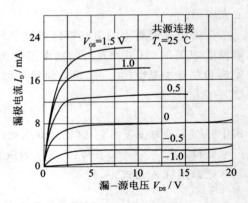

图 4.1.12　I_D 与 V_{DS} 关系

输出匹配网络电路如图 4.1.13 所示，由 LC 谐振电路与 50 Ω 的负载电阻匹配。当图中的 c—c′ 端子之间连接 $R_4 = 50$ Ω 时，从 a—a′ 端子所见的阻抗将成为纯电阻 600 Ω。将图 4.1.13(a) 所示输出匹配网络分解为图 4.1.13(b)。

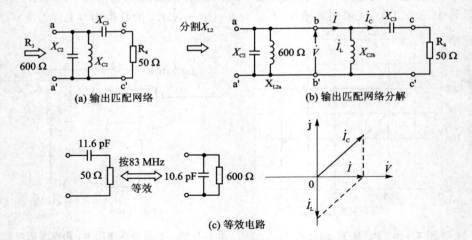

图 4.1.13　输出部分需要与谐振电路之间的 L 匹配

按设计要求：BW = 10 MHz，$f_o = 83$ MHz，$Q_L = 8.3$，

$$X_{C2} = X_{L2a} = R_L/Q_L \rightarrow X_{C2} = 600\ \Omega/8.3 = 72.3\ \Omega$$

$$C_2 = 26.6\ \text{pF}$$

注意：在图 4.1.2 电路中，采用 $C_2 + C_4$（10 pF + 20 pF）构成。

首先参考电流 $\dot{I}$、$\dot{I}_L$、$\dot{I}_C$ 的向量图，求 X_{L2b}、X_{C3} 的值。

根据

$$\dot{I}_C = \frac{\dot{V}}{R_4 - jX_{C3}} = \frac{R_4 + jX_{C3}}{R_4^2 + X_{C3}^2}\dot{V}$$

184

$$\dot{I}_{\mathrm{L}} = \frac{\dot{V}}{\mathrm{j}X_{\mathrm{L2b}}} = -\mathrm{j}\frac{1}{X_{\mathrm{L2b}}}\dot{V}$$

并由 $\dot{I} = \dot{I}_{\mathrm{C}} + \dot{I}_{\mathrm{L}}$,得

$$\dot{I} = \frac{R_4 + \mathrm{j}X_{\mathrm{C3}}}{R_4^2 + X_{\mathrm{C3}}^2}\dot{V} - \mathrm{j}\frac{1}{X_{\mathrm{L2b}}}\dot{V}$$

要使由 b—b′端子间所见的阻抗成为纯电阻 600 Ω, $\dot{I}$ 的虚部应为 0,实部为 $\dot{V}/\dot{I} = $ 600 Ω。

实部:

$$\dot{V}/\dot{I} = R_4 + X_{\mathrm{C3}}^2/R_4 = 600$$

把 $R_4 = 50$ Ω 代入式中,则

$$50 + X_{\mathrm{C3}}^2/50 = 600$$

从而,得

$$X_{\mathrm{C3}} \approx 166\ \Omega$$

由此求 C_3,可得

$$C_3 = \frac{1}{2}\pi f_0 X_{\mathrm{C3}} = \frac{1}{2}\pi \times 83 \times 10^6\ \mathrm{Hz} \times 166\ \Omega \approx 11.6\ \mathrm{pF}$$

式中: f_0 为中心频率; C_3 采用 20 pF(微调电容器)。

虚部:

$$\mathrm{j}\left(\frac{X_{\mathrm{C3}}}{R_4^2 + X_{\mathrm{C3}}^2} - \frac{1}{X_{\mathrm{L2b}}}\right) = 0$$

$$\frac{166}{50^2 + 166^2} - \frac{1}{X_{\mathrm{L2b}}} = 0$$

因此 $X_{\mathrm{L2b}} = 196$ Ω。而 X_{L2} 为 X_{L2a} 与 X_{L2b} 的并联合成,故由

$$X_{\mathrm{L2}} = \frac{1}{\dfrac{1}{X_{\mathrm{L2a}}} + \dfrac{1}{X_{\mathrm{L2b}}}}$$

得

$$X_{\mathrm{L2}} = \frac{1}{\dfrac{1}{72.3\ \Omega} + \dfrac{1}{196\ \Omega}} = 53.0\ \Omega$$

$$L_2 = X_{\mathrm{L2}}/(2\pi f_0) = 53.0/(2\pi \times 83 \times 10^6\ \mathrm{Hz}) = 0.0994\ \mu\mathrm{H}$$

利用前面的业余无线电计算图表(见图 4.1.5)可求得线圈 L_2 的内径为 9 mm, 长度为 8 mm,线径为 0.8 mm,绕 3.5 圈。

4.1.4　射频小信号放大器的制作步骤

1. 印制电路板制作

按印制电路板设计要求,设计射频小信号放大器电路的印制电路板图,参考设计[45]如图 4.1.14 所示。采用一块 40 mm×75 mm 单面印制电路板。印制电路板制作过程请参考《全国大学生电子设计竞赛技能训练(第 2 版)》。

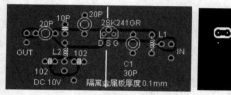
(a) 元器件布局图

(b) 印制电路板图

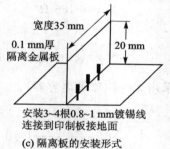
(c) 隔离板的安装形式

图 4.1.14　射频小信号放大器的印制电路板图

注意:

(1) 射频电路印制电路板图设计有特殊要求。

(2) 电路需要一块 35 mm×20 mm 的隔离板,并将隔离板用一根直径为 0.8~1 mm 的镀银导线焊接到电路印制电路板接地面上。

(3) 射频电路的印制电路板材料选择环氧树脂玻璃布板(Glass-Epoxy)。

(4) 射频小信号放大器的印刷电路图形有射频信号流过,应注意避免形成电感。图形不但要呈直线而且粗大,以面形相连接。应扩大接地图形面积,以降低阻抗。输入信号与输出信号应避免在接地面上交叉。一些设计示例如图 4.1.15 所示。

2. 元器件焊接

按图 4.1.14(a)所示,将元器件逐个焊接在印制电路板上,元器件引脚要尽量短。元器件焊接方法与要求请参考《全国大学生电子设计竞赛技能训练(第 2 版)》有关章节。

注意:元器件布局图中所有元器件均未采用下标形式。

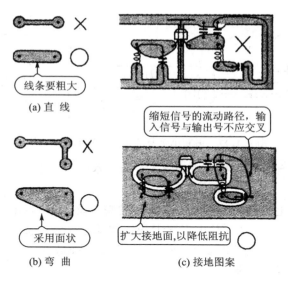

图 4.1.15　印制电路板图设计示例

如图 4.1.16 所示，注意防止输出信号反馈至输入电路。尤其应该注意防止线圈彼此之间引起的耦合。为防止印刷电路板上线圈之间的电磁耦合，两个线圈应呈直角，并减小耦合系数。还可以采用立隔离板的方法。电路输入回路的线圈 L_1 采取平放安装，输出回路的线圈 L_2 则竖立安装，以使线圈彼此之间不致发生电磁耦合；并且采用竖起的 0.1 mm 的黄铜板（可以采用印制电路板）当作隔离板，用以防止经由静电电容所引起的耦合。

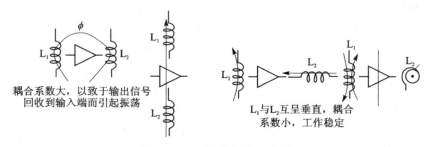

图 4.1.16　元器件装配示例

3．调　试

1）电路调试

射频小信号放大器的调试电路方框图如图 4.1.17 所示，需要标准信号产生器 SSG(Standard Signal Generator)与电场强度计。

如果没有此测试仪器，也可以采用自制的简易型标准信号产生器，以及附有调谐电表的 FM 收音机。为防止在调试时受到外来电波与噪声等的影响，可以将射频小

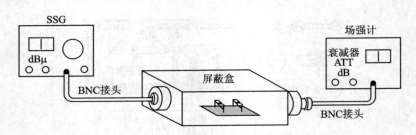

图 4.1.17 射频小信号放大器调试电路方框图

信号放大器置于由印刷电路板做成的隔离盒内。本电路需要调整的元器件有可变电容器 C_1、C_2 和 C_3。

首先,将 C_3 的电容量旋置 1/2 位置,SSG 的频率设定为 83 MHz,输出电平设定为 $+20$ dBμ,然后调整 C_1 与 C_2,使电场强度指针摆动至最大。接着再调整 C_3,使电场强度计的摆动为最大。然后逐步将 SSG 的输出电平降低 $0\sim10$ dBμ 后再对 C_1、C_2 和 C_3 做 $2\sim3$ 次的反复调整。

通过以上调整,可以使本电路功率增益与 NF 调整到一个比较理想的指标。

2）功率增益测试

首先,将 SSG 的输出电平设定为 0 dBμ,直接连接电场强度计,调整电场强度计的增益（GAIN）旋钮,使电场强度计的衰减器也位于 0 dBμ。

接着,按图 4.1.17 所示方式连接,调整电场强度计的衰减器,使其成为 0 dBμ,此时衰减器当前值就是功率增益值。

所制作射频小信号放大器测得的功率增益为 $22\sim25$ dB（@83 MHz）。

3）频率特性的测试

利用图 4.1.17 的连接方式,改变频率,分别求出各频率的功率增益值,可以观察其频率特征响应。频带响应带宽 BW 等于在中心频率 83 MHz 的功率增益值下降 3 dB 的 2 个点间的频率差。

输入回路与输出回路的频带宽分别设计为 10 MHz。由于整个电路采用 LC 谐振回路,因此电路的整体选择性指标 Q 会增高,使带宽 BW 变窄。

本电路在实际制作时,如果放大元器件使用 CaAs 型的 FET,则可以使信噪比指标进一步提高。

4.1.5 实训思考与练习题：制作 MAX2611 LNA 放大器

试采用 MAX2611 制作一个频率范围 DC$\sim$1100 MHz 的 LNA 放大器,参考电路和印制电路板图如图 4.1.18 所示。MAX2611 是一个单电源（$+5$ V）工作的 LNA 放大器芯片;3 dB 带宽为 DC$\sim$1 100 MHz;在 500 MHz 时,增益为 18 dB,噪声系数为 3.5 dB。MAX2611 有关资料请登录 www. maxim-ic. com. cn 查询。设计印制电路板时请注意,MAX2611c 采用 SOT - 143 封装。图中隔直电容器 $C_{\mathrm{BLOCK}}=$

$(53\,000/f)\,\mathrm{pF}$，其中 f 为最小工作频率，单位为 MHz。

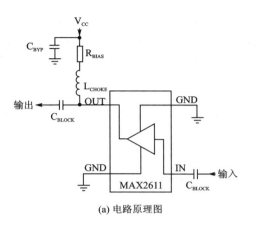

(a) 电路原理图

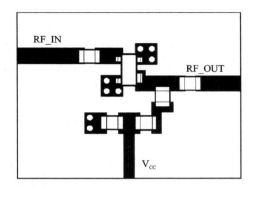

(b) 印制电路板图

图 4.1.18　MAX2611 LNA 放大器电路和印制电路板图

4.2　射频功率放大器

4.2.1　实训目的与器材

实训目的：制作一个 1 W/50 MHz 射频功率放大器。

实训器材：常用电子装配工具、万用表、示波器、1 W/50 MHz 射频功率放大器电路元器件，如表 4.2.1 所列。

表 4.2.1　1 W/50 MHz 射频功率放大器电路元器件

符　号	名　称	型　号	数　量
Q1	VHF 功率放大晶体管	2SC1790	1
U1	三端稳压器	78L05	1
D1	二极管	1S1588	1
R_1	电位器	1 kΩ	1
C_1,C_2,C_4~C_9	电容器	CC－1 000 pF/100 V	8
C_3	电容器	CD11－10 μF/50 V	1
C_{10},C_{11}	电容器	CA－0.1 μF/25 V	2
T1	传输线变压器	4∶1,环式磁芯 FT 37♯43,ϕ0.3 mm 漆包线,双绕式绕法,5 圈	1
T2	输出变压器	环式铁芯 FT50－♯61,线圈匝数 $N=15$,ϕ0.6 漆包线	1

4.2.2　2SC1970 的主要特性

2SC1970 是一个用于 VHF 频带的射频功率放大 NPN 型晶体管，功率增益 $G_{rc} = 9.2$ dB($f = 175$ MHz, $V_{CC} = 13.5$ V, $P_{IN} = 0.12$ W)，采用 TO - 220 封装，封装尺寸如图 4.2.1 所示，图中①为基极，②为集电极，③为发射极，④为集电极（散热板）。2CS1790 的主要技术指标如表 4.2.2 所列。

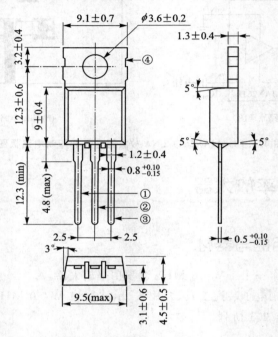

图 4.2.1　2CS1790 封装形式

表 4.2.2　2CS1790 电气特性($T_c = 25℃$)

参　数	名　称	测试条件	参　数		
			最小值	标准值	最大值
V_{CBO}	射-基极击穿电压	$I_E = 1$ mA, $I_C = 0$	4 V		
V_{EBO}	集-基极击穿电压	$I_C = 5$ mA, $I_E = 0$	40 V		
V_{CEO}	集-射极击穿电压	$I_C = 50$ mA, $R_{BE} = \infty$	17		
I_{CBO}	集电结漏电流	$V_{CB} = 25$ V, $I_E = 0$			100 μA
I_{EBO}	发射结漏电流	$V_{EB} = 3$ V, $I_C = 0$			100 μA
h_{FE}	直流放大系数	$V_{CE} = 10$ V, $I_C = 0.1$ A 脉冲测试	10	50	180
P_o	输出功率	$V_{CC} = 13.5$ V, $f = 175$ MHz, $P_{IN} = 0.12$ W	1 W	1.3 W	
η_C	集电极效率	$V_{CC} = 13.5$ V, $f = 175$ MHz, $P_{IN} = 0.12$ W	50%	60%	

4.2.3 射频功率放大器的电路结构

采用 2SC1970 构成的 VHF 频带的射频功率放大器电路如图 4.2.2 所示。电路采用 AB 类放大形式,输入阻抗 Z_i 为 50 Ω,输出阻抗 Z_o 为 50 Ω,带宽为 1～50 MHz,功率增益 G_P 为 10 dB,最大输出功率为 1 W,电源电压 V_{CC} 为 12 V。

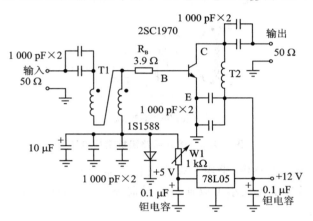

图 4.2.2 2SC1970 射频功率放大器电路

1. 输入回路阻抗变换电路

输入回路阻抗变换电路如图 4.2.3 所示,可实现一个频带为 1～50 MHz,50～12.5 Ω 的阻抗变换。阻抗变换采用传输线变压器形式,端子 a-c 之间与 b-c 之间的匝数比为 2︰1,其阻抗比为 4︰1。端子 a-c 连接 50 Ω 阻抗的信号源,端子 b-c 连接功率晶体管的基极与发射极,输入电阻为 12.5 Ω,以实现输入回路阻抗匹配。

注意:如果所使用的晶体管不同,基极与发射极输入电阻不同,传输线变压器的匝数也需要改变,例如为 9︰1 等。

图 4.2.3(c)所示,传输线变压器利用 Amjdon 公司所生产的环式磁芯(ToroidalCore)FT 37♯43,使用直径 0.3 mm 的漆包线以双绕式(Bifilar winding)并绕法,在磁芯上卷绕 5 圈。图中黑点记号为表示绕线的同名端,有 a、b、c 共 3 个端子。

2. 增益 10 dB(1 W)晶体管放大电路

采用 2SC1970 制作一个宽频带功率放大器,放大器工作在 AB 类,带宽为 1～50 MHz,电源电压采用 12 V,输入输出阻抗为 50 Ω。从图 4.2.4 中 2SC1970 输出功率、输入功率与电源电压的关系可见,输出功率为 1 W,电源电压为 12 V,假设输入功率为 0.1 W 时,则放大器的功率增益 G 为

$$G = 10 \lg 10 = 10 \text{ dB}$$

1)基极偏置电流调整及温度补偿

AB 类放大器在没有信号时,也有少许基极电流,集电极电流是基极电流的 h_{FE}

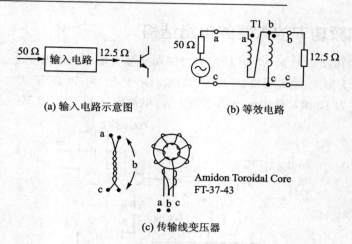

(a) 输入电路示意图　　　　　(b) 等效电路

(c) 传输线变压器

图 4.2.3　输入回路阻抗变换电路

倍。在图 4.2.5 所示电路中，采用三端集成稳压器 78L05 构成的 5 V 稳压电源，给基极回路供电。基极电流大小可以通过电位器 W1（1 kΩ）调整，使集电极电流在静态时约为 50 mA。

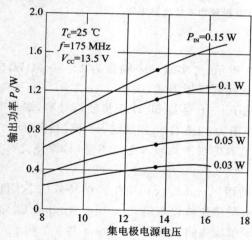

图 4.2.4　2SC1970 输出功率、
输入功率与电源电压的关系

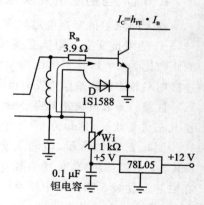

图 4.2.5　基极偏置电流
调整及温度补偿

晶体管的基极与射极间是一个 PN 结，当温度变化时，正向压降 V_{BE} 将以 $-2.0 \sim -2.5$ mV/℃变化，即随着温度上升，基极-射极间的电位差减小，基极电流增加。基极电流随温度上升而增加时，会使集电极电流成比例增加，集电极功耗也会增加，导致温度进一步上升，继而使基极电流增加，最终导致晶体管烧毁。

温度上升→电流增加→温度上升→……如此循环，不断增加，最终会产生热崩溃

现象,损坏晶体管。

为了解决这一问题,如图 4.2.5 所示,可以在基极-发射极间并联一个二极管 1S1588,贴紧晶体管安装,构成一个热结合形式。当温度上升时,虽然晶体管的 V_{BE} 会减小,但是二极管的正向电压也会减小,使偏置电流稳定,防止热崩溃现象发生。

2) 基极电阻 R_B 的作用

从图 4.2.6 可知,晶体管 2SC1970 的输入阻抗为 10 Ω 左右,而且输入阻抗值并非为一固定值。晶体管的输入阻抗会随着输入信号的振幅而变化。如图 4.2.7 所示,在基极串接一个电阻 R_B,从输入的信号源看进去的阻抗变化减小。R_B 作为恒流电阻,可以使基极电流的变化减小。而且,也可以提高功率放大器的线性,防止在高频时发生异常振荡。

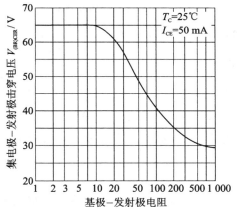

图 4.2.6 晶体管 2SC1970 的输入阻抗

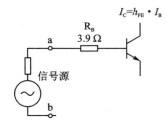

图 4.2.7 晶体管的基极电阻 R_B 的作用

注意:加入电阻 R_B 会增加功率损耗,使放大器的增益下降。

3) 集电极功耗与环境温度

在频率为 175 MHz 时,2SC1970 功耗特性数据如图 4.2.8 所示。此数据在 1～50 MHz 时,可以直接适用。一般而言,频率愈低效率愈高。因此,实际情形比计算值要好。

由图 4.2.8(a)可知,输入功率为 0.1 W,输出功率 $P_O = 1$ W 时,集电极效率 $\eta = 0.62$。此条件下求 2SC1970 温度上升的状况,按无散热板的情况计算。

首先求集电极功耗 P_C,根据

$$\eta = \frac{P_O}{P_O + P_C}$$

得

$$P_C = \frac{P_O - \eta P_O}{\eta} = \frac{1\ \mathrm{W} - 0.62 \times 1\ \mathrm{W}}{0.62} = 0.612\ \mathrm{W}$$

全国大学生电子设计竞赛制作实训(第 **3** 版)

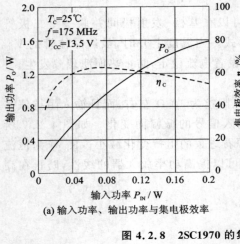

(a) 输入功率、输出功率与集电极效率

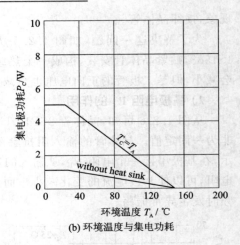

(b) 环境温度与集电功耗

图 4.2.8　2SC1970 的集电极功耗、效率与环境温度

再求 $P_C = 0.612$ W 时的环境温度 T_A，根据下式

$$P(T_A) = P_{max}\left(\frac{T_{max} - T_A}{T_{max} - 25℃}\right)$$

可计算求得 $T_A = 73.5℃$，即在无散热板时也能够满足设计要求。

注意：功率放大器的集电极功耗会产生热量，加装散热片是防止温度上升最常用的方法。

4) 负载阻抗与最大集极电流

2SC1970 的集电极电流与 I_B 和 V_{CE} 的关系如图 4.2.9 所示。晶体管的负载阻抗值可以由输出功率与电源电压求得。首先假设放大器工作在 AB 类，输出功率 $P_O = 1$ W，电源电压 $V_{CC} = 12$ V，由图 4.2.10 可以求出负载阻抗 R_L 值。

由于输出功率

$$P_O = \frac{V_{rms}^2}{R_L} = \frac{\left(\dfrac{V_{CC} - V_{CEsat}}{\sqrt{2}}\right)^2}{R_L} = \frac{(V_{CC} - V_{CEsat})^2}{2R_L}$$

假设 $P_O = 1$ W，$V_{CC} = 12$ V，$V_{CEsat} = 2$ V，则

$$R_L = \frac{(12\text{ V} - 2\text{ V})^2}{2 \times 1\text{ W}} = 50\ \Omega$$

$$i_{Cmax} = \frac{V_{CC} - V_{CEsat}}{R_L} = \frac{12\text{ V} - 2\text{ V}}{50\ \Omega} \approx 0.2\text{ A}$$

如图 4.2.10 所示，求晶体管的集电极电流峰值为 0.2 A。因为晶体管工作在 AB 类，电流流通时间还不到半个周期，所以晶体管可以工作在集电极最大峰值电流状态。加上晶体管工作在 AB 类的偏置电流 0.05 A，$I_c = 0.25$ A。2SC1970 的最大集电极电流为 0.6 A，晶体管工作在额定范围内。

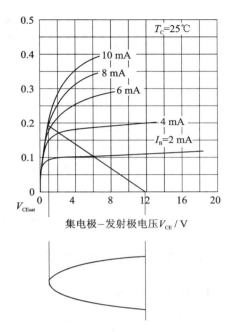

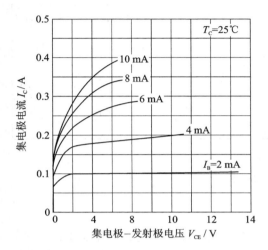

图 4.2.9　集电极电流与 I_B 和 V_{CE} 的关系

图 4.2.10　晶体管的集电极的峰值电流

5）输出回路阻抗变换电路

为了使放大电路与负载 R_L 能够阻抗匹配，输出电路也需要阻抗变换电路。由于晶体管的输出阻抗在输出 1 W 时正好为 50 Ω，因此，不需要进行阻抗变换。

图 4.2.11 中 T2 为 RFC（高频扼流圈），在 1～50 MHz 时，T2 的阻抗最少也要为 R_L 值的 2 倍，即 100 Ω。假设在频率为 1 MHz 时的阻抗为 100 Ω，T2 的电感量为

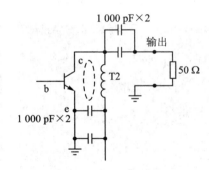

图 4.2.11　功率放大电路的输出级

$$L = \frac{100\ \Omega}{2\pi \times 1 \times 10^6} = 1.59 \times 10^{-5}\ \text{H} = 15.9\ \mu\text{H}$$

使用环式铁芯 FT50-♯61。从表 4.2.3 所列的铁芯数据可求出线圈匝数 $N=15$，采用 φ0.6 的漆包线。

图 4.2.11 中的电容器为并联连接，目的是为了增加电容器的电流容量，降低阻抗。

表 4.2.3　输出变压器 T2 的圈数求法

每 1000 圈的电感量(mH)与匝数之计算式					备　注
品名材料	#63	#61	#43	#77	#75	
FT－23	7.9	24.8	188.0	396.0	990.0	
FT－37	17.7	55.3	420.0	884.0	2 210.0	
FT－50	22.0	68.0	523.0	1 100.0	2 750.0	
FT－82	22.4	79.3	557.0	1 268.0	2 930.0	
FT－114	25.4	101.0	603.0	1 610.0	3 170.0	
FB－801	—	—	1565.0	—	—	
FB－101	—	—	609.0	—	—	

备注：

$$匝数 = 1000\sqrt{\frac{期望电感(mH)}{每\,1000\,圈的电感(mH)}}$$

使用上式求出指定电感量所需要的匝数，误差为±20%

使用 Amidom 公司 Toroidal

当 $f = 1$ MHz 时，假设 $Z = 100\ \Omega$

$$L = \frac{100}{2\pi \times 1 \times 10^6} = 1.59 \times 10^{-5}\,H = 15.9\ \mu H$$

$$匝数\ N = 1000\sqrt{\frac{15.9 \times 10^{-3}}{68.0}} = 15$$

4.2.4　射频功率放大器的制作步骤

1. 印制电路板制作

按印制电路板设计要求，设计 2SC1790 射频功率放大器电路的印制电路板图，参考设计[45]如图 4.2.12 所示，选用一块 60 mm×45 mm 单面环氧敷铜板。印制电路板制作过程请参考《全国大学生电子设计竞赛技能训练（第 3 版）》。

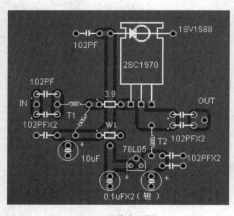

(a) 元器件布局图

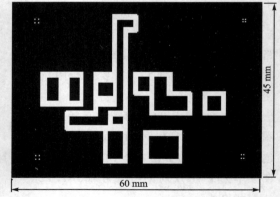

(b) 印制电路板图

图 4.2.12　宽频带功率放大器元器件布局和印刷电路板图

2. 元器件焊接

按图 4.2.12 所示，将元器件逐个焊接在印制电路板上，元器件引脚要尽量短。2SC1790 最后焊接，卧式焊接在印制电路板上，要使用绝缘薄片安装在接地面上。温度补偿用的二极管 1S1588 应紧贴在 2SC1970 的散热翼安装。元器件焊接方法与要求请参考《全国大学生电子设计竞赛技能训练(第 2 版)》有关章节。

注意：元器件布局图中所有元器件均未采用下标形式。

3. 调　试

首先,把基极端的 1 kΩ 电位器 W1 置于最大值,再加上 12 V 电源电压。调节 W1,使集电极电流为 50～70 mA。制作好的射频功率放大器电路即可正常工作。

4.2.5　实训思考与练习题：制作 MAX2601／2602 功率放大器

试采用 MAX2601/MAX2602 制作一个频率范围从 DC～1 000 MHz 的功率放大器,一个在 836 MHz 输出功率为 1 W(30 dBm)的功率放大器参考电路和印制电路板图如图 4.2.13 和图 4.2.14 所示。MAX MAX2601/MAX2602 是一个单电源 (+2.7～+5.5 V)工作的功率放大器芯片,工作频率范围为 DC～1 000 MHz,在 900 MHz 时输出功率为 1 W。MAX2601/MAX2602 有关资料请登录 www.maxim-ic.com.cn 查询。设计印制电路板时请注意,MAX2601/MAX2602 采用 PSOPII-8 封装。

197

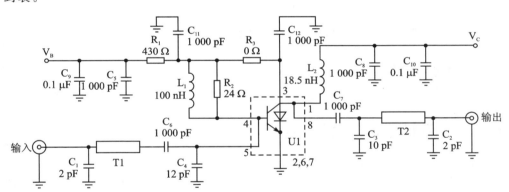

图 4.2.13　电路原理图

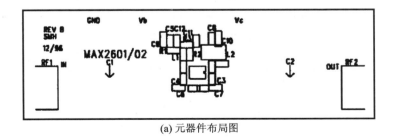

(a) 元器件布局图

图 4.2.14　MAX2601/MAX2602 功率放大器印制电路板图

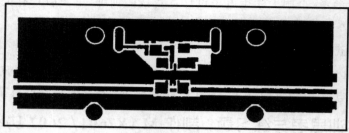

(b) 顶层印制电路板图

(c) 底层印制电路板图

图 4.2.14　MAX2601/MAX2602 功率放大器印制电路板图(续)

4.3　VCO 振荡器

4.3.1　实训目的与器材

　　实训目的：制作一个 10～20 MHz VCO 振荡器。

　　实训器材：常用电子装配工具、万用表、示波器、10～20 MHz VCO 振荡器电路元器件，如表 4.3.1 所列。

表 4.3.1　10～20 MHz VCO 振荡器电路元器件

符　号	名　称	型　号	数　量	备　注
Q1,Q2	晶体管	2SC1906	2	TO-92
D1	变容二极管	1SV149	1	1SV100
U1	三端稳压器	78L12	1	
W1	电位器	10 kΩ	1	
W2	电位器	2 kΩ	1	
C_1, C_9	电容器	CD11-22 μF/25 V	2	
$C_2, C_5 \sim C_8, C_{10}$	电容器	CC-0.01μF/100V	6	
C_3	电容器	CC-680 pF/100 V	1	
C_4	电容器	CC-22 pF/100 V	1	

符　号	名　称	型　号	数　量	备　注
C_{11},C_{12}	电容器	CC - 0.1 μF/100 V	2	
L_1	电源滤波电感	120 μH	1	
L_2	谐振回路电感	1.45 μH	1	FCZ21 - 10
R_1	电阻器	RTX - 0.125 W - 2 kΩ	2	
$R_3 \sim R_4$	电阻器	RTX - 0.125 W - 47 kΩ	2	
R_5	电阻器	RTX - 0.125 W - 1.5 kΩ	1	
R_6	电阻器	RTX - 0.125 W - 33 kΩ	1	
R_7	电阻器	RTX - 0.125 W - 22 kΩ	1	
R_8	电阻器	RTX - 0.125 W - 220 Ω	1	
R_9	电阻器	RTX - 0.125 W - 50 Ω	1	

4.3.2　VCO 振荡器的主要器件特性

1. 振荡器和缓冲器用晶体管

振荡器和缓冲器用晶体管采用 VHF 频带放大用晶体管 2SC1906，f_T 为 600～1 000 MHz，集电极-基极电压为 30 V，集电极-发射极电压为 19 V，集电极电流为 50 mA，允许集电极功耗为 300 mW，采用 TO - 92 封装。

2. 变容二极管 1SV149

变容二极管 1SV149 的最小电容比为 $C_{1V}/C_{8V}=15$，$Q_{min}=200$，封装形式如图 4.3.1 所示，引脚端 1 为阳极，引脚端 2 为阴极。变容二极管 1SV149 电气特性如表 4.3.2 所列。电容 C 与反向电压 V_R 的关系如图 4.3.2 所示，Q 值与反向电压 V_R 的关系如图 4.3.3 所示。1SV149 同组器件电容误差为 ±2.5%，计算式为

$$\frac{C_{max} - C_{min}}{C_{min}} \leqslant 0.025 \qquad (V_R = 1 \sim 8 \text{ V})$$

表 4.3.2　变容二极管 1SV149 电气特性

参　数	符　号	测试条件	最小值	典型值	最大值
反向电压/V	V_R	$I_R=10$ μA	15		
反向电流/nA	I_R	$V_R=15$ V			50
电容器/pF	C_{1V}	$V_R=1$ V，$f=1$ MHz	435		540
电容器/pF	C_{8V}	$V_R=8$ V，$f=1$ MHz	19.9		30.0
电容比	C_{1V}/C_{8V}		15.0	19.5	
Q 值	Q	$V_R=1$ V，$f=1$ MHz	200		

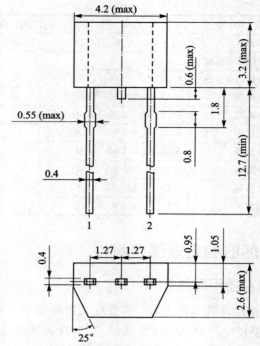

注：图中长度单位为mm。

图 4.3.1　1SV149 封装尺寸

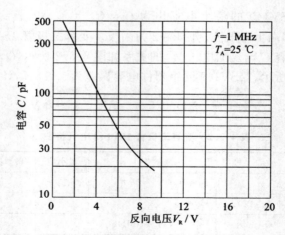

图 4.3.2　电容 C 与反向电压 V_R 的关系

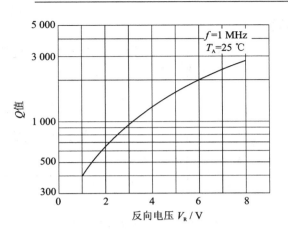

图 4.3.3　Q 值与反向电压 V_R 的关系

4.3.3　VCO 振荡器的电路结构

1. VCO 振荡器电路结构

10～20 MHz 的 VCO 振荡器电路如图 4.3.4 所示,电路结构方框图如图 4.3.5 所示。

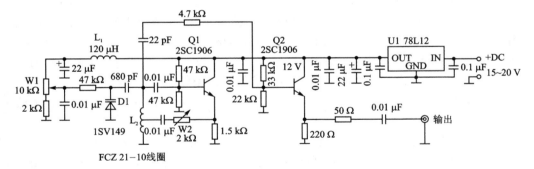

图 4.3.4　VCO 振荡器电路

图 4.3.5　VCO 振荡器电路方框图

在 VCO 振荡器电路中,Q1 为振荡用的晶体管,Q2 为缓冲器电路用晶体管。振荡器采用哈特莱振荡电路形式,LC 回路的 C 采用变容二极管,利用电压改变振荡器频率。振荡器的输出级采用晶体管构成的缓冲器电路。

2. LC 振荡器

LC 振荡器采用哈特莱(Hartley)型结构。哈特莱型振荡电路如图 4.3.6 所示，由晶体管放大电路与 LC 谐振回路构成。

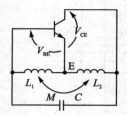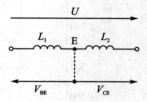

图 4.3.6　哈特莱振荡电路结构

当 L_1 与 L_2 的互感为 M 时，合成电感 L 为

$$L = L_1 + L_2 + 2M$$

哈特莱振荡电路的振荡频率 f 可以用下式表示：

$$f = \frac{1}{2\pi\sqrt{LC}}$$

作为振荡器，反馈信号需要满足相位条件。合成电感 L 从中间抽头 E 点，左边的线圈为 L_1，右边的线圈为 L_2。假定合成电感 L 所产生的电压为 U，此时，L_1 与 L_2 所产生的电压属同方向。但是以中间抽头 E 点作基准来看 L_1 与 L_2 的电压，以中间抽头 E 点为基准的电压 V_{BE} 与 V_{CE} 的相位相反，相位差为 $180°$。V_{BE} 是晶体管放大器的输入信号，与输出信号 V_{CE} 相位差为 $180°$。其结果，反馈信号的相位差合计为 $360°$，反馈信号满足振荡器要求的相位条件。

振荡电路的振荡频率设计为 $10 \sim 20$ MHz，电感 $L = 1.45$ μH，可以从市售的线圈中挑选，也可以自制。

并联的电容器 C 使用变容二极管 1SV149，也可以使用特性相同的 1SV100。从变容二极管 1SV149 的电压-电容特性(V-C 特性)可见，对于反向电压 $1 \sim 9$ V，电容量变化为 $500 \sim 20$ pF。

因此在 LC 谐振回路上，按图 4.3.7 所示，在变容二极管上串接一个 680 pF 的电容器 C_S，并使加在变容二极管上的反向电压 V_R 为 2 V，此时变容二极管的电容为 300 pF。两电容器合成的电容量 C 为

$$C = \frac{680 \text{ pF} \times 300 \text{ pF}}{680 \text{ pF} + 300 \text{ pF}} \approx 208 \text{ pF}$$

振荡电路的振荡频率 f_{min} 为

$$f_{min} = \frac{1}{2\pi\sqrt{LC}} = \frac{1}{2\pi\sqrt{1.45 \times 10^{-6} \text{ H} \times 208 \times 10^{-12} \text{ F}}} = 9.16 \text{ MHz}$$

如图 4.3.7(b)所示，加在变容二极管上的反向电压 V_R 为 9 V 时，两电容器合成

的电容量为

$$C' = \frac{680 \text{ pF} \times 20 \text{ pF}}{680 \text{ pF} + 20 \text{ pF}} \approx 19.4 \text{ pF}$$

所以

$$f_{\max} = \frac{1}{2\pi \sqrt{1.45 \times 10^{-6} \text{ H} \times 19.4 \times 10^{-12} \text{ F}}} = 30.0 \text{ MHz}$$

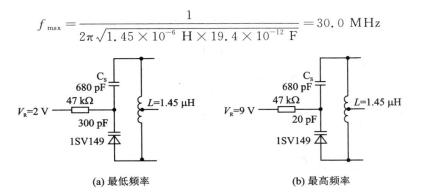

(a) 最低频率　　　　　　　　(b) 最高频率

图 4.3.7　LC 回路振荡频率的范围

　　根据以上计算结果,振荡频率为 $9.16 \sim 30.0$ MHz。

　　哈特莱振荡电路如图 4.3.8 所示。振荡电路的晶体管 Q1 采用 VHF 频带放大用晶体管 2SC1906,振荡电路的工作点由两只 47 kΩ 的电阻与连接在发射极的 1.5 kΩ 电阻所决定。线圈与发射极间的电位器 W2,用来调节反馈量,稳定振荡点。从图 4.3.8 可见,晶体管集电极功耗为:

$$P_{\text{C}} = V_{\text{CE}} \times I_{\text{C}} = 6.7 \text{ V} \times 3.53 \text{ mA} \approx 23.7 \text{ mW}$$

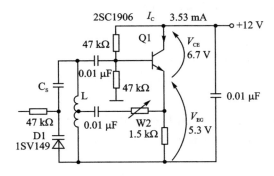

图 4.3.8　哈特莱振荡电路

3. 缓冲电路

　　为减少负载直接与振荡电路连接对振荡频率的影响,输出采用高输入阻抗的射极跟随器电路,如图 4.3.9 所示。采用晶体管 2SC1906,基极输入采用电容器和电阻耦合,以减少对 LC 谐振回路的影响。射极跟随器的输出阻抗低,串接一个 50 Ω 的电阻,使输出阻抗约为 50 Ω。从图 4.3.9 可见,晶体管集电极功耗 $P_{\text{C}} = V_{\text{CE}} \times I_{\text{C}} =$

$(12\ \text{V}-1.4\ \text{V})\times18.6\ \text{mA}\approx147\ \text{mW}$。

注意：振荡电路的波形，无论从振荡电路晶体管的基极（谐振电路）端或发射极端取出皆可，从实际测量可见，谐振电路的波形与发射极端波形是有差异的，发射极的波形失真较大。

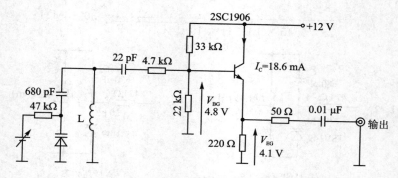

图 4.3.9　输出缓冲器电路

4.3.4　VCO 振荡器的制作步骤

1．印制电路板制作

按印制电路板设计要求，设计 VCO 振荡器电路的印制电路板图，参考设计[45]如图 4.3.10 所示。采用一块 50 mm×100 mm 单面印制电路板。印制电路板制作过程请参考《全国大学生电子设计竞赛技能训练（第 2 版）》。

注意：射频电路印制电路板图设计的一些特殊要求。

2．元器件焊接

按图 4.3.10(a)所示，将元器件逐个焊接在印制电路板上，元器件引脚要尽量短。元器件焊接方法与要求请参考《全国大学生电子设计竞赛技能训练（第 2 版）》有关章节。

线圈 L 装在屏蔽壳内，屏蔽壳焊接在接地面上。

调节频率用的电位器 W1 安装在基板上，因为只是调节变容二极管的直流电压，对连接线没有其他要求。

3．调　试

1）振荡器的稳定性调整

振荡器的稳定性调整是通过调节电位器 W2 来实现的，W2 向左转动，电阻值增大，反馈量减小，振荡器可能会停振；W2 向右转动，电阻值减小，反馈量增大，振荡加强。但反馈量过大，振荡器输出波形会产生失真。

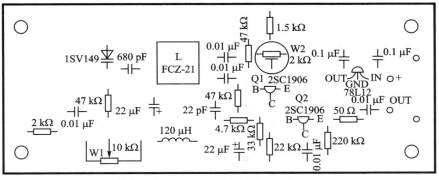

(a) 元器件布局图

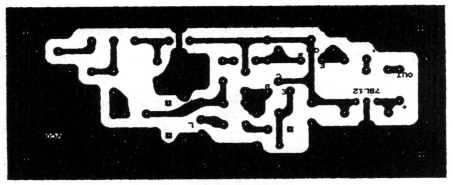

(b) 印制电路板图

图 4.3.10 VCO 振荡器电路的印制电路板图

2) 调整振荡频率范围

首先,旋转 W1 到左端,使加到变容二极管的电压达到最小,大约为 2 V。在此状态下调节线圈 L 的磁芯,把振荡器频率调整到 9～10 MHz。然后转动 W1 到右端,使加到变容二极管的电压达到最大,大约为 12 V。此时的振荡器频率应为 20～30 MHz。

如果希望增大振荡器频率的变化比 f_{max}/f_{min},可增大串接于变容二极管的电容器,例如将 680 pF 更换为 1000 pF。

测量按图 4.3.5 所制作的 LC 振荡电路,加到变容二极管的电压在 2～16 V 之间变化,振荡器频率可以在 9～24.5 MHz 范围内变化。但是需要注意的是,输出电压的振幅也随振荡器的频率而变化。

如果与计算值相比,最低振荡频率与计算值的 $f_{min}=9.16$ MHz($V_R=2$ V 时)相近,但是最高振荡频率则比计算值的 $f_{max}=30$ MHz($V_R=9$ V 时)低。

影响高端频率下降的原因是装配引起的分布电容与晶体管的电极间电容,如图 4.3.11 所示。在振荡器频率低端($f_{min}=9$ MHz),谐振回路的电容量为 208 pF,几皮法的分布电容与晶体管的电极间电容与其并联,影响不大。在振荡器频率高端

（f_{max}＝30.0 MHz），谐振回路的电容量为 19.4 pF，几皮法的分布电容与晶体管的电极间电容与其并联，影响不容忽视。注意：振荡器频率越高，分布电容与晶体管的电极间电容的影响越不能够忽视。

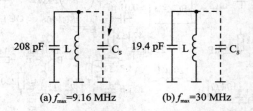

(a) f_{max}=9.16 MHz　　(b) f_{max}=30 MHz

图 4.3.11　振荡回路上分布电容与极间电容的影响

4.3.5　实训思考与练习题 1：制作 VXO 晶体振荡器

试采用 2SC1906、1SV161 和晶振制作一个 VXO 晶体振荡器，参考电路图如图 4.3.12 所示。

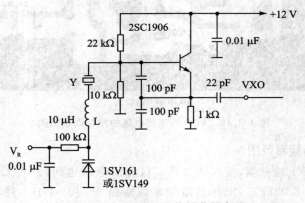

图 4.3.12　VXO 晶体振荡器电路

制作提示：

晶体振荡电路的振荡频率可以利用 V_R 调节。晶振的等效电路如图 4.3.13(a) 所示，是在 L_S、C_S、R_S 的串联电路上并联 C_0，C_0 是晶振的极间电容，其振荡频率介于图 4.3.13(b) 所示电抗特性的串联谐振频率 f_S 与并联谐振频率 f_P 之间。

如图 4.3.13(a) 所示，f_S＝$1/(2\pi\sqrt{L_S C_S})$，求 L_X 串接于晶体振荡器时的串联谐振频率 f_X，有

$$f_X = 1/(2\pi\sqrt{(L_S + L_X)C_S})$$

由此可知，串联谐振频率因为 L_X 的接入而降低。L_X 的电抗可以通过串接的电容器值进行改变，使振荡频率发生变化。

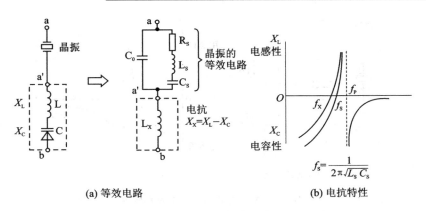

(a) 等效电路　　　　　　　　　(b) 电抗特性

图 4.3.13　VXO 电路工作原理

4.3.6　实训思考与练习题 2：制作 10 MHz 晶体振荡器

试采用 2SC945 和晶振制作一个 10 MHz 的晶体振荡器，参考电路图如图 4.3.14 所示。

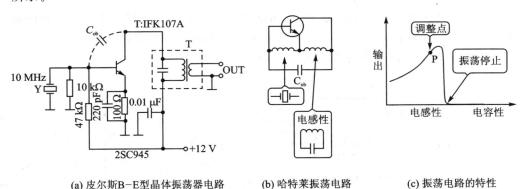

(a) 皮尔斯B−E型晶体振荡器电路　　　(b) 哈特莱振荡电路　　　(c) 振荡电路的特性

图 4.3.14　皮尔斯 B−E 振荡电路的构成

制作提示：

晶体振荡电路采用皮尔斯（Pierce）B−E 型振荡电路结构，该电路利用了晶振电抗的电感性，此电感作为线圈应用在电路中。

晶振的等效电路和特性如图 4.3.15 所示。

f_S 与 f_P 的计算公式如下：

$$f_S = \frac{1}{2\pi\sqrt{LC}} \qquad\qquad f_P = \frac{1}{2\pi\sqrt{L \cdot \dfrac{C \cdot C_O}{C + C_O}}}$$

式中：f_S 为串联谐振频率；f_P 为并联谐振频率。

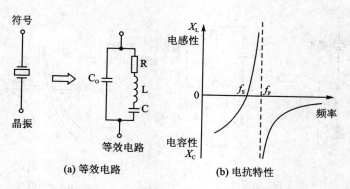

(a) 等效电路　　　　　(b) 电抗特性

图 4.3.15　晶振的等效电路和特性

振荡器工作的范围在电抗呈电感性的 $f_S \sim f_P$ 之间，由于晶振元器件的固有振动是机械性的动作，$f_S \sim f_P$ 的范围非常窄，所以具有较大的 Q 值和优异的频率稳定度。

如图 4.3.14 所示的皮尔斯 B－E 电路，原型是哈特莱振荡电路结构，哈特莱振荡电路的电容器利用晶体管的集电极–基极间电容 C_{cb}。

改变晶振连接方式，可构成一个采用皮尔斯（Pierce）C－B 型振荡电路结构的晶体振荡电路，如图 4.3.16 所示。该电路利用了晶振电抗的电感性，此电感作为线圈应用在电路中。电路原型为考毕兹振荡电路。

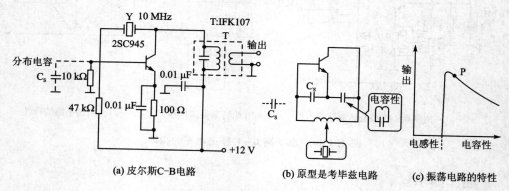

(a) 皮尔斯 C-B 电路　　　　(b) 原型是考毕兹电路　　　(c) 振荡电路的特性

图 4.3.16　皮尔斯 C－B 振荡电路

4.3.7　实训思考与练习题 3：制作频率可调的晶体振荡器

试采用 2SC2347 和晶振制作一个振荡频率可微调的晶体振荡器，参考电路图如图 4.3.17 所示。

制作提示：

图 4.3.17 所示晶体振荡电路原型是考毕兹振荡电路。缺点是电路产生的波形

有失真,含有高频谐波成分。与晶振串接的微调电容器能够对振荡频率进行微调。

在图 4.3.17 所示晶体振荡电路晶体管集电极串接一个 LC 谐振回路,如图 4.3.18 所示,LC 谐振回路调谐在基波的三倍频率上,可以作为一个三倍频(30 MHz)的振荡器电路。

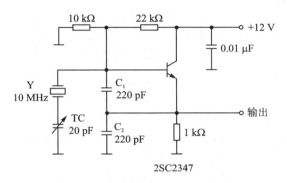

图 4.3.17　振荡频率可微调的晶体振荡电路

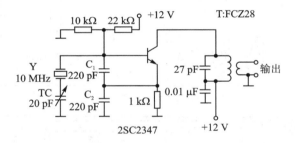

图 4.3.18　三倍频振荡电路

4.3.8　实训思考与练习题 4:制作 100 kHz～10 MHz 的晶体振荡器

试采用 74HCU04、74HC4518 和晶振制作一个 100 kHz～10 MHz 的晶体振荡器,参考电路图和印制电路板图如图 4.3.19 所示。

制作提示:

图中 74HCU04 构成一个晶体振荡器电路,利用 74HC4518 是双 BCD(十进制)计数器进行分频,通过计数器振荡频率被分频为 1/10 和 1/100。

74HCU04 是一个高速的 6 反相门电路,$t_{PHL}/t_{PLH}=5$ ns,输入电容 $C_1=3.5$ pF,内部结构如图 4.3.20 所示。74HC4518 内部结构如图 4.3.21 所示。

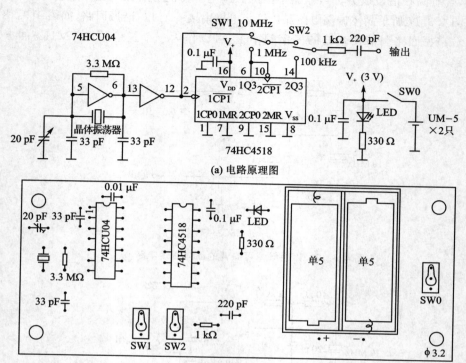

(a) 电路原理图

(b) 元器件布局图

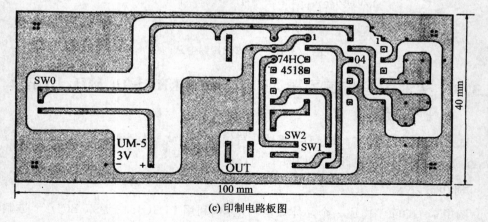

(c) 印制电路板图

图 4.3.19　100 kHz～10 MHz 的晶体振荡器电路和印制电路板图

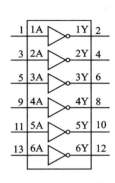

图 4.3.20 74HCU04 内部结构

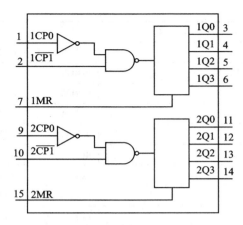

图 4.3.21 74HC4518 内部结构

4.4 PLL - VCO 环路

4.4.1 实训目的与器材

实训目的：制作一个 PLL - VCO 环路。

实训器材：常用电子装配工具、万用表、示波器、PLL - VCO 环路电路元器件，如表 4.4.1 所列。

表 4.4.1 PLL - VCO 环路电路元器件

符　号	名　　称	型　号	数量	备注
U1	PLL 锁相环	MB1504_PLL	1	
U2	VCO	MC1648	1	
U3	线性驱动器	AD8320	1	
U4	三端稳压器	7809	1	
U5,U6	三端稳压器	78L05	2	
Q1	晶体管	C9013	1	S9013
Q2,Q3	晶体管	C9012	2	S9012
D1,D2	变容二极管	1SV149	2	MV149
D3,D4	开关二极管	1N4148	2	
R_1, R_2, R_{11}	电阻器	RTX - 0.125 W - 22 kΩ, ±5%	3	
R_3, R_4, R_{14}, R_{17}	电阻器	RTX - 0.125 W - 10 kΩ, ±5%	4	
R_5, R_6	电阻器	RTX - 0.125 W - 47 kΩ, ±5%	2	

符　号	名　称	型　号	数　量	备　注
R_7	电阻器	RTX – 0.125 W – 100 Ω, ±5%	1	
R_8, R_{13}	电阻器	RTX – 0.125 W – 1 kΩ, ±5%	2	
R_9, R_{11}	电阻器	RTX – 0.125 W – 22 kΩ, ±5%	3	
R_{10}	电阻器	RTX – 0.125 W – 4.7 kΩ, ±5%	1	
R_{12}	电阻器	RTX – 0.125 W – 5.6 kΩ, ±5%	1	
R_{15}	电阻器	RTX – 0.125 W – 33 kΩ, ±5%	1	
R_{16}	电阻器	RTX – 0.125 W – 100 kΩ, ±5%	1	
R_{18}	电阻器	RTX – 0.125 W – 50 Ω, ±5%	1	
R_{70}	电阻器	RTX – 0.125 W – 115 Ω, ±5%	1	
C_1	电容器	CC – 30 pF/100 V	1	
C_2	电容器	CC – 0.01 μF/100 V	1	103
C_3	电容器	CC – 0.1 μF/100 V	1	104
C_4, C_7, C_8, C_{10}, C_{30}, C_{40}, C_{50}	电容器	CD11 – 10 μF/25 V	7	
C_5, C_{20}, C_{26}	电容器	CD11 – 1 μF/25 V	3	
C_6, C_{23}, $C_{30} \sim C_{33}$, $C_{40} \sim C_{43}$, C_{51}, C_{52}, $C_{61} \sim C_{63}$, $C_{70} \sim C_{74}$	电容器	CL – 0.1 μF/100 V	19	
C_{11}, C_{24}, C_{25}	电容器	CC – 100 pF/100 V	3	101
C_{12}	电容器	CL – 0.01 μF/100 V	1	
C_{22}	电容器	CC – 51 pF/100 V	1	
C_{60}	电容器	CD11 – 100 μF/25 V	1	
J1, J5	插头	5pin headers	2	
J3, J4	插头	3pin headers	2	
J2	插头	2pin headers	3	
J6, J7	插座	BNC jack	2	
Y1	晶振	20.0000 MHz	1	

4.4.2　PLL – VCO 环路的主要器件特性

　　MB1504 PLL 芯片是利用吞咽脉冲程序分频(变模分频)技术的单片串行输入频率合成芯片,芯片内部包含有振荡器、参考分频器、可编程分频器、相位比较器、锁存器、移位寄存器、双模高速前置分频器和移位控制锁存器等电路,内部结构方框图如图 4.4.1 所示。只需外接环路滤波器、压控振荡器、微处理器等电路即可构成一个完整的全程扫描频率合成器。

　　MB1504 芯片特性:① 最高工作频率 520 MHz;② 片内集成预置分频器;③ 输

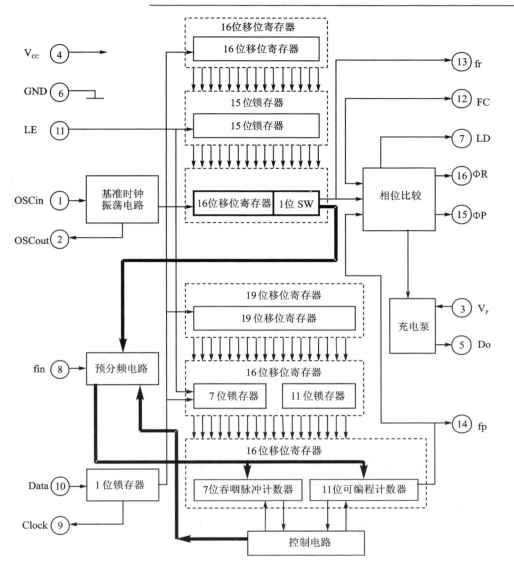

图 4.4.1　MB1504 内部结构方框图

入信号的幅度不低于 200 mV(峰–峰值)，典型值为 400 mV(峰–峰值)；④ 工作电压为
2.7～5.5 V；⑤ 功耗低，工作电压为 3 V，工作频率为 520 MHz 时，功耗仅为 30 mW；
⑥ 串行输入的 18 位可编程分频器包括一个 7 位吞咽脉冲计数器和一个 11 位可编程
计数器；⑦ 串行输入的 15 位可编程基准分频器包括一个 14 位可编程基准计数器和
1 位预置分频率选择位；⑧ 两种相位检测输出。

　　MB1504 采用 DIP - 16 和 SOC - 16 两种封装形式，其引脚功能如表 4.4.2
所列。

表 4.4.2　MB1504 引脚功能

引　脚	符　号	I/O	功　　能
1	OSCin	I	振荡器输入
2	OSCout	O	振荡器输出
3	V_P	—	充电泵电源输入端
4	V_CC	—	电源输出端
5	Do	O	充电泵输出端,输出相位特性由 FC 引脚决定
6	GND	—	电源地
7	LD	O	相位比较输出,相位锁定时,输出高阻态;当失锁时输出低电平
8	fin	I	预分频信号输入
9	Clock	I	时钟输入,上升沿有效
10	Data	I	串行数据输入
11	LE	I	数据锁存允许端
12	FC	O	控制特性反相端,当 FC＝0 时,充电泵和相位比较器输出特性被反相
13	fr	O	可编程基准分频器输出端,相位比较器输入监视端
14	fp	O	可编程分频器输出端,相位比较器输入监视端
15	ΦP	O	外部充电泵输出,相位特性由 FC 引脚决定
16	ΦR	O	外部充电泵输出,相位特性由 FC 引脚决定

串行数据输入使用了引脚 Data、Clock 和 LE 端。控制内部的 15 位可编程基准分频器和 18 位可编程分频器。在时钟脉冲的上升沿,移入一位数据到内部寄存器。当引脚 LE 是高电平或开路时,根据控制位的电平数据被传输到内部的 15 位锁存器或 18 位锁存器。当控制位是 H 时,数据被传输到 15 位锁存器。当控制位是 L 时,数据被传输到 18 位锁存器。

串行数据输入时序如图 4.4.2 所示,在时钟的上升沿,一位数据被移入到移位寄存器。括号内的数据被用于设置可编程基准分频器的分频率。

可编程基准分频器包含一个 16 位移位寄存器、15 位锁存器和 14 位基准计数器。如图 4.4.3 所示为可编程基准计数器数据格式。

可编程分频器包括一个 19 位移位寄存器、一个 18 位锁存器、一个 7 位吞咽脉冲计数器和一个 11 位可编程计数器。19 位可编程计数器数据格式如图 4.4.4 所示。

FC 引脚(引脚 12)具有比较器反相特性,FC 引脚的电平决定 MB1504 内部的充电泵的输出特性和相位检测器的输出(ΦR,ΦP)特性。输出特性如表 4.4.3 所列。

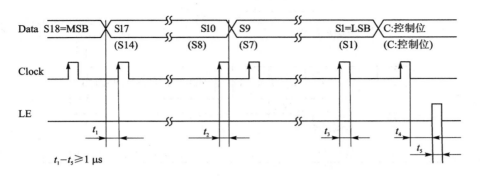

图 4.4.2　串行数据输入时序

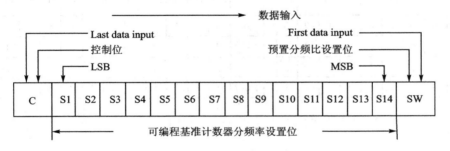

14位可编程基准计数器分频率

分频率	设置位													
	S14	S13	S12	S11	S10	S9	S8	S7	S6	S5	S4	S3	S2	S1
8	0	0	0	0	0	0	0	0	0	0	1	0	0	0
9	0	0	0	0	0	0	0	0	0	0	1	0	0	1
⋮	⋮	⋮	⋮	⋮	⋮	⋮	⋮	⋮	⋮	⋮	⋮	⋮	⋮	⋮
16 383	1	1	1	1	1	1	1	1	1	1	1	1	1	1

注：SW 为预分频选择位，SW＝1，分频比为 32；SW＝0，分频比为 64。

　　S1～S14 为可编程基准计数器分频率编程位(8～16 383)。

　　C 为控制位(应置高电平)。

图 4.4.3　可编程基准计数器数据格式

　　根据 VCO 的控制特性(如图 4.4.5 所示)，FC 引脚应根据如下两种情况进行设置：

- 当 VCO 的控制特性曲线如①时，FC 应设置成高电平或悬空；
- 当 VCO 的控制特性曲线如②时，FC 应设置成低电平。

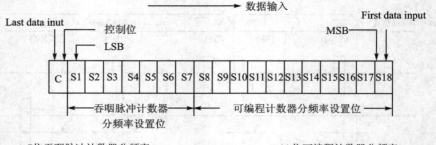

注：S1～S7 为吞咽脉冲计数器编程位(0～127)；S8～S18 为可编程计数器分频率编程位(16～2 047)；
C 为控制位(应置低电平)。

图 4.4.4　可编程计数器数据格式

表 4.4.3　MB1504 的输出特性

特性 频率	FC＝H(或者开路)			FC＝L		
	Do	ΦR	ΦP	Do	ΦR	ΦP
$f_r > f_p$	H	L	L	L	H	Z
$f_r < f_p$	L	H	H	H	L	L
$f_r = f_p$	Z	L	Z	Z	L	Z

注：Z 为高阻状态。

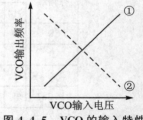

图 4.4.5　VCO 的输入特性

4.4.3　PLL - VCO 环路的电路结构

　　锁相环路 PLL(Phase Locked Loop)是一个相位误差控制系统。它将参考信号与输出信号间的相位进行比较,产生相位误差电压来调整输出信号的相位,以达到参考信号与输出信号同频的目的。数字式锁相频率合成器的基本组成如图 4.4.6 所示,主要由晶振、参考分频器、压控振荡器(VCO)、鉴频/鉴相器(FD/PD)、低通滤波器(LPF)和可编程分频器组成。

　　所设计的 PLL - VCO 环路采用高速 PLL 锁相环芯片 MB1504 为核心,用单片机或其他控制器完成对 MB1504 内部参数进行设置,使 VCO 输出频率锁定在设定的频率上。输出电路采用的可编程线性驱动器 AD8320 可实现输出幅度的精确控

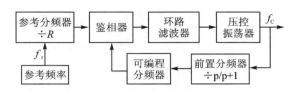

图 4.4.6　数字式锁相频率合成环路的基本组成

制。本 PLL－VCO 环路主要由 MB1504 锁相芯片、MC1648 压控振荡电路、LPF 低通滤波电路、AD8320 驱动电路和电源电路等部分组成,系统组成方框图如图 4.4.7 所示。

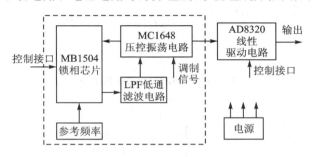

图 4.4.7　PLL－VCO 环路方框图

1. PLL 频率合成电路

由 MB1504 组成的锁相电路如图 4.4.8 所示。外部基准频率信号从芯片引脚端 1 输入;引脚端 7 为失锁状态信号输出;VCO 输出的频率从引脚端 8 输入,MC16848 输出的信号幅度高达 800 mV(峰－峰值)以上,负载能力强,输出信号直接连接到 PLL 芯片信号输入端;9、10、11 引脚端为串行数据输入接口,连接单片机或其他控制模块对其进行编程高置;引脚端 12 为相位检测输出反相端,根据 VCO 控制特性曲线,此脚悬空,其内部有上拉电阻;引脚端 15 和引脚端 16 为相位检测输出端,输出电平根据 FC 引脚的电平以及由输出频率输出相应的电平,经由 Q1 和 Q2 组成的外部电荷泵充电电路后连接到 LPF 低通滤波器输入端。

2. VCO 压控振荡电路

压控振荡器主要由压控振荡芯片 MC1648、变容二极管 MV149 以及 LC 谐振回路组成,电路如图 4.4.9 所示。为达到最佳工作性能,在工作频率要求并联谐振回路的 Q_L＝100。电源采用＋5 V 的电压,一对串联变容二极管背靠背与该谐振回路相连,振荡器的输出频率随加在变容二极管上的电压大小而改变。LPF 输出的中心频率调谐电压经 R_{23} 和音频调制电压合成后经 R_{21} 加到变容二极管上,实现信号的锁定和频率调制。其振荡频率为

$$f(C) = \frac{1}{2\pi\sqrt{LC}}$$

（4.4.1）

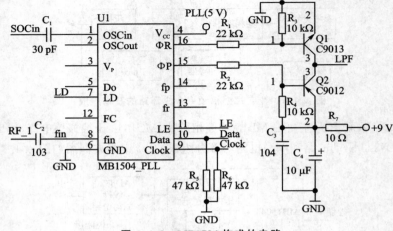

图 4.4.8　MB1504 构成的电路

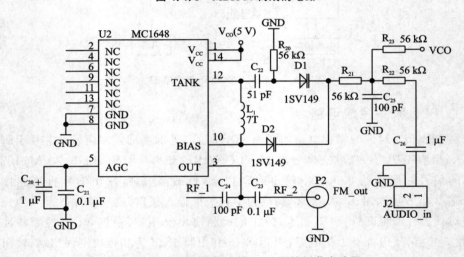

图 4.4.9　MC1648 构成的 VCO 压控振荡电路图

其中

$$\frac{1}{C} = \frac{1}{C_{22}} + \frac{1}{C_{D1}} + \frac{1}{C_{D2}} \tag{4.4.2}$$

VCO 的信号输出，一路送 PLL 芯片，一路送后级放大电路。

3. 低通滤波电路

如图 4.4.10 所示，低通滤波器由 RC 和二极管快速校正电路组成。在频率失锁的状态下，如输出频率低于设定值，锁相环电路输出高电平脉冲电压进行校正。经过 R_8 和 R_9 向 C_7 充电，在 R_9 上产生电压降，从而使二极管 D4 导通，通过 R_{13} 向 C_9 和 C_{10} 充电，使 VCO 的控制电压上升，使输出频率上升；反之，如果输出频率高于设定值，锁相环路输出低电平脉冲电压，C_7 通过 R_9 放电，使 D3 导通，C_{10} 和 C_9 通过 R_{13}

放电,使 VCO 输出频率下降。

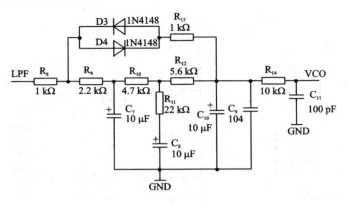

图 4.4.10　LPF 低通滤波电路

锁定后,锁相环输出高阻态。为了提高稳定度,应选用优质电容。如果电容出现漏电情况,那么锁相环电路将输出持续校正电流,降低输出频率的稳定度。D3、D4 和 R_{13} 的接入影响调制信号的低频响应。根据需要可对 R_8 和 R_{13} 进行调整。需要注意的是,如果 D3、D4 与 R_{13} 断开,那么会影响电路的稳定性,很容易使环路进入振荡状态。

4. 频率的计算

MB1504 内部有两个可编程的程序计数器。一个为 15 位的寄存器,包括一个 14 位基准分频寄存器和一位预分选择控制位寄存器;另一个为 18 位的锁存器,包括一个 7 位的吞咽脉冲计数器寄存器和一个 11 位的程序计数器寄存器。其中首先确定参考频率 f_r,f_r 为步长的整数倍。频率间隔采用下式确定:

$$f'_r = \frac{f_r}{R} \tag{4.4.3}$$

确定的吞咽脉冲计数器 A 值和程序计数器 N 值的范围应该在 MB1504 的范围之内,并且必须满足 $N > A$。采用吞咽脉冲计数的方式,式(4.4.4)为总分频率。只要 $N > A$,预分频比 P 固定为 64,合理选择 N 和 A 的值,Σ 即可连续。

$$\Sigma = A(P+1) + (N-A)P = PN + A \tag{4.4.4}$$

此时 VCO 输出频率 f_c 被锁定在

$$f_c = (PN + A)f_r$$

例如:MB1504 的 R 值是由 14 位可编程的基准寄存器组成,可设置的范围为 8～16 383。采用 12.000 MHz 的晶振作为标准频率,对其进行除以 R 分频,R 取 1 200,进行分频后得到 10 kHz 的脉冲信号作为频率间隔 f'_r,预分频比 P 为 64,N 取 125,A 取 0,则输出频率:

$$f_c = (64 \times 125 + 0) \times 10 \text{ kHz} = 80\ 000 \text{ kHz} = 80 \text{ MHz}$$

5. PLL - VCO 环路电路

一个完整的 PLL - VCO 环路电路如图 4.4.11 所示。

220

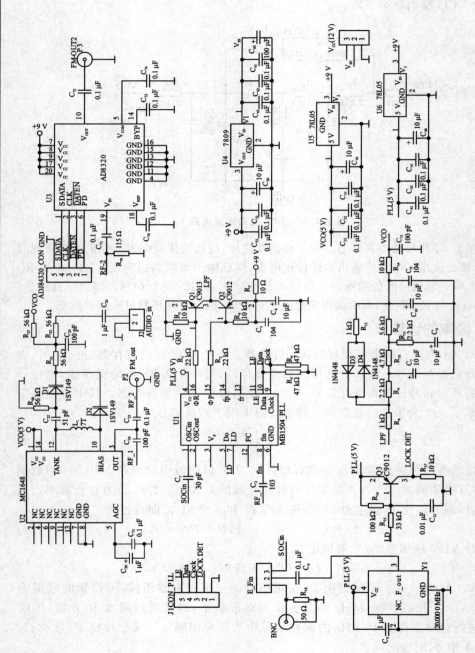

图 4.4.11　PLL-VCO环路电路原理图

4.4.4　PLL‐VCO 环路的制作步骤

1. 印制电路板制作

按印制电路板设计要求,设计 PLL‐VCO 环路电路的印制电路板图,参考设计如图 4.4.12 所示,选用一块 12 cm×12 cm 双面环氧敷铜板。印制电路板制作过程请参考《全国大学生电子设计竞赛技能训练(第 2 版)》。

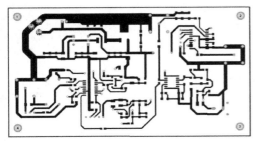　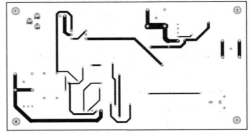

(a) 印制电路板顶层图　　　　　　　　　(b) 印制电路板底层图

图 4.4.12　PLL‐VCO 环路印制电路板图

2. 元器件焊接

按设计要求将元器件逐个焊接在印制电路板上,元器件引脚要尽量的短。U1、U2、U3 最好采用插座安装,插座的缺口标记与印制电路板相应标记对准,注意不要装反。集成电路插入插座时也要注意不要插反。元器件焊接方法与要求请参考《全国大学生电子设计竞赛技能训练(第 2 版)》有关章节。

3. PLL‐VCO 环路的 8051 汇编测试程序

```
        CLK     BIT     P0.0    ;时钟输入

        DAIN    BIT     P0.1    ;串行数据输入

        LAEN    BIT     P0.2    ;锁存允许

        REFH    DATA    30H     ;基准频分频率数据

        REFL    DATA    31H

        PCNH    DATA    32H     ;可编程计数器分频率数据

        PCNM    DATA    33H

        PCNL    DATA    34H

; SW = "0" : Divide ratio of presclaer is 64

; SW = "1" : Divide ratio of prescaler is 32

; Programmable reference divider    S: 16383＞S＞= 8

        ORG     0000H

START:  CLR     LAEN
```

```
        CLR     DAIN
        CLR     CLK
        MOV     REFH, #09H      ;S14~S1: 1 200    (1.2×10⁷)/10⁴ = 1 200
        MOV     REFL, #61H
        MOV     PCNH, #00H
        MOV     PCNM, #125
        MOV     PCNL, #0        ;N = 125×64+0 = 8 000
        LCALL   REFDATA
        LCALL   PCNDATA
        SJMP    $

;;;;;;;;;;;;;;;;;;;;;;;;;;;;;;;;;;;;;;;;;;;;;;;;;;;;;;;;
;—————————基准数据输入—————————;
;;;;;;;;;;;;;;;;;;;;;;;;;;;;;;;;;;;;;;;;;;;;;;;;;;;;;;;;
REFDATA: CLR    LAEN
        CLR     CLK
        CLR     DAIN
        MOV     R0, #REFH
        MOV     R1, #16
        MOV     R2, #8
        MOV     A, @R0
LOOPREF: RLC    A
        MOV     DAIN, C         ; Input data to refence register
        NOP
        SETB    CLK             ; Shift data to refence register
        NOP
        CLR     CLK
        DJNZ    R1, NEXT
        JMP     OUTREF
NEXT:   DJNZ    R2, LOOPREF
        MOV     R2, #8
        INC     R0
        MOV     A, @R0
        JMP     LOOPREF
OUTREF: SETB    LAEN            ;Latch data to refence register
        NOP
        NOP
        CLR     LAEN
        RET

;;;;;;;;;;;;;;;;;;;;;;;;;;;;;;;;;;;;;;;;;;;;;;;;;;;;;;;;
```

```
;——————分频数据输入——————;
;;;;;;;;;;;;;;;;;;;;;;;;;;;;;;;;;;;;;;;;;;;;;;;;;;;;;
PCNDATA:  CLR    LAEN
          CLR    CLK
          CLR    DAIN
          MOV    R0,♯PCNH
          MOV    A,@R0
          SWAP   A
          RL     A
          MOV    R1,♯19
          MOV    R2,♯3
LOOPPCN:  RLCA   A
          MOV    DAIN,C          ;Input data to programable register
          NOP
          SETB   CLK             ;Latch data to programable register
          NOP
          CLR    CLK
          DJNZ   R1,NEXTPCN      ;19_bit data is over
          JMP    OUTPCN
NEXTPCN:  DJNZ   R2,LOOPPCN      ;8_bit data is over
          INC    R0
          MOV    A,@R0
          MOV    R2,♯8
          JMP    LOOPPCN
OUTPCN:   SETB   LAEN            ;Latch data to programable register
          NOP
          NOP
          CLR    LAEN
          RET
          END
```

4. 锁相环的主要参数与测试方法

1) 捕捉带 Δf_V

当锁相环处于一定的固有振荡频率 f_V,并且输入信号的频率 f_1 偏离 f_V 上限值 $f_{I\max}$ 或下限值 $f_{I(\min)}$ 时,环路还能进入锁定状态,则称 $f_{I(\max)} - f_{I(\min)} = \Delta f_V$ 为捕捉带。

2) 同步带 Δf_L

从 PLL 锁定开始,改变输入信号的频率 f_1(向高或向低两个方向变化),直到 PLL 失锁为止,这段频率范围称为同步带。捕捉带 Δf_V 与同步带 Δf_L 的测量如

图 4.4.13 所示。

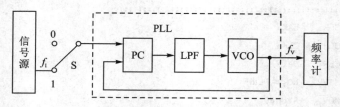

图 4.4.13　捕捉带与同步带的测试示意图

其测试步骤如下：

① 将开关 S 置于 0 处,这时频率计显示 VCO 的固有振荡频率 f_v 的值。

② 将开关 S 置于 1 处,设信号源的输出电压 $V_1 = 200$ mV,选择合适的频率 f_1 ($f_1 > f_v$)值,观察 VCO 的输出 f_v 是否变为 f_1。如果 $f_v = f_1$,则说明环路进入锁定状态。再继续增高 f_1,直到环路刚刚失锁为止,记下此时的频率 f_{I1} 的值,如图 4.4.14 中的①所示。

③ 再减小 f_1,直到环路刚锁定为止,记下此时的频率 f_{I2} 的值($f_v - f_{I2}$),如图 4.4.14 中的②所示。

④ 继续减小 f_1,直到环路再一次刚失锁为止,记下此时的频率 f_{I3} 的值,如图 4.4.14 中的③所示。

⑤ 再增高 f_1,直到环路刚刚进入锁定状态为止,记下此时频率 f_{I4} 的值,如图 4.4.14 中的④所示。

由捕捉带 Δf_V 与同步带 Δf_L 的定义可得：

$$\Delta f_V = f_{I2} - f_{I4} \qquad \Delta f_L = f_{I1} - f_{I3}$$

分析表明,捕捉带 $\Delta \omega_V$（或 Δf_V）与同步带 $\Delta \omega_L$（或 Δf_L）的表达式分别为

$$\Delta \omega_V = K_V K_P \mid F(S) \mid \qquad \Delta \omega_L = K_V K_P$$

式中：K_V——VCO 的电压频率转换增益,或称为控制灵敏度,其表达式为 $K_V = \omega_V(t)/V_d(t)$；

K_P——相位比较器的相位电压转换增益,其公式为 $K_P = V_e(t)/\Delta \theta$；

$F(S)$——低通滤波器的传递函数,其公式为 $F(S) = V_d(t)/V_e(t)$。

通常低通滤波器的 $\mid F(S) \mid \leqslant 1$,故捕捉带 $\Delta \omega_V$ 通常小于同步带 $\Delta \omega_L$,即 $\Delta \omega_V < \Delta \omega_L$。

3）压控振荡器的控制特性曲线

这里指 VCO 的瞬时振荡频率 $\omega_V(t)$ 与控制电压 $V_d(t)$ 的关系曲线,如图 4.4.15 所示。在一定范围内,$\omega_V(t)$ 与 $V_d(t)$ 呈线性关系,可表示为

$$\omega_V(t) = \omega_V + K_V V_d(t)$$

由图可见,式中的电压频率转换增益 K_V 就是特性曲线的斜率。当 $V_d(t) = 0$ 时,VCO 的固有振荡频率为 ω_V 或 f_V。其测量步骤如下：

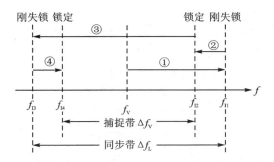

图 4.4.14　捕捉带 Δf_V 与同步带 Δf_L

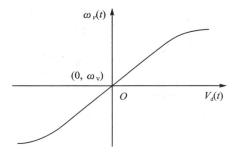

图 4.4.15　VCO 的控制特性曲线

① 将 VCO 的输入、输出与环路断开。

② 使直流控制电压 $V_d = 0$，测量 VCO 的固有振荡频率 ω_V（或 f_V），这时 ω_V（或 f_V）的值由 VCO 的外接定时电阻与电容决定。

③ 使 V_d 由零逐渐增大，直到线性区的临界值（注意更换 VCO 的外接定时电阻与电容）为止，测量与 VCO 对应的输出频率 ω_V（或 f_V）（用表格形式记录 V_d 与 ω_V（或 f_V）的对应值，临界值附近应增加测试点）。

④ 接入负直流控制电压 V_d 重复步骤③。

⑤ 根据记录的实验数据，绘制 VCO 的控制特性曲线，确定 V_d 与 ω_V（或 f_V）的线性范围并求斜率 K_V。

注意：VCO 的固有振荡频率 ω_V（或 f_V）不同，所对应的控制特性曲线的斜率 K_V 也不同；VCO 的控制电压 V_d 不宜超过 PLL 的电源电压。

4.4.5　实训思考与练习题：制作 MC145163P PLL－VCO 电路

试采用 MC145163P 制作一个 PLL－VCO 电路，参考电路和印制电路板图[45]如图 4.4.16 所示。MC145163P 有关资料请登录 www. Freescale. com 查询。设计印制电路板时请注意，MC145163P 采用 DIP－28 封装形式。

制作提示：

1) PLL－VCO 电路结构方框图

采用 MC145163P 制作一个 PLL－VCO 电路结构方框图，如图 4.4.17 所示。PLL－VCO 电路的振荡频率范围为 40～60 MHz，频率步长为 10 kHz，频率稳定度与晶体振荡器相等，振荡波形为正弦波，电源电压为 12～15 V，工作温度为 0～50℃。

电路中，晶体振荡器产生 10.24 MHz 的基准振荡，10.24 MHz 经 MC145163P 的 1/1024 分频后，得到一个频率为 10 kHz 的基准频率 f_r。

VCO 电路产生一个振荡频率 f_{osc} 的信号，由 MC145163P 的 N 分频电路进行 N 分频后，得到一个频率为 f_0 的信号，则 $f_0 = f_{osc}/N$。MC145163P 的分频比 N 的数值，可以利用指拨开关由 BCD(Binary Coded Deci-nal)码设定。

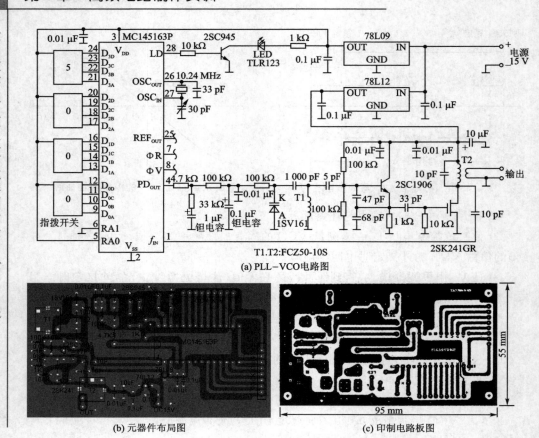

(a) PLL－VCO电路图

(b) 元器件布局图

(c) 印制电路板图

图 4.4.16 MC145163P PLL－VCO 电路和印制电路板图

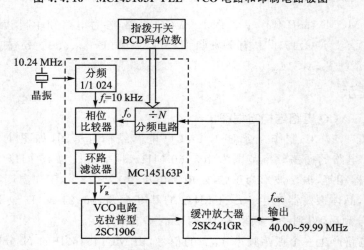

图 4.4.17 PLL－VCO 电路结构方框图

在 MC145163P 芯片中，f_r 与 f_0 由相位比较器进行比较，如果 $f_r \neq f_0$，则有误差检出脉冲产生。误差检出脉冲经环路滤波器变成直流电压，用来控制 VCO 电路的振荡频率以使 $f_r = f_0$。

振荡频率可以利用指拨开关的 BCD 码设定，在 PLL 电路锁定状态时，VCO 振荡频率 f_{OSC} 为

$$f_{OSC} = N \times f_0 = N \times f_r$$

例如将指拨开关的 BCD 码设定为"5 000"，VCO 电路的振荡频率 f_{OSC} 为

$$f_{OSC} = 5\,000 \times 10 \text{ kHz} = 50.00 \text{ MHz}$$

改变指拨开关的数值即可改变 VCO 的振荡频率。

PLL 电路对频率加以反馈控制以达到 $f_r = f_0$，用来控制 VCO 的基准频率 f_r 是由晶体振荡器的频率分频所得，所以 PLL 电路频率稳定度与晶体振荡器相等。

2）MC145163P PLL 集成电路

PLL 集成电路采用 Freescale 公司的 MC145163P。Freescale 公司的 MCl45163P 是 CMOS 大规模集成锁相频率合成器，电源电压是 3～9 V，工作频率为 30 MHz（电源电压 5 V）；电源电压为 9 V 的时候，工作频率将扩展到 80 MHz。引脚端功能如表 4.4.4 所列，内部结构方框图如图 4.4.18 所示。用户只需设计合适的环路滤波器和压控振荡器，就可以构成一个完整的 PLL 频率合成电路。

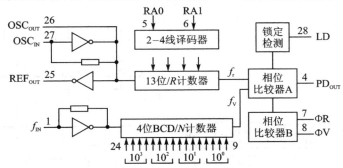

图 4.4.18　MC145163P 内部结构方框图

表 4.4.4　MC145163P 的引脚端功能

引　脚	符　号	功　能
1	f_{IN}	频率合成器的可编程计数器（÷N 分频）输入端，由 VCO 得到 f_{IN} 经电容耦合到引脚端 1
2	V_{SS}	地
3	V_{DD}	电源电压正端（5 V）

引　脚	符　号	功　能
4	PD$_{OUT}$	相位比较器 A 的输出,经环路滤波器作为 VCO 的控制信号。频率 $f_v>f_r$ 或 f_v 相位超前为负脉冲;频率 $f_v<f_r$ 或 f_v 相位滞后为正脉冲;频率 $f_v=$ f_r 或同相位为高阻状态。参见图 4.4.19
5,6	RA0,RA1	RA0、RA1 的 4 种组合决定参考分频器(R 计数器)的分频比。RA1RA0＝ 00,分频比为 512;RA1RA0＝01,分频比为 1 024;RA1RA0＝10,分频比为 2 048;RA1RA0＝11,分频比为 4 096
7,8	ΦR,ΦV	ΦR、ΦV 为相位比较器 B 的输出。频率 $f_v>f_r$ 或 f_v 相位超前,ΦV 为低电平脉冲,ΦR 维持高电平;频率 $f_v<f_r$ 或 f_v 相位滞后,ΦR 为低电平脉冲,ΦV 维持高电平;频率 $f_v=f_r$ 或同相位,ΦV、ΦR 为窄低电平脉冲。参见图 4.4.19
9~24	D$_{0A}$~D$_{3D}$	BCD 输入端。9 脚是个位的 LSB,24 脚是千位的 MSB。片内有下拉电阻, 因此输入开路时为低电平。设置范围 3~9 999
25	REF$_{OUT}$	内部基准振荡器或外部基准信号的缓冲输出
26,27	OSC$_{OUT}$,OSC$_{IN}$	晶体振荡器接入端,构成基准振荡器。配接小容量电容
28	LD	PLL 环锁定时,PLL 锁定检测信号为高电平,外接三极管驱动发光管显示

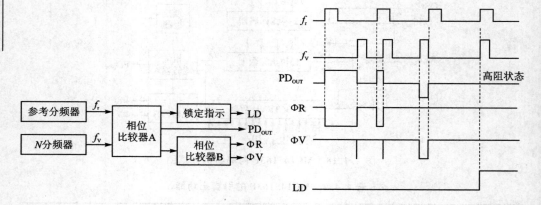

图 4.4.19　PDout、ΦR、ΦV 与 f_r、f_v 的关系

3) VCO 电路

　　VCO 电路采用克拉普振荡电路(见 4.3 节),利用线圈与变容二极管的组合,使振荡频率达到 40~60 MHz。线圈使用 FCZ50 - 10S,电感标称值为 0.68 μH,可调节磁芯以减小电感。变容二极管使用 1SV161,电容变化比 C_{min}($V_R=2$ V)/C_{max} ($V_R=25$ V)＝10.5。

4.5　调频发射机

4.5.1　实训目的与器材

实训目的：制作一个基于 MC2833 的调频发射机。

实训器材：常用电子装配工具、万用表、示波器、扫频仪、调频发射机电路在不同输出频率的元器件如表 4.5.1 所列，其他元器件如表 4.5.2 所列。

表 4.5.1　在不同输出频率发射机电路中所使用的各元器件的参数

符　号	元器件参数			型　号
	49.7 MHz	76 MHz	144.6 MHz	
Y1/MHz	16.566 7	12.600 0	12.05	
L_t/MHz	3.3～4.7	5.1	5.6	
L_1/μH	0.22	0.22	0.15	
L_2/μH	0.22	0.22	0.10	
R_{e1}/Ω	330	150	150	RTX－0.125 W
R_{b1}/Ω	390	300	220	RTX－0.125 W
C_{C1}/pF	33	68	47	CC
C_{C2}/pF	33	10	10	CC
C_1/pF	33	68	68	CC
C_2/pF	470	470	1 000	CC
C_3/pF	33	12	18	CC
C_4/pF	47	20	12	CC
C_5/pF	220	120	33	CC

注：所有的线圈使用 7 mm 的屏蔽电感，如 CoilCraft 系列的 M1175A、M1282A、M1289A 和 M1312A，或者使用同类型产品。

表 4.5.2　调频发射机电路其他元器件

名　称	型　号	数　量
调频发射机集成电路 U1	MC2833	1
电阻器	RTX－0.125 W－1.0 kΩ	2
电阻器	RTX－0.125 W－2.7 kΩ	1
电阻器	RTX－0.125 W－4.7 kΩ	1
电阻器	RTX－0.125 W－100 kΩ	2

续表 4.5.2

名　　称	型　　号	数　量
电阻器	RTX - 0.125 W - 120 kΩ	1
电阻器	RTX - 0.125 W - 390 kΩ	1
电容器	CA - 1 μF/50 V	1
电容器	CC - 47 pF/100 V	1
电容器	CC - 51 pF/100 V	1
电容器	CC - 56 pF/100 V	1
电容器	CC - 470 pF/100 V	1
电容器	CC - 1000 pF/100 V	1
电容器	CC - 4700 pF/100 V	2
电容器	CL - 0.22 μF/100 V	1
电容器	CD11 - 1.0 μF/50 V	1

4.5.2　MC2833 的主要特性

MC2833 是 Freescale 公司生产的单片调频发射电路,芯片内部包含有麦克风放大器、压控振荡器、两个晶体管等电路;采用片上晶体管放大器可获得＋10 dBm 功率输出,采用直接射频输出方式,－30 dBm 输出功率可以达到 60 MHz,工作电源电压为 2.8～9.0 V,电流消耗为 2.9 mA。MC2833 的引脚封装形式如图 4.5.1 所示。

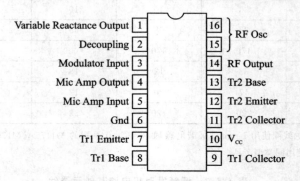

图 4.5.1　MC2833 的引脚封装形式

4.5.3　调频发射机的电路结构

基于 MC2833 的调频发射机电路原理图如图 4.5.2 所示,对于不同输出频率发射机电路所使用的元器件的参数如表 4.5.1 所列。晶振 Y1 使用基频模式,校准采用 32 pF 电容。

MC2833 的 RF 缓冲器输出(引脚端 14)和晶体管 Q2、Q1 被用来作为 2 倍频和 3

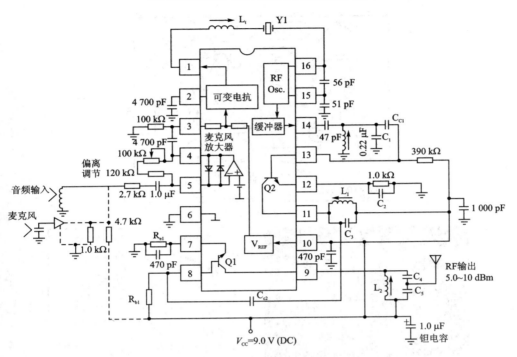

图 4.5.2　基于 MC2833 的调频发射机电路

231

倍频，在 49.7 MHz 和 76 MHz 发射器中，在 Q1 晶体管是作为一个线性放大器，在 144.6 MHz 发射机中，Q1 晶体管作为倍频器。

在电源电压为 $V_{CC}=8.0$ V 时，对于 49.7 MHz 和 76 MHz 发射机，输出功率是 +10 dBm；对于 144.6 MHz 发射机，输出功率是 +5.0 dBm。

4.5.4　调频发射机的制作步骤

（1）印制电路板制作。按印制电路板设计要求，设计 MC2833 的调频发射机电路的印制电路板图，参考设计[50]如图 4.5.3 所示，选用一块 50 mm×40 mm 双面环氧敷铜板。印制电路板制作过程请参考《全国大学生电子设计竞赛技能训练（第 2 版）》。

注意：MC2833 有 DIP‐16 和 SO‐16 两种封装形式。

（2）元器件焊接。按图 4.5.3(a)所示，将元器件逐个焊接在印制电路板上，元器件引脚要尽量的短。U1 最好采用插座安装，插座的缺口标记与印制电路板相应标记对准，注意不要装反。集成电路插入插座时也要注意不要插反。元器件焊接方法与要求请参考《全国大学生电子设计竞赛技能训练（第 2 版）》有关章节。

（3）调试。装配完毕后，检测引脚端 14、13 和 11，应有图 4.5.4 所示波形。参数测量方法请参考《全国大学生电子设计竞赛技能训练（第 2 版）》有关章节。

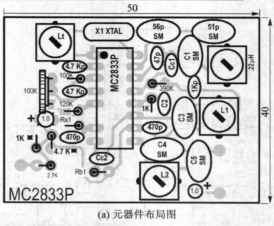

(a) 元器件布局图

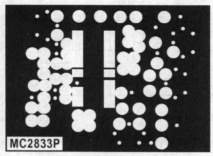

(b) 印制电路板顶层图

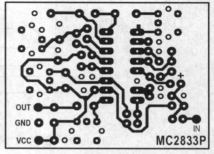

(c) 印制电路板底层图

图 4.5.3　MC2833 的应用电路原理图和印制板图

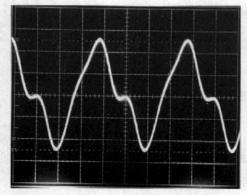

(a) 引脚端14的波形

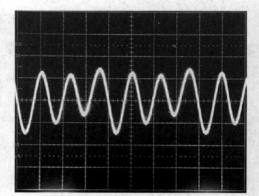

(b) 引脚端13的波形

图 4.5.4　引脚端 11、13、14 输出波形

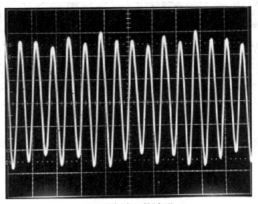

(c) 引脚端11的波形

图 4.5.4　引脚端 11、13、14 输出波形(续)

4.5.5　实训思考与练习题 1：制作 FM 无线麦克风

试制作一个 FM 无线麦克风,参考设计的 FM 无线麦克风电路和印制电路板图[45]如图 4.5.5 所示。

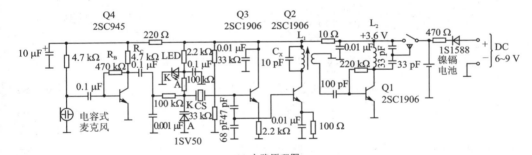

(a) 电路原理图

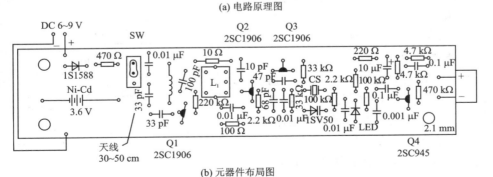

(b) 元器件布局图

图 4.5.5　FM 无线麦克风电路和印制电路板图

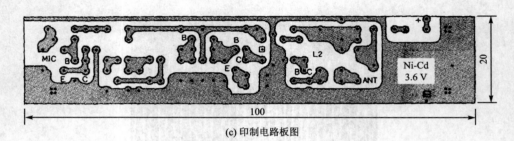

(c) 印制电路板图

图 4.5.5　FM 无线麦克风电路和印制电路板图(续)

制作提示：

1) 电路结构

图 4.5.5(a)所示电路原理图的电路方框图如图 4.5.6 所示，由麦克风、音频放大器、FM 振荡器、7 倍频器和 FM 发射功率放大器组成。电路发射频率范围为 76～90 MHz，频偏为±75 kHz，发射距离为 20 m。可以采用市售的 FM 收音机当作接收机。

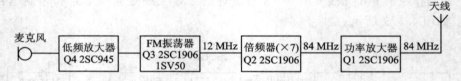

图 4.5.6　FM 无线麦克风的电路方框图

在图 4.5.5 中，CS 是陶瓷谐振器，型号为 CSA12.0MX；L_1 电感采用 FCZ80 7S；L_2 为自制电感，采用直径 0.7 mm 漆包线，匝数为 7，内径为 5 mm，长度为 10 mm。电源使用 3.6 V，50 mAh 的镍镉电池，并焊接在基板上。由输出电压为 DC 6～9 V 的 AC 电源适配器进行充电(印制电路板应该有充电端)。也可以将 3 节 4 号或 5 号干电池串联使用，此时的电源电压为4.5 V，可以不改变电路参数。

2) 麦克风放大电路

麦克风放大器电路如图 4.5.7 所示，放大来自麦克风的音频信号，提供给变容二极管组成的 FM 振荡器电路。麦克风使用电容式麦克风，输出电压为几毫伏至几十毫伏，经晶体管 2SC945 放大到几百毫伏，作为 FM 振荡器电路的调制信号。

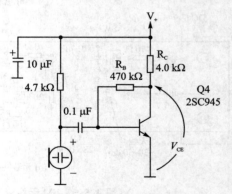

图 4.5.7　麦克风放大器电路

麦克风放大器电路采用自偏置形式,自偏置电阻 R_B 连接在晶体管的集电极与基极之间,利用集电极的电压确定基极偏置电流,调节工作点。电阻 R_C 可调整电路增益。对于一个晶体管电路,若温度上升,则基极-发射极间电压 V_{BE} 减小,基极电流 I_B 会增加;对于自偏置电路则是 I_B 增加→I_C 增加→V_{CE} 减小→I_B 减小→I_C 减小,由此可以抑制集电极电流的变化,防止晶体管因温度上升而导致热失控。可根据晶体管的 h_{FE} 调整 R_B 的数值。

3) FM 振荡电路

FM 振荡器电路如图 4.5.8 所示,使用 f_T 为 600～1 000 MHz 的晶体管 2SC1906,电路工作原理见 VCO 电路部分。将音频调制信号加在与陶瓷谐振器 CS 串接的变容二极管 1SV50,改变变容二极管的电容值,可实现频率调制。陶瓷谐振器工作在感性区,等效为一个电感。陶瓷谐振器的振荡频率为 12 MHz,振荡电路信号频率为 12 MHz。

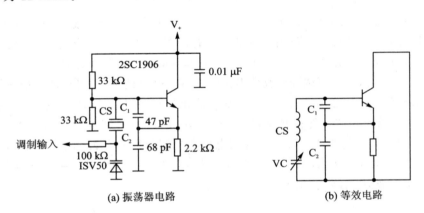

图 4.5.8　频率调制电路

要产生 76～90 MHz 频率范围的 FM 信号,需要的倍频电路如图 4.5.9 所示。该电路工作在非线性状态,一方面放大振荡器的输出信号,另一方面作为倍频器工作。晶体管 2SC1906 集电极电流为失真的脉冲状态,集电极 LC 调谐回路调谐在 84 MHz,可输出一个振荡电路信号频率 7 倍的信号,即 12 MHz×7＝84 MHz。倍频器输出 84 MHz 的 FM 信号,经功率放大(2SC1906)后从天线发射出去。

无线麦克风可以使用附有电平表的 FM 收音机进行调整。调节 L_1 可以调整无线麦克风的输出电平。采用无感螺丝刀调节缓缓转动 L_1 的磁芯,并使 FM 收音机的调谐表指示达到最大。调整后的磁芯,应处在线圈中间位置。如果将线圈的电感调节到最大,也未落于谐振点时,应将谐振回路的 10 pF 电容器 C_X 更换为 12 pF 或 15 pF 的电容器。

全国大学生电子设计竞赛制作实训(第3版)

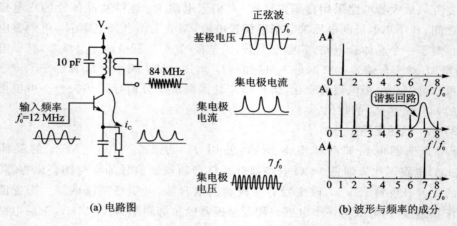

(a) 电路图   (b) 波形与频率的成分

图 4.5.9　倍频电路的工作原理

调整音频放大器晶体管 Q4 的集极电阻 R_C,可以调节调制度。当声音小、调制度又不足时,应增大 R_C 数值;当声音破裂带有过调制倾向时,则应调小 R_C 数值。

在有些地区,会出现无线麦克风的振荡频率与广播电台频率重叠的情形。此时应将无线麦克风的振荡频率调开。改变提供给变容二极管的电压,可以改变振荡器的频率。图 4.5.5(a)中振荡频率由发光二极管的正向电压 1.8 V 决定,振荡频率约为 85.1 MHz。若希望改变振荡频率,如图 4.5.10(a)所示可卸下发光二极管,利用开关二极管的正向电压改变变容二极管的电压,例如把两只开关二极管 1S1588 串联,其正向电压约为 1.2 V,此时的振荡频率约为 85 MHz。如果要进一步细调,可采用图 4.5.10(b)所示电路,利用电位器 W 进行电压调整。

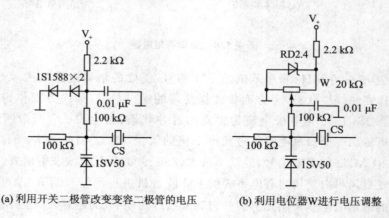

(a) 利用开关二极管改变变容二极管的电压   (b) 利用电位器W进行电压调整

图 4.5.10　振荡频率调节的方法

4.5.6　实训思考与练习题 2：制作高灵敏无线麦克风

参考设计的高灵敏无线麦克风电路原理图和印制板图如图 4.5.11 所示。它可以拾取 5 m 范围内的微弱声响，发射距离可达 500 m 左右。其工作频率在 88～108 MHz 范围内，可以通过调频收音机来接收它的发射信号。电路由声电转换、预加重电路、音频放大电路、调制器和高频功率放大器等部分组成。声电转换器由驻极体电容麦克风担任，拾取周围环境的声波信号后输出相应的电信号，经过 C_1 送入由 R_2、C_2 组成的预加重电路进行带宽压缩，以提高话音的调制质量（与调频收音机中的去加重相对应）。

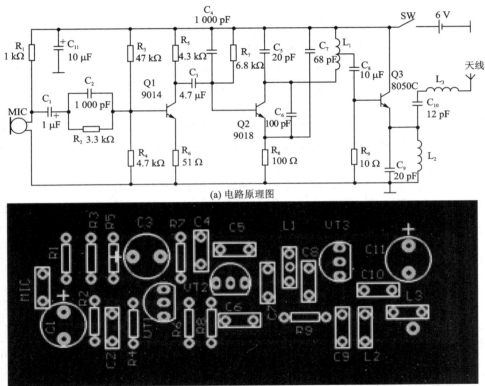

(a) 电路原理图

(b) 印制电路板图

图 4.5.11　高灵敏无线麦克风电路原理图和印制电路板图

Q1 为音频放大器，对预加重后的音频信号进行放大，经过 C_3 送至 Q2 的基极进行频率调制。Q2 组成共基极超高频振荡器，基极与集电极的电压随基极输入的音频信号变化而变化，从而使基极和集电极的结电容发生变化，高频振荡器的频率也随之变化，从而实现频率调制。Q3 组成发射极输出丙类高频功率放大器，其作用有两个：一是增大发射功率，扩大发射距离；二是隔离天线与振荡器，减小天线对振荡器振荡频率的影响。高频功放后的信号由 Q3 的发射极输出，经过 C_{10}、L_3 送至天线发射。L_3 为天线加感线圈，用于天线长度小于四分之一波长时，以提高天线的发射效率。C_8 与 C_{10} 的容量不可以大于 20 pF，否则天线的变动将会引起频率的不稳定。

Q1 可用 9014，Q2 用 9018，要求放大倍数要大于 80；Q3 选用 8050C，要求放大倍数要大于 50。C_1、C_3、C_{11} 采用电解电容；$C_4 \sim C_{10}$ 为瓷片电容；电阻采用碳膜电阻；$L_1 \sim L_3$ 用直径为 0.4 mm 的漆包线在圆珠笔芯上绕 6 匝，然后脱胎取下即可。L_1 应在 3 匝处抽头，L_2 与 L_3 在印制电路板上呈互相垂直状态排列。天线最好采用拉杆天线，也可以采用 800 mm 长的安装软线代替。印刷电路板上没有设开关 S，需另外接。

电路安装好以后要进行调试，调试可以分 3 步进行：

① 调整各级工作点：调电阻 R_3 使 Q1 的集电极电压为 1.5 V（或集电极电流为 1 mA 左右）；调整电阻 R_7 使 Q2 的集电极电流为 $4 \sim 6$ mA 左右，此时用镊子触碰 Q2 的集电极，此电流应有明显变化，说明高频振荡器工作正常。Q3 的工作点不用调试。

② 频率调整：打开调频收音机，在 $88 \sim 108$ MHz 范围内搜索本机信号。如两机频率对准，收音机里会产生剧烈的啸叫声，此点应避开当地的调频广播电台所使用的频率，避开方法是用小螺丝刀拨动线圈 L_1 的匝距。

③ 发射场强调试：先自制一个简单的场强仪，电路原理图如图 4.5.12 所示。将场强仪的 A、B 两点分别接无线麦克风的天线端和地端，微调无线麦克风的 L_2 和 L_3 的匝距，使场强仪的万用表读数最大即可。场强仪万用表应置于直流 10 V 或 50 V 挡。

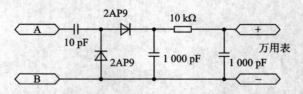

图 4.5.12　自制简单的场强仪电路原理图

调整好的电路即可投入使用。

4.5.7　实训思考与练习题 3：制作 BH1417 FM 立体声发射机

试制作一个基于 BH1417 的 FM（调频）立体声发射机，掌握无线语音（或者数据）发射技术。参考设计的 BH1417 FM 立体声发射机电路和印制电路板图如图 4.5.13 所示。BH1417 FM 立体声发射机电路元器件清单如表 4.5.3 所列。

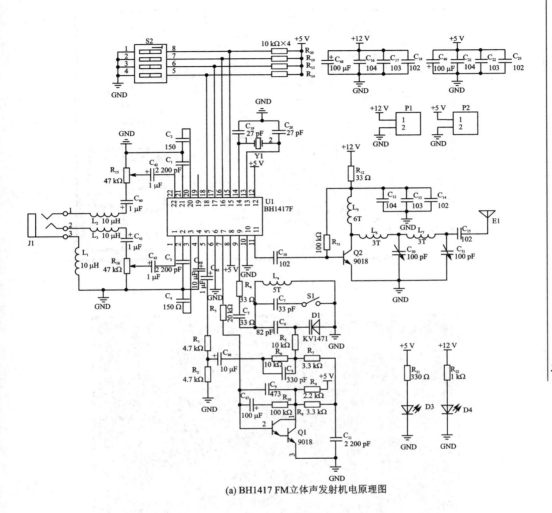

(a) BH1417 FM立体声发射机电原理图

图 4.5.13　BH1417 FM 立体声发射机电路和印制电路板图

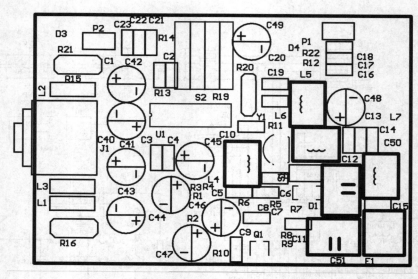

(b) 元器件布局图

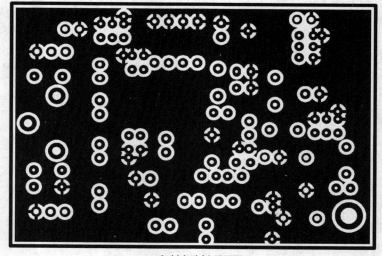

(c) 印制电路板顶层图

图 4.5.13　BH1417 FM 立体声发射机电路和印制电路板图(续)

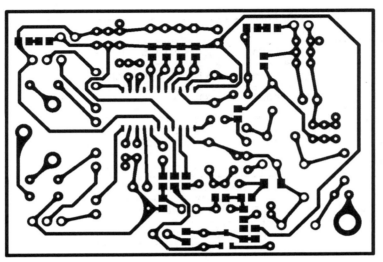

(d) 印制电路板底层图

图 4.5.13　BH1417 FM 立体声发射机电路和印制电路板图(续)

　　立体声信号通过引脚 1 和 22 输入,配合连接在引脚 2、3、20、21 外部的电阻和电容器,可以完成立体声信号的低通滤波、预加重和调制,调制后的复合信号通过引脚 5 输出。引脚 15、16、17、18 输入的频率设置代码经过解码和鉴相后,由引脚 7 输出 PLL 振荡器的控制信号(VCO 控制电压),此 VCO 控制电压控制外部由分立元件组成的高频振荡电路,产生调频的载波信号,并通过一个达林顿三极管 2SD2142 对引脚 5 输出的复合立体声信号进行 FM 频率调制。调制后的信号通过引脚 9 输入到 BH1417F,经过内部的射频放大器放大后的射频信号由引脚 11 输出。输出后的信号输入到 9018 构成的射频功率放大器进行放大后发射,以扩大发射距离。输出后的信号可以直接接到发射天线上进行发射。引脚 13、14 需要外接 7.6 MHz 的晶体振荡器,给 BH1417 内部的鉴相、立体声信号调制等电路提供所需要的稳定时钟。

表 4.5.3　BH1417 FM 立体声发射机电路元器件清单

符　号	名　称	参　数	数　量
U1	调频发射机集成电路	BH1417	1
R_{22}	电阻器	RTX-0.125 W-1 kΩ	1
R_9	电阻器	RTX-0.125 W-2.2 kΩ	1
R_7,R_8	电阻器	RTX-0.125 W-3.3 kΩ	2
R_1,R_2	电阻器	RTX-0.125 W-4.7 kΩ	2

续表 4.5.3

符　号	名　称	参　数	数　量
R_5,R_6,R_{13},R_{14},R_{19},R_{20}	电阻器	RTX－0.125 W－10 kΩ	6
R_3	电阻器	RTX－0.125 W－20 kΩ	1
R_4,R_{12}	电阻器	RTX－0.125 W－33 Ω	2
R_{15},R_{16}	电位器	RTX－0.125 W－47 kΩ	2
R_{11}	电阻器	RTX－0.125 W－100 Ω	1
R_{21}	电阻器	RTX－0.125 W－330 Ω	1
R_{10}	电阻器	RTX－0.125 W－100 Ω	1
C_{40},C_{41},C_{42},C_{43},C_{45}	电容器	CA－1 μF/50 V	5
C_{44},C_{46}	电容器	CA－10 μF/50 V	2
C_{47},C_{48},C_{49}	电容器	CA－100 μF/50 V	3
C_{19},C_{20}	电容器	CC－27 pF/100 V	2
C_5,C_7	电容器	CC－33 pF/100 V	2
C_6	电容器	CC－82 pF/100 V	1
C_2,C_4	电容器	CC－150 pF/100 V	2
C_8	电容器	CC－330 pF/100 V	1
C_9	电容器	CC－47 000 pF/100 V	1
C_{10},C_{14},C_{15},C_{18},C_{23}	电容器	CC－1 000 pF/100 V(102)	5
C_{13},C_{17},C_{22}	电容器	CC－10 000 pF/100 V(103)	3
C_{12},C_{16},C_{21}	电容器	CC－0.1 μF/100 V(104)	3
C_1,C_3,C_{11}	电容器	CC－2 200 pF/100 V	3
C_{50},C_{51}	可调电容器	2/100 pF	2
L_1,L_2,L_3	电感器	10 μH	3
L_6,L_7	电感器	0.5 mm 的铜线绕 3 圈，线圈直径 4 mm	2
L_4	电感器	0.7 mm 的铜线绕 5 圈，线圈直径 4 mm	1
L_5	电感器	0.5 mm 的铜线绕 6 圈，线圈直径 4 mm	1
S2	拨码开关	4 位	1
Q1,Q2	三极管	9 018	2
D1	变容二极管	KV1471	1
D3,D4	发光二极管	红色 ϕ3 mm	2
Y1	晶振	7.6 MHz	1

制作提示：

1）BH1417F 的内部结构

　　BH1417F 是一个 FM 立体声发射芯片，可工作在 87～108 MHz 频段。BH1417F 芯片内部包含有音频预处理电路（加重、限幅和低通滤波）、基频产生电路（晶振、分频）、锁相环电路（相位检测、锁频）、频率设定电路（高低电平转换）和调频发射电路。仅需要增加拔码开关（频率控制电路）、压控振荡器谐振电路（载波产生电路）、定时器以及一些耦合电容等外围电路，即可构成一个完整的 FM 立体声发射器，发射音频 FM 信号，配合普通的调频立体声接收机就可实现无线调频立体声传送，适用来生产立体声的无线音箱、无线耳机、CD、MP3、DVD、PAD、笔记本计算机等的无线音频适配器。

2）BH1417F 的发射频率设置

　　BH1417F 的 FM 发射电路由高频振荡器、高频放大器及锁相环频率合成器组成。频率稳定采用锁相环系统，调频由变容二极管组成的高频振荡器实现，高频振荡器是锁相环的 VCO，立体声复合信号通过它直接进行调频。高频振荡器由引脚 9 外部的 LC 回路与芯片内部电路组成，振荡信号经过高频放大器从引脚 11 输出，同时输送到锁相环电路进行比较后，从引脚 7 输出一个信号，对高频振荡器的输出频率进行修正，确保频率稳定。一旦超过锁相环设定的频率，引脚 7 将拉高输出的电平；如果低于设定频率，它将拉低输出的电平；相同的时候，引脚 7 的电平将不变。由于采用锁相环锁频，并与调频发射电路一体化，使得发射的频率非常稳定。

　　用户可以采用了 4 位拔码开关进行频率设定，可设定 14 个频点，通过改变拔码开关 S2 的闭合与断开来设置发射频率（具体如表 4.5.4 所列），以避开可能存在的区域内强广播电台的干扰。

表 4.5.4　拔码开关 S2 设置发射频率

D0	D1	D2	D3	频　率	D0	D1	D2	D3	频　率
L	L	L	L	87.7 MHz	L	L	L	H	106.7 MHz
H	L	L	L	87.9 MHz	H	L	L	H	106.9 MHz
L	H	L	L	88.1 MHz	L	H	L	H	107.1 MHz
H	H	L	L	88.3 MHz	H	H	L	H	107.3 MHz
L	L	H	L	88.5 MHz	L	L	H	H	107.5 MHz
H	L	H	L	88.7 MHz	H	L	H	H	107.7 MHz
L	H	H	L	88.9 MHz	L	H	H	H	107.9 MHz
H	H	H	L	PLL STOPS	H	H	H	H	PLL STOPS

3）BH1417F 的音频输入限幅电路

　　BH1417F 的音频输入有最大电平限制，过大的输入电平会损坏芯片。为了保护芯片，需要增加限幅电路，对输入音频信号进行限幅处理。如图 4.5.13 所示，限幅电路利用一个可变电位器 R_{15} 即可。图 4.5.13 中的电容 C_{42} 是耦合电容，将音频信号耦合到芯片中，同时具有隔直功能。BH1417F 将预加重电路、限幅电路、低通滤波电路（LPF）一体化，使音频信号的质量比分立元件的电路（如 BA1404、NJM2035 等）有很大改进。

4) BH1417F 的压控振荡器参数设计

根据表 4.5.4，压控振荡器的频率变化范围必须覆盖 BH1417F 的所有频点。需要考虑到通用元器件的精度和加工工艺水平，频段范围需要适当放宽为 80～120 MHz，以保证芯片能正常地锁住频点。压控振荡器的外围电路如图 4.5.14 所示。计算公式如下：

$$C = C_1 + \cfrac{1}{\cfrac{1}{C_2} + \cfrac{1}{C_3}}$$

$$f = \frac{1}{2\pi\sqrt{LC}}$$

$$f = \frac{1}{2\pi\sqrt{L\left(C_1 + \cfrac{C_2 C_3}{C_2 + C_3}\right)}}$$

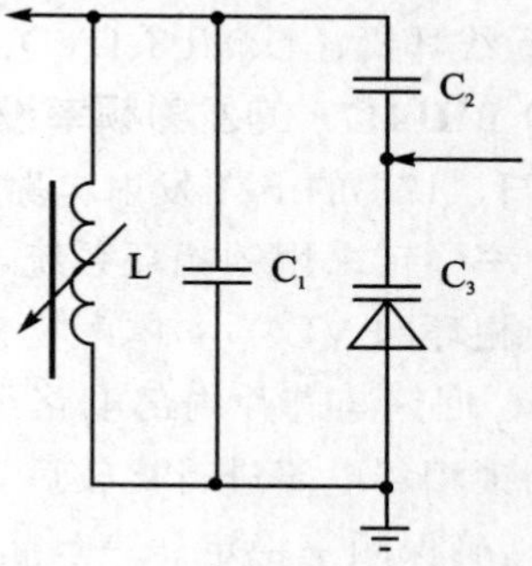

图 4.5.14　压控振荡器的外围电路

其中：电感 L 可以采用普通的磁芯可调式电感，电感量标称值范围为 30～60 nH；变容二极管的电容随偏置电压的变化而改变，其变化范围为 7～35 pF。为了保证电路的稳定性，C_2 与 C_3 值不能相差太大，如假定 C_2 取 51 pF，C_3 范围取为 7～35 pF。下面确定 C_1 的值。由上面的公式可知电感 L 电容 C_3 均取最小值时，压控振荡器取得最大振荡频率，反之，取得最小频率。

带入 C_2 与 C_3 和 L 的数值，可以计算获得 C_1 数值：

$$\begin{cases} 2\pi\sqrt{30 \times 10^{-9}(C_1 + 6.16)} < \dfrac{1}{120} \\ 2\pi\sqrt{60 \times 10^{-9}(C_1 + 20.76)} > \dfrac{1}{80} \end{cases}$$

利用上式计算得到 C_1 是 45.27 pF。

注意：通过计算可以获得 C_1、C_2、C_3 和 L 的数值，但各元器件的取值是可以适当调整的。

4.5.8　实训思考与练习题 4：MICRF112 300～450 MHz ASK/ FSK 发射机

试采用 MICRF112 制作一个 300～450 MHz ASK/FSK 发射机。MICRF112 采用 PCB 天线的应用电路和印制电路板如图 4.5.15 所示。

注意：元器件布局图中所有元器件均未采用下标形式。

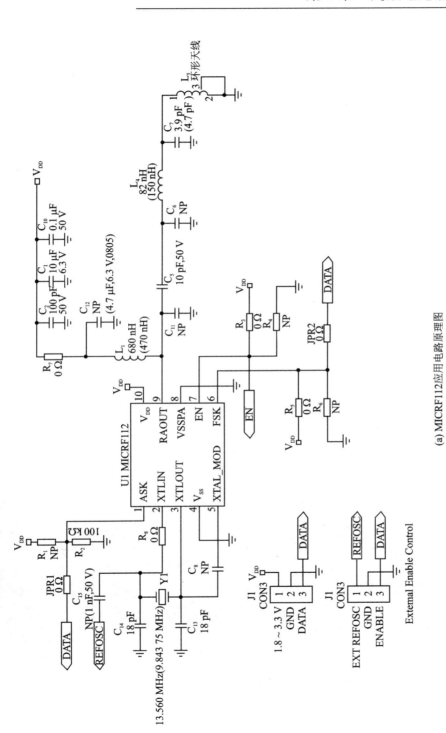

(a) MICRF112应用电路原理图

图 4. 5. 15 MICRF112采用PCB天线的应用电路和印制电路板图

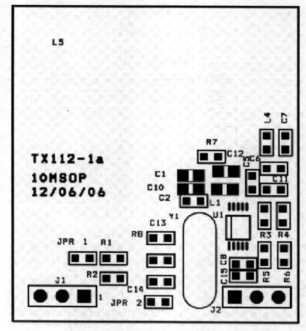

(b) MICRF112应用电路PCB元器件布局图

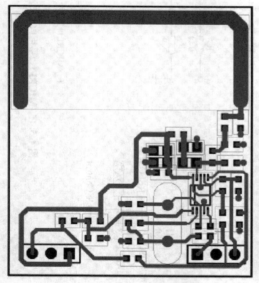

(c) MICRF112应用电路印制电路板图(顶层)

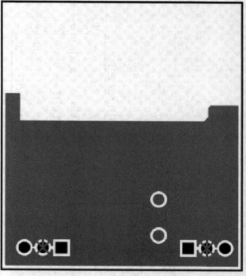

(d) MICRF112应用电路印制电路板图(底层)

图 4.5.15　MICRF112 采用 PCB 天线的应用电路和印制电路板图(续)

制作提示：

1）MICRF112 主要技术特性

MICRF112 是一个高性能、容易使用的单片 ASK／FSK 发射器芯片，是一个真正"数据输入—天线输出"芯片。其工作频率范围为 $300\sim450$ MHz；输出功率 $+10$ dBm（50 Ω 负载）；数据速率为 50 kb/s（曼彻斯特编码）；FSK 数据速率为 10 kb/s；电源电压范围为 $3.6\sim1.8$ V，最低可工作在 2.0 V；电流消耗为 12.5 mA，待机电流消耗为 1 μA。工作温度范围为 $-40\sim+125$℃。

2）MICRF112 内部结构与引脚功能

MICRF112 芯片内部包含有 PLL、功率放大器（PA）、晶体振荡器、使能控制、低电压检测、FSK 调制开关等电路，采用 MSOP – 10 封装，引脚端功能如表 4.5.5 所列。

表 4.5.5　MICRF112 引脚端功能

引脚端	符　号	功　　能
1	ASK	ASK 数据输入
2	XLIN	基准振荡器输入连接
3	XTLOUT	基准振荡器输出连接
4	V_{SS}	地
5	XTAL_MOD	FSK 操作的基准振荡调制通道
6	FSK	FSK 数据输入
7	EN	芯片使能，高电平有效
8	VSSPA	功率放大器（PA）地
9	PA_OUT	功率放大器（PA）输出
10	V_{DD}	电源电压输入

3）ASK 和 FSK 操作的元件参数

MICRF112 采用 PCB 天线的应用电路其 ASK 和 FSK 操作元件参数不同，如表 4.5.6 所列。

表 4.5.6　ASK 和 FSK 操作不同元件的参数

模　式	R_1	R_2	R_5	R_6	JPR_1	JPR_2	C_8
ASK	NP	100 kΩ	0 Ω	NP	0 Ω	NP	NP
FSK	0 Ω	NP	NP	100 kΩ	NP	0 Ω	3.3 pF[①]，10 pF[②]

① 使用 HC49/U 或者 HC49US 晶振，1 kHz 频偏，$C_8=3.3$ pF。

② 使用 HC49/U 晶振，10 kHz 频偏，$C_8=10$ pF。

MICRF112 可以驱动一个 50 Ω 的单极天线或者环形天线，315 MHz 和 433.92 MHz

ASK 配置的环形天线,元件参数如表 4.5.7 所列。

表 4.5.7　ASK 配置的环形天线元件参数

频率/MHz	L_1/nH	C_5/pF	L_4/nH	C_7/pF	Y1/MHz
315.0	470	10	150	6.8	9.843 75
433.92	680	10	82	4.7	13.560 0

R_7 为输出功率调节电阻,阻值范围为 0~1 000 Ω,输出功率调整范围为 10~ −3.8 dBm(315 MHz)或者 8.68~0.42 dBm (433.92 MHz)。

R_3 和 R_4 数值与芯片工作状态有关,如表 4.5.8 所列。

表 4.5.8　R_3 和 R_4 数值与芯片工作状态

工作状态	R_3	R_4
导通	0 Ω	NP
外部待机控制	NP	100 kΩ

4) MICRF112 采用 50 Ω 天线的应用电路

MICRF112 可以采用 50 Ω 天线,其应用电路和印制电路板如图 4.5.16 所示。

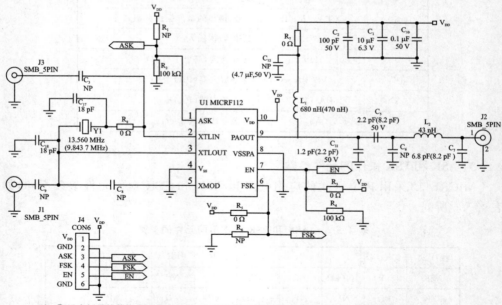

注:① 没有括号的数值是对于 433.92 MHz 的应用,有括号的数值是对于 315 MHz 的应用;
　　② 使用外部基准晶振时,C_9=100 pF;
　　③ 对于 FSK,R_1=0 Ω, R_2=NP, R_6=100 kΩ, R_5=NP。

(a) MICRF112 采用 50 Ω 天线的应用电路

图 4.5.16　MICRF112 采用 50 Ω 天线的应用电路和印制电路板图

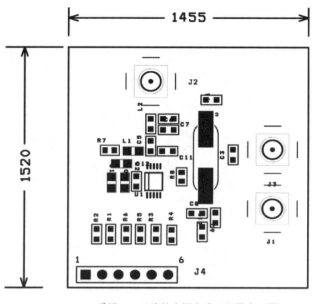

(b) MICRF112采用50 Ω天线的应用电路元器件布局图

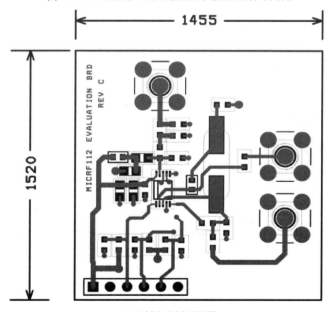

(c) 印制电路板顶层图

图 4.5.16　MICRF112 采用 50 Ω 天线的应用电路和印制电路板图（续）

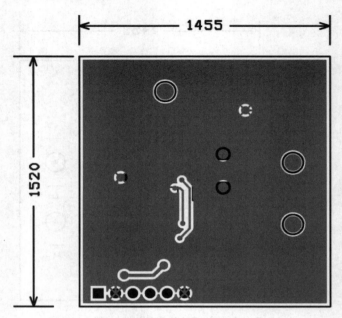

(d) 印制电路板底层图

图 4.5.16　MICRF112 采用 50 Ω 天线的应用电路和印制电路板图（续）

4.6　调频接收机

4.6.1　实训目的与器材

实训目的：制作一个基于 MC3372 的调频接收机。

实训器材：常用电子装配工具、万用表、示波器、扫频仪、调频接收机的元器件如表 4.6.1 所列。

表 4.6.1　调频接收机电路元器件

符　号	名　称	型　号	数　量	备　注
U1	调频接收机集成电路	MC3372	1	
L_1	电感	$6.8\ \mu H,\pm 6\%$	1	TKANS 9443HM
L_2	电感	$8.2\ \mu H,\pm 6\%$	1	
$R_1 R_{11}$	电阻器	$RTX-0.125\ W-51\ k\Omega$	2	
R_2	电阻器	$RTX-0.125\ W-10\ k\Omega$	1	

符　号	名　称	型　号	数　量	备　注
R_3	电阻器	RTX - 0.125 W - 100 kΩ	1	
R_4	电阻器	RTX - 0.125 W - 1.0 kΩ	1	
$R_5 R_7$	电阻器	RTX - 0.5 W - 4.7 kΩ	2	
R_6	电阻器	RTX - 0.125 W - 560 Ω	1	
R_8	电阻器	RTX - 0.125 W - 3.3 kΩ	1	
R_9	电阻器	RTX - 0.125 W - 510 kΩ	1	
R_{10}	电阻器	RTX - 0.125 W - 1.8 kΩ	1	
R_{11}	电阻器	RTX - 0.125 W - 51 kΩ	1	
R_{12}	电阻器	RTX - 0.125 W - 4.3 kΩ	1	
W1, W2	电位器	3296 - 10 kΩ	2	
C_1	电容器	CL - 0.01 μF/100 V	1	
C_2	电容器	CD11 - 4.7 μF/25 V	1	
$C_3, C_6, C_{12}, C_{13}, C_{15}$	电容器	CL - 0.1 μF/100V	5	
C_4, C_5	电容器	CL - 0.001 μF/100 V	2	
C_7	电容器	CL - 0.022 μF/100 V	1	
C_8	电容器	CL - 0.22 μF/100 V	1	
C_9	电容器	CD11 - 10 μF/25 V	1	
C_{10}	电容器	CC - 68 pF/100 V	1	
C_{11}	电容器	CC - 220 pF/100 V	1	
C_{14}	电容器	CC - 27 pF/100 V	1	
Y2	三端陶瓷滤波器	CFU455D2	1	muRata
Y3	二端陶瓷滤波器	CDB455C16	1	muRata
Y1	晶振	10.245 MHz	1	

4.6.2　MC3372 的主要特性

MC3372 是 Freescale 公司生产的单片窄带调频接收电路,最高的工作频率达 100 MHz,具有 −3 dB 输入电压灵敏度,信号电平指示器具有 60 dB 的动态范围,工作电压范围为 2.0~9.0 V,功耗在 V_{cc} = 4.0 V,静噪电路关闭时耗电流仅为 3.2 mA,工作温度范围为 −30~+70℃。

MC3372 芯片内部包含有振荡电路、混频电路、限幅放大器、积分鉴频器、滤波器、静噪开关、仪表驱动等电路。MC3372 类似 MC3361 和 MC3359 等接收电路,除了用信号仪表指示器代替 MC3361 的扫描驱动电路外,其余功能特性相同。MC3372 则可使用 455 kHz 陶瓷滤波器或 LC 谐振电路,主要应用于语音或数据通信的无线接收机。

MC3372 采用 DIP - 16、TSSOP - 16 或者 SO - 16 三种封装形式,引脚封装形式如图 4.6.1 所示。

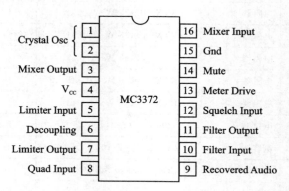

图 4.6.1　MC3372 引脚封装形式

MC3372 引脚功能如下:

- Crystal Osc 1　Colpitts 振荡器的基极,使用高阻抗和低电容的探头,可观察到一个 450 mV(峰-峰值)交流波形。
- Crystal Osc 2　Colpitts 振荡器的发射极,典型的信号电平为 200 mV(峰-峰值)。注意,信号波形与引脚端 1 的波形相比较有些失真。
- Mixer Output　混频器输出,射频载波成分是叠加在 455 kHz 信号上,典型值是 60 mV(峰-峰值)。
- V_{cc}　电源电压范围为 -2.0~9.0 V,V_{cc} 和地之间加去耦电容。
- Limiter Input　IF 放大器输入,混频器输出通过 455 kHz 的陶瓷滤波器后输入到 IF 放大器,典型值是 50 mV(峰-峰值)。
- Decoupling　IF 放大器去耦,外接一个 0.1 μF 的电容到 V_{cc}。
- Quad Input　积分调谐线圈,呈现一个 455 kHz 的 IF 信号,典型值 500 mV(峰-峰值)。
- Recovered Audio　恢复的音频信号输出,是 FM 解调输出信号,包含有载波成分,典型值是 800 mV(峰-峰值)。经过滤波后,恢复音频信号,典型值是 500 mV(峰-峰值)。
- Filter Input　滤波放大器输入。
- Filter Output　滤波放大器输出,典型值为 400 mV(峰-峰值)。

- Squelch Input　抑制输入。
- Meter Drive　RSSI 输出。
- Mute　静音输出。
- Gnd　地。
- Mixer Input　混频器输入，串联输入阻抗，在 10 MHz 时为 309 − j33，在 45 MHz 时为 200 − j13。

4.6.3　调频接收机的电路结构

基于 MC3372 的调频接收机(10.7 MHz)电路如图 4.6.2 所示。MC3372 的内部振荡电路与引脚 1 和引脚 2 的外接元器件组成第 2 本振级，第 1 中频 IF 输入信号

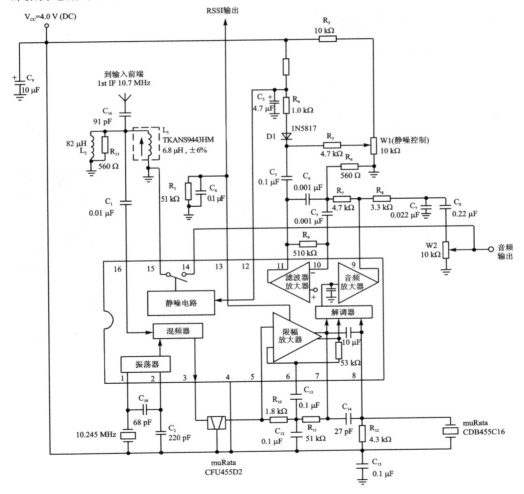

图 4.6.2　MC3372 的调频接收机电路原理图

(10.7 MHz)从 MC3372 的引脚 16 输入,在内部第 2 混频级进行混频,其差频为:10.700 MHz−10.245 MHz=0.455 MHz,即 455 kHz 第 2 中频信号。第 2 中频信号由引脚 3 输出,由 455 kHz 陶瓷滤波器选频,再经引脚 5 送入 MC3372 的限幅放大器进行高增益放大,限幅放大级是整个电路的主要增益级。引脚 8 的外接元器件组成455 kHz 鉴频谐振回路,经放大后的第 2 中频信号在内部进行鉴频解调,并经一级音频电压放大后由引脚 9 输出音频信号,送往后级的功率放大电路。引脚 12～引脚 15为载频检测和电子开关电路,通过外接少量的元器件即可构成载频检测电路,用于调频接收机的静噪控制。MC3372 内部还置有一级滤波信号放大级,加上少量的外接元器件可组成有源选频电路,为载频检测电路提供信号,该滤波器引脚 10 为输入端,引脚 11 为输出端。引脚 6 和引脚 7 连接第 2 中放级的去耦电容。

4.6.4　调频接收机的制作步骤

1. 印制电路板制作

按印制电路板设计要求,设计 MC3372 的调频接收机电路的印制电路板图,参考设计[51]如图 4.6.3 所示。印制电路板制作过程请参考《全国大学生电子设计竞赛技能训练(第 2 版)》。注意:MC3372 有 DIP - 16、TSSOP - 16 或者 SO - 16 三种封装形式。

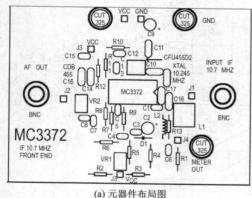

(a) 元器件布局图

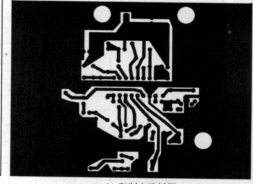

(b) 印制电路板图

图 4.6.3　MC3371 10.7 MHz 应用电路和印制电路板图

2. 元器件焊接

按图 4.6.3(a)所示,将元器件逐个焊接在印制电路板上,元器件引脚要尽量短。U1 最好采用插座安装,插座的缺口标记与印制电路板相应标记对准,注意不要装反。集成电路插入插座时也要注意不要插反。元器件焊接方法与要求请参考《全国大学生电子设计竞赛技能训练(第 2 版)》有关章节。

3．调　试

装配完毕后，检测引脚端 3、7 和 9 应有图 4.6.4 所示波形。参数测量方法请参考《全国大学生电子设计竞赛技能训练（第 2 版）》有关章节。

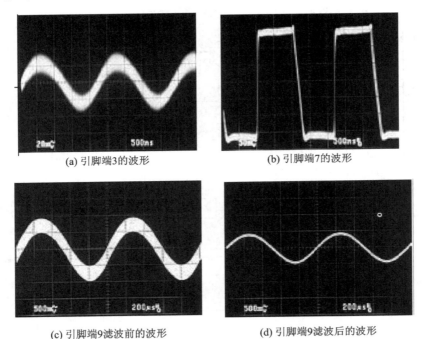

(a) 引脚端3的波形　　　　　　　　　　(b) 引脚端7的波形

(c) 引脚端9滤波前的波形　　　　　　　(d) 引脚端9滤波后的波形

图 4.6.4　引脚端 3、7 和引脚端 9 的波形图

4．6．5　实训思考与练习题 1：制作 MC13136 调频接收机

试采用 MC13136 制作一个 49.7 MHz 调频接收机电路，参考电路图和印制电路板[52]如图 4.6.5 和图 4.6.6 所示。MC13136 有关资料请登录 www.freescale.com 查询。设计印制电路板时请注意，MC13136 有 DIP-24、TSSOP-24 和 SO-24 三种封装形式。

4．6．6　实训思考与练习题 2：制作 MC3363DW 调频接收机

试采用 MC3363DW 制作一个 49.7 MHz 调频接收机电路，参考电路图和印制电路板如图 4.6.7 和图 4.6.8 所示。MC3363DW 有关资料请登录 www.freescale.com 查询。设计印制电路板时请注意，MC3363DW 有 DIP-28、TSSOP-28 和 SO-28 三种封装形式。

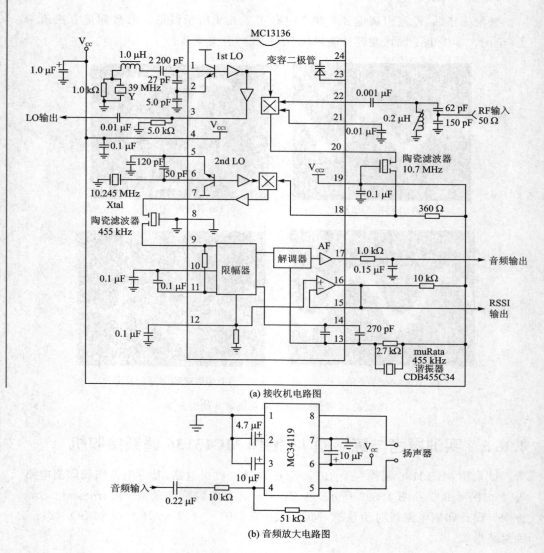

(a) 接收机电路图

(b) 音频放大电路图

图 4.6.5　49.7 MHz 调频接收机电路图

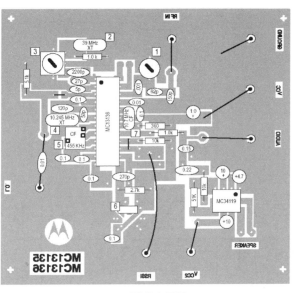

(a) 元器件布局图

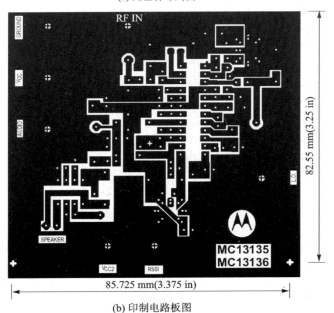

(b) 印制电路板图

图 4.6.6　49.7 MHz 调频接收机印制板图

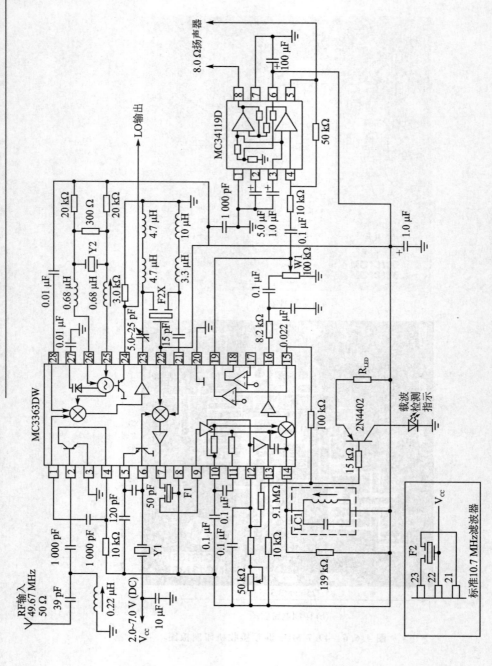

图 4.6.7　基于 MC3363DW 的 49.7 MHz 调频接收机电路原理图

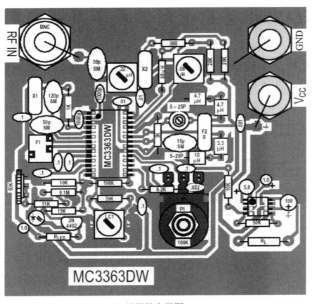

(a) 元器件布局图

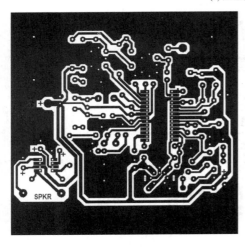

(b) 印制电路板图(电路面)

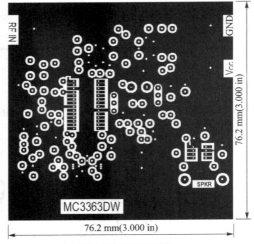

(c) 印制电路板图(接地面)

图 4.6.8   基于 MC3363DW 的 49.7 MHz 调频接收机印制电路板图

4.6.7 实训思考与练习题 3：MICRF211 380～450 MHz OOK/ASK 接收机

试采用 MICRF211 制作一个 380～450 MHz OOK/ASK 接收机。MICRF211 应用电路原理图和印制电路板图如图 4.6.9 所示，元器件如表 4.6.2 所列。

注意：元器件布局图中所有元器件均未采用下标形式。

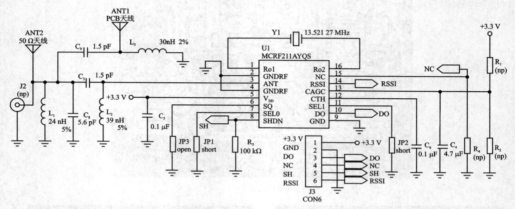

(a) MICRF211应用电路原理图

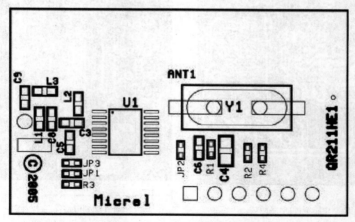

(b) MICRF211应用电路元器件布局图(顶层)

图 4.6.9 MICRF211 应用电路原理图和印制电路板图

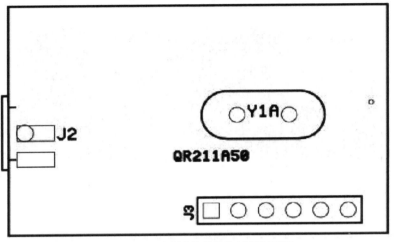

(c) MICRF211应用电路元器件布局图(底层)

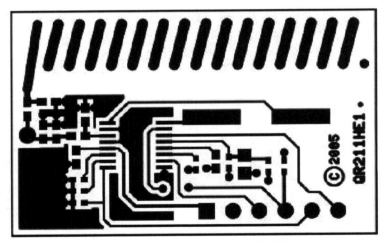

(d) MICRF211应用电路印制电路板图(顶层)

图 4.6.9　MICRF211 应用电路原理图和印制电路板图(续)

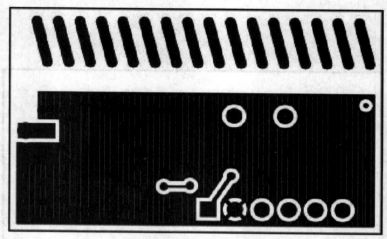

(e) MICRF211应用电路印制电路板图(底层)

图 4.6.9　MICRF211 应用电路原理图和印制电路板图(续)

表 4.6.2　MICRF211 应用电路元器件参数(在 433.92 MHz)

符　号	参　　数	数　量	生产厂商
ANT1	螺旋 PCB 天线	1	
ANT2	50 Ω 天线,168 mm 20 AWG,硬线	1	
C_3,C_9	1.5 pF,0402/0603	2	MuRata
C_4	4.7 μF,0402/0603	1	Murata / Vishay
C_5,C_6	0.1 μF,0402/0603	2	Murata / Vishay
C_8	5.6 pF,0402/0603	1	Murata
JP1,JP2	短路,0402,0 Ω 电阻	2	Vishay
JP3	开路,0402,不安装	1	
J2	不安装	1	
J3	CON6	1	
L_1	24 nH 5%,0402/0603	1	Coilcraft / Murata /ACT1
L_2	39 nH 5%,0402/0603	1	Coilcraft / Murata /ACT1
L_3	30 nH 2%,0402/0603	1	Coilcraft / Murata /ACT1
R_1,R_2,R_4	0402,,不安装	3	
R_3	100 kΩ,0402	1	Vishay
Y1	HCM49,13.521 27 MHz 晶振	1	www. hib. com. br
U1	MICRF211AYQS,QSOP16	1	Micrel Semiconductor

全国大学生电子设计竞赛制作实训（第 3 版）

制作提示：

1) MICRF211 主要技术特性

MICRF211 是一个通用的 3 V QwikRadio 接收机芯片，工作在 433.92MHz，接收灵敏度为 −110 dBm。MICRF211 采用一个超外差式的接收机结构，不需要 IF 滤波器，接收 OOK 和 ASK 数据速率为 10 kb/s。在 433.92 MHz 时，电源电压为 3 V，电流消耗为 6.0 mA，低功耗模式电流消耗为 0.5 μA。

2) MICRF211 引脚功能与内部结构

MICRF211 采用 QSOP-16 封装，引脚端功能如表 4.6.3 所列。

表 4.6.3　MICRF211 引脚端功能

引　脚	符　号	功　　能
1	RO1	基准谐振器输入，连接到内部 Colpitts 振荡器；也可以采用外部基准信号源驱动，信号幅度为 $1.5V_{P-P}$
2	GNDRF	电源电压输入负端，与 ANT 组合
3	ANT	来自天线的 RF 信号输入，内部 AC 耦合，推荐使用外部匹配网络
4	GNDRF	电源电压输入负端，与 ANT 组合
5	V_{DD}	电源电压输入正端
6	SQ	压制控制逻辑输入，内部上拉
7	SEL0	与 SEL1 一起控制解调器低通滤波器的带宽，内部上拉
8	SHDN	低功耗模式控制，内部上拉
9	GND	除 RF 输入外，所有电路的地
10	DO	解调数据输出
11	SEL1	与 SEL0 一起控制解调器低通滤波器的带宽，内部上拉
12	CTH	连接解调阀值电压积分电容器，推荐采用 1 nF 电容器
13	CAGC	连接 AGC 滤波器电容，推荐采用 0.47 μF 电容器
14	RSSI	RSSI 输出
15	NC	未连接，连接到地
16	RO2	基准谐振器输入，连接到内部 Colpitts 振荡器，7 pF

MICRF211 的芯片内部包含有 RF 放大器（RF Amp）、混频器（Mixer）、合成器（Synthesizer）、镜像抑制滤波器（IMAGE REJECT FILTER）、IF 放大器（IF Amp）、检波器（Detector）、可编程低通滤波器（Programmable Low Pass Filter）、AGC、RSSI、限幅电平（Slicing Level）、基准振荡器（Reference Oscillator）、控制逻辑电路（Control Logic）等电路，可以完成"RF 输入—数据输出"。

3) MICRF211 应用电路解调带宽选择

利用引脚端 SEL0 和 SEL1 可以选择解调带宽，如表 4.6.4 所列。

4) MICRF211 应用电路元件参数

与螺旋状 PCB 天线匹配的元件参数如表 4.6.5 所列。

表 4.6.4　SEL0 和 SEL1 选择解调带宽

SEL0	SEL1	解调带宽/Hz
0	0	1 625
1	0	3 250
0	1	6 500
1	1	13 000（默认值）

表 4.6.5　与螺旋状 PCB 天线匹配的元件参数

频率/MHz	C_9/pF	L_3/nH
390.0	1.2	43
418.0	1.2	36
433.92	1.5	30

不同频率的带通滤波器的元件参数如表 4.6.6 所列。

不同频率 C_3 和 L_2 的参数如表 4.6.7 所列。

表 4.6.6　不同频率的带通滤波器的元件参数

频率/MHz	C_8/pF	L_1/nH
390.0	6.8	24
418.0	6.0	24
433.92	5.6	24

表 4.6.7　不同频率 C_3 和 L_2 的参数

频率/MHz	C_3/pF	L_2/nH	Z 阻抗/Ω
390.0	1.5	47	22.5−j198.5
418.0	1.5	43	21.4−j186.1
433.92	1.5	39	18.6−j174.2

第 **5** 章

信号发生器制作实训

5.1 DDS 信号发生器

5.1.1 实训目的与器材

实训目的：制作一个基于 DDS AD9852 的信号发生器。

实训器材：常用电子装配工具、测试使用的仪器设备（见表 5.1.1）、信号发生器电路元器件，如表 5.1.2 所列。

表 5.1.1 测试使用的仪器设备

仪器名称	型 号	指 标	数 量	生产厂
单片机仿真器	伟福 E6000/L		1	南京伟福
模拟示波器	GOS-6021	20 MHz,频率测量精度为 6 位	1	台湾固伟
数字存储示波器	DS5202CA	200 MHz,1G/s	1	北京普源精电科技
宽带扫频仪	XPD1252-A	1.1 GHz	1	南京秀普瑞电子
频谱分析仪	HM5011-3	1.1 GHz	1	德国国产
数字万用表	UT55	3 位半	1	深圳优利德
计算机	锐翔 K5481P	P4 2.8G/256M	1	TCL 公司

表 5.1.2 信号发生器电路元器件

符 号	名 称	型 号	数 量
控制接口			
U3,U4	六反相施密特触发器	74HC14	2
U5,U7	三态八 D 锁存器	74HC573	1
R_{20}	电阻器	300 Ω	1
基准时钟			
U2	低压差分接收器	MC100LVEL16	1
Y1	有源晶振	50.000 00 MHz	1

符　号	名　称	型　号	数　量
R₃₀	电阻器	2 kΩ	1
R₃₁	电阻器	50 Ω	1
C₃₁	电容器	0.1 μF	1
信号滤波			
C₇₀、C₈₀、C₉₀	电容器	27 pF	3
C₇₁、C₈₁、C₉₁	电容器	2.2 pF	3
C₇₂、C₈₂、C₉₂	电容器	47 pF	3
C₇₃、C₈₃、C₉₃	电容器	12 pF	3
C₇₄、C₈₄、C₉₄	电容器	39 pF	3
C₇₅、C₈₅、C₉₅	电容器	8.2 pF	3
C₇₆、C₈₆、C₉₆	电容器	22 pF	3
L₁、L₄、L₇	电感器	82 nH	3
L₂、L₅、L₈	电感器	68 nH	3
L₃、L₆、L₉	电感器	68 nH	3
电源滤波			
C₁～C₂₁	电容器	0.1 μF	21
	排针		
DDS			
U1	DDS 芯片	AD9852ASQ	1
R₁、R₂	电阻器	8 kΩ	2
R₅、R₆	电阻器	100 Ω	2
R₇、R₈、R₁₀	电阻器	50 Ω	3
R₉	电阻器	25 Ω	1
R₁₁	电阻器	1.3 kΩ	1
C₆₀	电容器	0.1 μF	1
C₆₁	电容器	0.01 μF	1
	跳线帽		1

注：所有元器件均采用贴片封装形式，电阻、电容尺寸为 0805。

5.1.2　AD9852 的主要特性

AD9852 是美国模拟器件公司生产的高速 DDS 集成芯片，其芯片内部有一个高速、高性能的 DAC；能形成一个数字可编程的、高灵敏度的合成器；最高系统工作频率为 300 MHz；通过控制器改变其内部的寄存器参数，可工作在 AM、FM、ASK、FSK、PSK 等模式。AD9852 可产生一个非常稳定的频率、相位和振幅可编程的余弦输出，可作为通信、雷达、测试仪器等设备中的 LO（本机振荡器）。

AD9852 主要性能如下：最高 300 MHz 的系统时钟频率；内含 4～20 倍可编程

参考时钟倍乘器；48 位的可编程频率寄存器；两路 12 位 D/A 输出；内含超高速、低抖动比较器；具有 12 位可编程振幅调谐和可编程的 Shaped On/off Keying 功能；14 位可编程相位寄存器；单引脚 FSK 和 BPSK 数据接口；HOLD 引脚具有线性和非线性 FM 调频功能；可自动双向频率扫描；可自动进行 $(\sin x)/x$ 校正；工作电压为 3.3 V；10 MHz 的二线或三线串行接口；100 MHz 的 8 位并行编程接口；单端或差分基准时钟输入选择。

A9852 有 AD9852ASQ 和 AD9852AST 两种封装形式，各引脚的功能如表 5.1.3 所列。

表 5.1.3　AD9852 的引脚功能

引　脚	符　号	功　能
1～8	D7～D0	8 位双向并行数据输入。仅在并行编程模式中使用
9,10,23,24,25,73,74,79,80	DVDD	数字电路部分电源电压。相对 AGND 和 DGND 为 +3.3 V
11, 12, 26, 27, 28, 72,75,76,77,78	DGND	数字电路部分接地。与 AGND 电位相同
13,35,57,58,63	NC	没有连接
14～19	A5～A0	当使用并行编程模式时，编程寄存的 6 位并行地址输入
17	A2/(I/O RESET)	串行通信时总线的 I/O RESET 端。在这种方式下，串行总线的复位既不影响以前的编程，也不调用"默认"编程值，高电平激活
18	A1/SDO	在三线式串行通信模式中使用的单向串行数据输入端
19	A0/SDIO	在两线式串行模式中使用的双向串行数据输入/输出端
20	I/O UD CLK	双向 I/O 更新 CLK；方向在控制寄存器内被选择；如果被选择作为输入，上升沿将传输 I/O 端口缓冲区内的内容到编程寄存器；如果 I/O UD 被选作输出（默认值），在 8 个系统时钟周期后，输出脉冲由低到高，说明内部频率更新已经发生
21	WRB/SLCK	写并行数据到 I/O 端口的缓冲区；与 SCLK 共同起作用；串行时钟信号与串行编程总线相关联；数据在上升沿被装入；此引脚在并行模式被时，与 WRB 共同起作用；模式取决于引脚端 70(S/P SELECT)
22	RDB/CSB	从编程寄存器读取并行数据；参与 CSB 的功能；片选信号与串行编程总线相关联；低电平激活；此引脚在并行模式被选时，与 RDB 引脚共同起作用

引　脚	符　号	功　能
29	FSK/BPSK/HOLD	与编程控制寄存器所选的操作模式有关的多功能引脚端。如果处于 FSK 模式,逻辑低选择 F1,逻辑高选择 F2;如果处于 BPSK 模式,逻辑低选择相位 1,逻辑高选择相位 2;如果处于线性调频脉冲模式,逻辑高保证"保持"功能,从而引起频率累加器在其电流特定区中断;为了恢复或起用线性调频脉冲,应确定为逻辑低电平
30	SHAPED KEYING	首先需要选择并编程控制寄存器的功能。一个逻辑高电平将产生编程的零刻度到满刻度线性上升的余弦 DAC 输出,逻辑低电平将产生编程的满刻度到零刻度线性下降的余弦 DAC 输出
31,32,37,38,44,50,54,60,65	AVDD	模拟电路部分电源电压,相对 AGND 和 DGND 为 +3.3 V
33,34,39,40,41,45,46,47,53,59,62,66,67	AGND	模拟电路部分接地端,电位与 DGND 相同
36	V_{OUT}	内部高速比较器的非反相输出引脚。被设计用来驱动 50 Ω 负载,与标准的 CMOS 逻辑电平兼容
42	V_{INP}	内部高速比较器的同相输入端
43	V_{INN}	内部高速比较器的反相输入端
48	I_{OUT1}	余弦 DAC 的单极性电流输出
49	I_{OUT1B}	余弦 DAC 的补偿单极性电流输出
51	I_{OUT2B}	控制 DAC 的补偿单极性电流输出
52	I_{OUT2}	控制 DAC 的单极性电流输出
55	DACBP	两个 DAC 共用的旁路电容连接端。连接在此引脚与 AVDD 之间的一个 0.01 μF 的电容,可以改善少许的谐波失真和 SFDR
56	DAC R_{SET}	两个 DAC 共用的设置满刻度输出电流的连接端。$R_{SET} = 39.9 \text{ V}/I_{OUT}$。通常 R_{SET} 的范围是 8 kΩ(5 mA)~2 kΩ(20 mA)
61	PLL FILTER	此引脚提供 REFCLK 倍频器的 PLL 环路滤波器的外部零度补偿网络的连接。零度补偿网络由一个 1.3 kΩ 电阻和一个 0.01 μF 的电容串联组成。网络的另一端应该连接到 AVDD,尽可能地靠近引脚 60。为了得到最好的噪声性能,通过设置控制寄存器 1E 中的"旁路 PLL"位,而将 REFCLK 倍频器旁路

续表 5.1.3

引　脚	符　号	功　能
64	DIFF CLK ENABLE	差分 REFCLK 使能。此引脚为高电平时，差分时钟输入，REFCLK 和 REFCLKB(引脚端 69 和引脚端 68)被使能
68	REFCLKB	互补(相位偏移 180°)差分时钟信号。当单端时钟模式被选择时，用户应该设置此引脚端电平。信号电平与 REFCLK 相同
69	REFCLK	单端(CMOS 逻辑电平必需)基准时钟输入或差分时钟输入信号之一。在差分基准时钟模式下，两路输入可能是 CMOS 的逻辑电平，或者有比以 400 mV(峰-峰值)方波或正弦波为中心的区域加大约 1.6 V 直流的区域
70	S/P SELECT	在串行编程模式(逻辑低电平)和并行编程模式(逻辑高电平)之间选择
71	MASTER RESET	初始化串行/并行编程总线，为用户编程做准备；设置编程寄存器为 do-nothing 状态，在逻辑高电平时起作用。在电源导通状态下，MASTER RESET 是保证正确操作的基本要素

　　AD9852 有 5 种可编程工作模式。若要选择一种工作模式，需要对控制寄存器内的 3 位模式控制位进行编程，如表 5.1.4 所列。

表 5.1.4　AD9852 模式控制位

模式位 2	模式位 1	模式位 0	工作模式
0	0	0	单音调
0	0	1	FSK
0	1	0	斜坡 FSK
0	1	1	线性调频脉冲
1	0	0	BPSK

　　在每种模式下，有一些功能是不允许的。表 5.1.5 列出了 AD9852 在每个模式下允许的功能。

269

全国大学生电子设计竞赛制作实训（第3版）

表 5.1.5　AD9852 在各模式下允许的功能

模　式	相位调节1	相位调节2	单端FSK/BPSK或HOLD	单端键控整形	相位偏移补偿或调制	幅度控制或调制	反相正弦滤波器	频率调谐字1	频率调谐字2	自动频率扫描
单音调	√	×	×	√	√	√	√	√	×	×
FSK	√	×	√	√	√	√	√	√	√	×
斜坡FSK	√	×	√	√	√	√	√	√	√	√
线性调频脉冲	√	√	√	√	√	√	√	√	√	√
BPSK	√	√	√	√	×	√	√	√	×	×

注：√表示该功能允许；×表示该功能禁止。

5.1.3　信号发生器的电路结构

　　采用 AD9852 构成的信号发生器内部结构如图 5.1.1 所示，由 AD9852 芯片、控制接口、基准时钟、滤波电路、电源和输出接口等部分构成。本信号发生器电路能实现的功能：输出信号频率范围为 0～120 MHz；输出信号幅度程控可调；输出模拟AM 信号；输出模拟 FM 信号；输出 ASK 调制信号；输出 FSK 调制信号；输出 PSK调制信号；输出扫频信号；输出低抖动方波时钟信号；输出可变幅度控制信号。

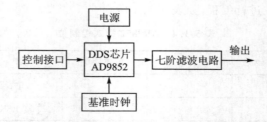

图 5.1.1　采用 AD9852 构成的信号发生器内部结构

　　由 AD9852 构成的信号发生器通过控制接口，对 AD9852 内部寄存器进行编程控制，使其工作在不同的模式下，输出所需的信号。50 MHz 有源晶振输出的基准参考时钟经差分接收驱动芯片 MC100LVEL16 变换后，为 AD9852 提供稳定、低抖动的时钟信号，用户也可自行选择从 BNC 插座输入外部的基准时钟信号。AD9852 输出的信号经七阶切比雪夫滤波器滤波后输出，七阶切比雪夫滤波器滤波电路如图 5.1.2 所示。

　　在本信号发生器电路中，AD9852 的外部基准使用 50 MHz 的高稳定度有源晶振，经 AD9852 内部 6 倍频后得到 300 MHz 的系统时钟，能产生 0～120 MHz 的

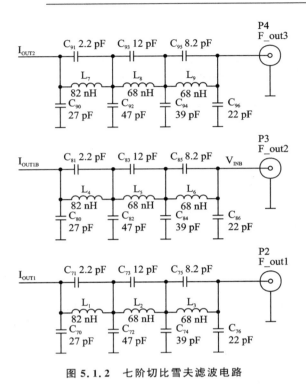

图 5.1.2　七阶切比雪夫滤波电路

正弦信号,输出信号噪声小;能产生模拟 AM、模拟 FM、ASK、FSK 和 PSK 等多种信号,频率稳定度为 10^{-6},与晶振的稳定度相同。

AD9852 需要一个高稳定度,低抖动的外部时钟输入,使用差分接收驱动芯片 MC100LVEL16,可以很方便地将有源晶振输出的单端时钟信号变成 AD9852 所需的双端差分时钟信号。AD9852 外围电路及外部基准时钟电路如图 5.1.3 所示。

AD9852 的控制接口有双向并行和双向串行两种控制方式,在并行控制方式下,AD9852 的 I/O 线比较多。本模块采用三片锁存器 74HC573 分别对输入数据锁存实现单向并行控制,为提高驱动能力使用施密特反相驱动器 74LS14 作为驱动。J1 和 J2 与控制模块接口,锁存器 IC2、IC3 和 IC4 分别锁存 AD9852 内部寄存器输入编程数据,内部寄存器地址和外部控制端口的状态。接口电路如图 5.1.4 所示。

AD9852 的工作电压为 3.3 V,电源电压过高或电源极性接反都会损坏 AD9852 芯片。该信号发生器所有电路的外接工作电压全部为 3.3 V,采用三组独立的电源供电,分别为控制接口电路的工作电压 V_{CC}、AD9852 数字部分电源 DVDD 和模拟部分电源 AVDD。这有助于减少模块上各电路之间的干扰。电源滤波电路如图 5.1.5 所示。

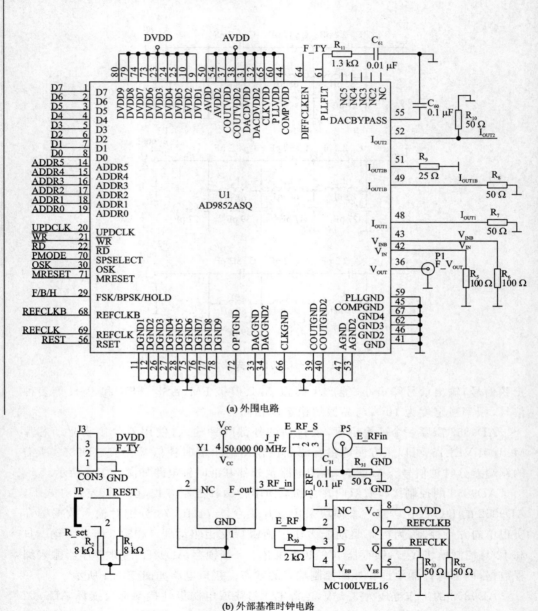

(a) 外围电路

(b) 外部基准时钟电路

图 5.1.3　AD9852 外围电路及外部基准时钟电路图

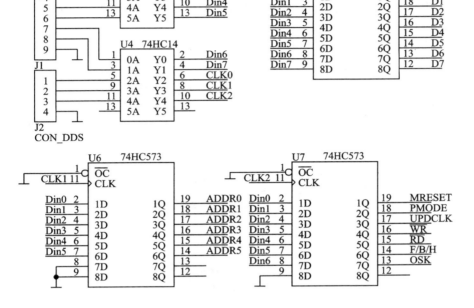

图 5.1.4 控制接口电路

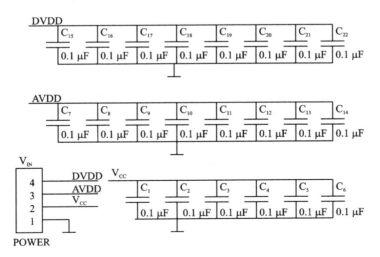

图 5.1.5 电源滤波电路

5.1.4　信号发生器的制作步骤

1. 印制电路板制作

按印制电路板设计要求，设计采用 AD9852 构成的信号发生器电路的印制电路板图，参考设计如图 5.1.6 所示，选用两块 13 cm×8 cm 双面环氧敷铜板。印制电路板制作过程请参考《全国大学生电子设计竞赛技能训练（第 2 版）》。

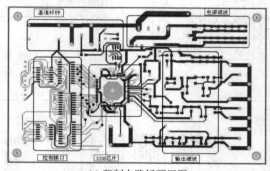

(a) 印制电路板顶层图

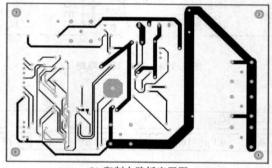

(b) 印制电路板底层图

图 5.1.6　AD9852 信号发生器电路的印制电路板图

2. 元器件焊接

（1）印制板裸板检查。本电路芯片引脚端多，特别是电源引脚端较多，务必对印制板上各芯片的电源引脚进行检查，特别是要对 AD9852 的电源引脚和其 I/O 引脚进行短路性检查。

（2）元器件检测和整形。由于本模块电路的电阻电容全部采用了贴片元器件，特别是 0805 封装的电容进行检测相当不方便，而且元器件表面没有容量标记，所以要尽可能采用名厂的优质表贴元器件，使用时要防止元器件混淆不易辨别。

接插件作为输入输出，使用时需要检查接头是否氧化，特别是电源接口，工作电流大，需特别注意；信号输出部分使用的 BNC 插座也需要注意氧化问题。

（3）焊接步骤。焊接的原则是从低到高，从小尺寸外形到大尺寸外形，为确保焊接成功，各类元器件的焊接步骤如图 5.1.7 所示。贴片元器件焊接方法与要求请参考《全国大学生电子设计竞赛技能训练（第 2 版）》有关章节。

（4）焊接时应注意的问题：要特别注意静电损坏 AD9852，焊接时间要把握好，不宜过长。最好能使用低压电烙铁或焊台进行焊接，防止芯片被静电击穿。焊接完后仔细检查引脚有没有粘连在一起，防止短路而损坏 AD9852。

AD9852 芯片功耗较高（最大达 3 W 以上），因此应用时应特别注意散热，避免芯片过热而损坏。为确保芯片在功耗较高的情况下正常工作，在芯片上面紧贴一散热片。

3．调试与检测

为保证该电路的正常工作，需要进行硬件和软件的测试。测试的步骤如下：

第 1 步，在焊接 DDS 芯片前完成，检查电路元器件焊接正确及好坏。

第 2 步，检测控制接口部分电路的完整。

第 3 步，用扫频仪调整 AD9852 DAC 输出滤波电路的频率特性，使其滤波器的带宽在 0～100 MHz 范围内。

第 4 步，焊接 AD9852 后仔细检查引脚是否存在短路和虚焊，并通电检查，要特别注意芯片是否过热。

第 5 步，用测试程序测试电路。测试程序流程图如图 5.1.8 所示。

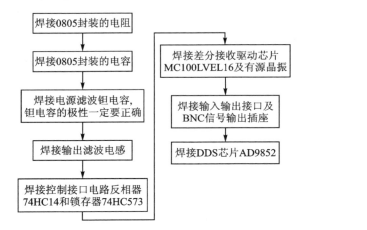

图 5.1.7　元器件的焊接顺序

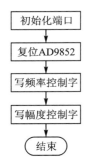

图 5.1.8　AD9852 测试程序流程图

4．AD9852 的使用

1）内部和外部更新时钟

此项功能由一个双向 I/O 引脚（引脚端 20）和一个可编程 32 位倒计时计数器组成。为了将功能编程的变化量从 I/O 缓冲寄存器传输到 DDS 核，一个更新时钟信号必须由外部供给或由内部的 32 位更新时钟发生。

当用户提供一个外部更新时钟时,此更新时钟在内部必须与系统时钟同步,以避免编程信息的传输干扰数据初始化或保存时间。当已更新的编程信息有效时,该模式为用户提供了更完善的控制。更新时钟的默认模式是内部的(进入更新时钟寄存器的位为逻辑高电平);若转换为外部更新时钟模式,更新时钟寄存器控制位必须设置为逻辑低电平。内部更新模式可以产生自动的周期性更新脉冲,起始时间、周期由用户设置。

当使用内部产生的更新时钟时,可以通过编程 32 位更新时钟寄存器(地址 16~19H)和设置进入更新时钟(地址 1FH),通过控制寄存器位是否为逻辑高电平来确定。更新时钟倒计时计数器运行于 1/2 系统时钟速率(最大为 150 MHz),并且从一个 32 位二进制(由用户编程)开始倒计数。当计数减到 0 时,DDS 输出产生一个自动的 I/O 更新。更新时钟在引脚端 20 上有内外两条线路,用户可以同步进行更新信息的编程,速率为更新时钟速率。更新脉冲之间的时间周期为

$$(N+1) \times 系统时钟周期$$

式中:N 是用户编程的 32 位值,N 的允许范围为 1~$(2^{32}-1)$。

引脚端 20 上的内部已产生的更新脉冲输出有一个固定的 8 个系统时钟周期的高电平时间。

编程更新时钟寄存器值小于 5 将引起 I/O UD 引脚保持高电平。更新时钟功能停止工作;用户不能够使用信号作为数据传输指令。这是 I/O UD 作为输出时,最小高电平脉冲时间的结果。

2) 整形开/关键控(Shaped On/ Off keying)

整形开/关键控示意图如图 5.1.9 所示。这个特性允许用户控制余弦 DAC 输出信号的振幅与时间之比的斜率。

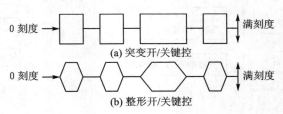

图 5.1.9 整形开/关键控功能示意图

此项功能被用于多位数据的"脉冲传输",以减少数据短促的,突变脉冲的,不利的频谱影响。用户必须先通过设置控制寄存器内的 OSK EN 位为逻辑高电平,将数字式乘法器使能;否则,如果 OSK EN 位为逻辑低电平,数字式乘法器负责振幅控制的部分将被旁路,而且余弦 DAC 输出被设置为满量程振幅。除设置 OSK EN 位之外,第 2 个控制位 OSK INT(也在地址 20H)必须被设置为逻辑高电平。逻辑高电平选择线性内部控制输出,具有沿斜坡上升、沿斜坡下降功能。OSK INT 位的逻辑低

电平转换控制用户可编程的 12 位寄存器的数字式乘法器，允许用户以任何方式进行动态整形振幅传输。标注为 12 位"输出整形开/关键控"的寄存器的地址为 21H 和 22H。最大输出振幅是电阻 R_{SET} 的函数，并且当 OSK INT 使能时是不可编程的。数字式乘法器部分负责整形键控功能框图如图 5.1.10 所示。

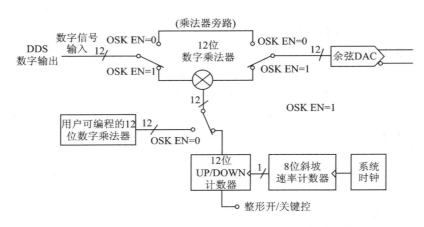

图 5.1.10　数字式乘法器部分负责整形开/关键控功能框图

　　传输时间从 0 刻度到满刻度必须被编程。传输时间的两个确定因素是系统时钟周期（驱动斜坡速率计数器）和振幅步长数量（4096）。例如，确定 AD9852 的系统时钟为 100 MHz（10 ns 周期）。如果斜坡速率计数器是以编程为最小计数值 3，它将产生两个系统时钟周期（一个上升沿载入倒计时值，另一个上升沿将计数值从 3 降为 2）。如果倒计数值小于 3，斜坡速率寄存器将停止，因此，产生一个缩放比例常数给数字式乘法器。用户可以应用这个停止条件。8 位倒计数值与输出脉冲之间的时间周期为：$(N+1)×$ 系统时钟周期。式中：N 是 8 位倒计数值，它将在这些脉冲取值 4096，用以将 12 位正计数器从 0 刻度增加到满刻度。因此，对于 10 MHz 系统时钟，最小整形键控斜坡时间是 $4096×4×10$ ns＝10.5 ms（近似值）。

　　最后，改变引脚 30 的逻辑状态。当 OSK INT 为高电平时，"整形键控"将自动执行已编程输出包络功能。引脚 30 上的逻辑高电平会导致输出呈线性斜坡上升到满刻度振幅，而且一直保留到逻辑电平改变为低电平，导致输出沿斜坡下降到 0 刻度。

3）余弦 DAC

　　DDS 的余弦输出驱动余弦 DAC（最大为 300 MSPS）。它的最大输出振幅由引脚端 56 上 DAC RSET 设置。DAC 输出电流，其满刻度最大输出为 20 mA；无论如何，一个额定 10 mA 的输出电流都可提供最好的无失真的动态范围 SFDR（Spurious-Free Dynamic Range）性能。DAC 最大电压输出为 0.5～1 V。电压输出超出这个限制将导致过多的 DAC 失真和可能永久性损坏。用户必须选择一个适当的负载阻抗来限制输出电压在限制范围内摆动。为了得到最好的 SFDR，DAC 的两路输出都应该采用相同的连接,特别是较高输出频率对于谐波失真误差更为重要。

余弦 DAC 领先于一个反向 $(\sin x)/x$ 滤波器。它预补偿 DAC 输出振幅相对于频率的偏差,以达到从 DC 到 Nyquist 的均匀的振幅响应。通过将 DAC PD 位设置为高电平(控制寄存器的地址 1D),可以判断这个 DAC 电源。余弦 DAC 输出被指定为 I_{OUT1} 和 I_{OUT1B},分别对应引脚端 48 和引脚端 49。控制 DAC 输出被指定为 I_{OUT2} 和 I_{OUT2B},分别对应引脚 52 端和引脚 51 端。

4)控制 DAC

控制 DAC 输出可以为外部线路提供直流控制电平,产生交流信号或使能工作周期,以及最大 100 MHz 的数据速率通过串行或并行接口,进入 12 位控制 DAC 寄存器(地址 26H 和 27H)。该 DAC 时钟采用系统时钟,最大为 300 MSPS,并且有与余弦 DAC 同样大的输出电流容量。AD9852 上的单个 R_{SET} 电阻为两个 DAC 设置满刻度输出电流。通过设置控制 DAC POWER - DOWN 位为高电平(地址 1DH),控制 DAC 能够被单独地关断电源,以达到不需要使用时降低功率消耗,控制 DAC 输出被指定为 I_{OUT2} 和 I_{OUT2B}。

5)反向 SINC 功能

此滤波器对余弦 DAC 的输入数据进行预补偿,这是为了 DAC 输出频谱中固有的 $(\sin x)/x$ 滚降特性。这里允许宽的带宽信号(例如 QPSK)从 DAC 输出,而没有像频率函数所表现出的明显变更。SINC 功能在减少功率消耗时可以被旁路,尤其是在较高的时钟速度时。

反向 SINC 在默认时被使用,在控制寄存器 20H 中的 Bypass Inv SINC 位为高电平时,被旁路。

6)REFCLK 倍频器

这是一个可编程的基于 PLL 的基准时钟倍频器。它允许用户选择一个 4~20 倍范围内的任意整数时钟倍数。使用这个功能,用户可以利用像 15 MHz 一样小的 RFCLK 输入产生一个 300 MHz 的内部系统时钟。控制寄存器 1EH 内的 5 个控制位设置倍频器倍数。

REFCLK 倍频器功能可以被旁路允许从外部时钟源直接对 AD9852 计时。对于 AD9852,系统时钟可以是 REFCLK 倍频器的输出,也可以是 REFCLK 的输入。RECLK 可以是单端或差动输入,这取决于引脚 60(DIFF CLK ENABLE)的设置(低电平式高电平)。

7)I/O 操作

AD9852 支持 8 位并行 I/O 操作或串行 I/O 操作。在任意 I/O 操作模式下,所有可存取寄存器都能够写入和读取。

S/P SELECT(引脚 70)用来设定 I/O 模式。使用并行 I/O 模式的系统必须连接 S/P,并不影响该器件的原有的运行。信息的传输与系统同步,并且以下列两种方式之一产生:内部受控于用户可编程的速率和外部受控于用户。I/O 操作可以在缺乏 REFCLK 的情况下发生,但是,若没有 REFCLK,数据则不能够从缓冲存取器转移到寄存器群。

8）频率控制

对于计数容量为 2^N 的相位累加器和具有 M 个相位取样点的正弦波波形存储器,若频率控制字为 K,输出信号频率为 f_O,参考时钟频率为 f_c,则 DDS 系统输出信号的频率为

$$f_O = \frac{K}{2^N} f_c$$

输出信号的频率分辨率为

$$\Delta f_{min} = \frac{1}{2^N} f_c$$

由奈奎斯特采样定理知,DDS 输出的最大频率为

$$f_{max} = f_c / 2$$

频率控制字可由以上公式推出:

$$K = f_O \times 2^N / f_c$$

当外部参考时钟频率为 50 MHz,输出频率需要为 1 MHz 的时候,系统时钟经过 6 倍频,使得 f_c 变为 300 MHz,这样就可以利用以上公式计算出 DDS 需要设定的控制频率字:

$$K = 1 \times 10^6 \times 2^{48} / (300 \times 10^6)$$
$$K = 00\ DA\ 74\ 0D\ A7\ 40$$

控制 AD9852 产生一固定频率的正弦信号汇编测试程序如下,控制模块采用单片机 AT89C52 作控制核心。控制模块输出的控制信号还需经一级反向后连接到 AD9852 信号发生模块,如直接连接,输出的控制信号需全部再取反。此测试程序未开启 AD9852 内部的时钟倍频器,在 50 MHz 的基准时钟频率下输出正弦信号频率为 166.667 kHz。

```
FTW_CLK      BIT      P1.0      ;高电平有效,选中数据锁存器
ADDR_CLK     BIT      P1.1      ;高电平有效,选中地址锁存器
CON_CLK      BIT      P1.2      ;高电平有效,选中外部控制端驱动器
MRESET       BIT      P0.7      ;主复位端,高电平有效
SPMODE       BIT      P0.6      ;串并编程模式选择——0:串行;1:并行
UPDCLK       BIT      P0.5      ;更新时钟
WR           BIT      P0.4      ;写端口数据上升沿锁存数据
RD           BIT      P0.3      ;读端口数据高电平有效
F_B_H        BIT      P0.2
OSK          BIT      P0.1
ADDRESS      DATA     30H       ;内部寄存器地址寄存器
FTW1         DATA     31H       ;频率字寄存器,最高字节
```

```
FTW2        DATA        32H
FTW3        DATA        33H
FTW4        DATA        34H
FTW5        DATA        35H
FTW6        DATA        36H
FTW         DATA        37H

ORG         0000H
MOV         P0,#00H
CLR         FTW_CLK
CLR         ADDR_CLK
SETB        MRESET              ;初始化串行/并行编程总线
NOP
CLR         MRESET
SETB        SPMODE              ;设置为并行编程模式
CLR         CON_CLK             ;锁存端口
MOV         FTW1,#00H           ;频率字最高字节
MOV         FTW2,#0DAH
MOV         FTW3,#74H
MOV         FTW4,#0DH
MOV         FTW5,#0A7H
MOV         FTW6,#40H           ;频率字最低字节
MOV         ADDRESS,#04H        ;FTW1 的地址
LCALL       W_ADDRESS
MOV         FTW,FTW1            ;频率字
LCALL       W_FTW               ;写频率字
MOV         ADDRESS,#05H
LCALL       W_ADDRESS
MOV         FTW,FTW2
LCALL       W_FTW
MOV         ADDRESS,#06H
LCALL       W_ADDRESS
MOV         FTW,FTW3
LCALL       W_FTW
MOV         ADDRESS,#07H
LCALL       W_ADDRESS
MOV         FTW,FTW4
LCALL       W_FTW
MOV         ADDRESS,#08H
LCALL       W_ADDRESS
```

```
        MOV         FTW,FTW5
        LCALL       W_FTW
        MOV         ADDRESS,＃09H
        LCALL       W_ADDRESS
        MOV         FTW,FTW6
        LCALL       W_FTW                   ;写频率字最低字节
        MOV         ADDRESS,＃21H           ;幅度字高字节地址
        LCALL       W_ADDRESS
        MOV         FTW,＃0FFH              ;幅度字高字节
        LCALL       W_FTW
        MOV         ADDRESS,＃22H
        LCALL       W_ADDRESS
        MOV         FTW,＃0FFH
        LCALL       W_FTW
        SJMP        $
W_FTW:  MOV         P0,FTW                  ;频率字锁存子程序
        SETB        FTW_CLK
        CLR         FTW_CLK                 ;频率字锁存到外部寄存器
        RET
W_ADDRESS:                                  ;写地址子程序
        MOV         P0,ADDRESS
        SETB        ADDR_CLK
        CLR         ADDR_CLK
        MOV         P0,＃40H                ;端口状态,并行编程模式
        SETB        CON_CLK
        SETB        WR
        CLR         WR
        CLR         CON_CLK
        RET
        END
```

9）AD9852 信号发生器在"2005 年全国大学生电子设计竞赛"A 题中的应用

根据题目 A 的要求,图 5.1.11 给出了本模块在 A 题中的应用电路方框图。使用该模块电路为核心构成的系统能很容易地实现题目全部的基本要求和发挥要求。

控制模块用单片机、DSP 或 FPGA 等,通过键盘设定控制 AD9852 的输出。AD9852 输出的信号峰–峰值只有几百 mV,所以在 AD9852 的输出端接一个驱动放大器 AD8320,它是 ADI 模拟公司生产的数控可变增益线性宽带驱动器,最大电压增益为 26 dB(20 倍),带宽 150 MHz,输出阻抗 75 Ω,输出时需要注意阻抗匹配。为提高系统的实用性,增加峰值检测电路,通过控制模块实现输出幅度的精确可调。

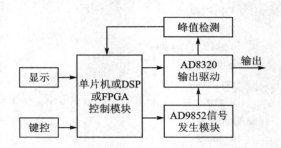

图 5.1.11 AD9852 信号发生模块在正弦信号发生器中的应用

10）AD9852 信号发生器在"2005 年全国大学生电子设计竞赛"C 题中的应用

根据题目 C 的要求，图 5.1.12 给出了 AD9852 模块电路在频谱分析仪中的应用电路方框图。由单片机或 FPGA 组成的控制器，控制 AD9852 构成本机振荡器，完成本机振荡及扫频信号的发生。由于使用了 DDS 芯片作为扫频信号发生，所以频率分辨率可以做得很高。扫频速度和扫频带宽由控制器设定，灵活简单。由于 AD9852 输出的信号是由 D/A 转换得到，所以 AD9852 输出滤波电路的滤波性能要尽可能的好，使本系统的背景噪声降到最小。

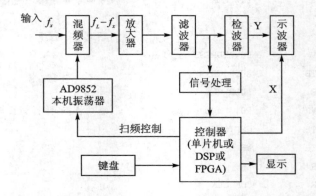

图 5.1.12 AD9852 模块在频谱分析仪中的应用

5.1.5 实训思考与练习题：制作 AD9854 信号发生器

试采用 AD9854 制作一个信号发生器电路，参考电路图[55] 如图 5.1.13 所示。AD9854 有关资料请登录 www.analog.com. 查询。设计印制电路板时请注意，参考资料[55] 提供的参考印制电路板为 4 层板，建议修改为双面电路板形式；AD9854 采用 LQFP - 80 封装形式。

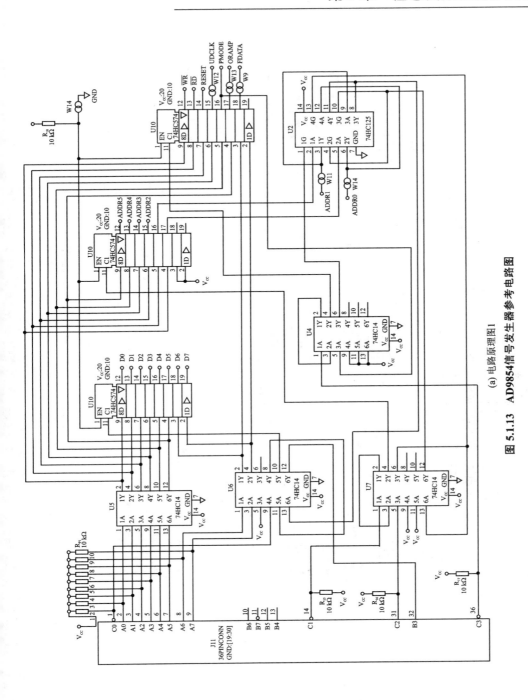

(a) 电路原理图1

图 5.1.13　AD9854信号发生器参考电路图

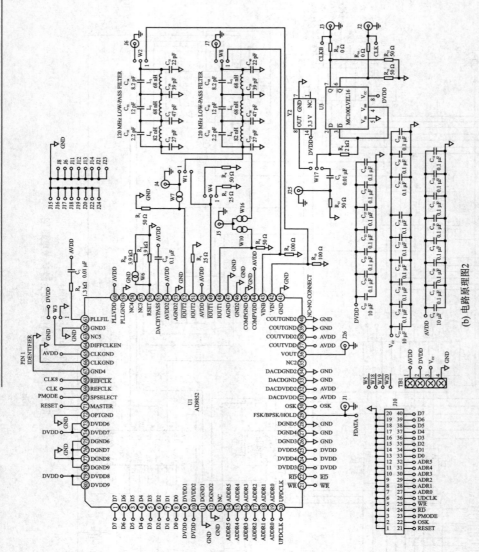

(b) 电路原理图2

图 5.5.13　AD9854信号发生器参考电路图(续)

5.2　函数信号发生器

5.2.1　实训目的与器材

实训目的：制作一个基于 MAX038 的函数信号发生器。

实训器材：常用电子装配工具、万用表、示波器、MAX038 函数信号发生器电路元器件,如表 5.2.1 所列。

表 5.2.1　MAX038 函数信号发生器电路元器件

符　号	名　称	型　号	数　量
U1	函数信号发生器集成电路	MAX038 CPP	1
U2	140 MHz 2 通道放大器	MAX442CPA	1
R_1,R_2	电位器	20 kΩ	2
R_3	电位器	50 kΩ	1
R_4,R_5	电阻器	RTX - 0.125 W - 10 kΩ,±5%	2
R_6	电阻器	RTX - 0.125 W - 51 Ω,±5%	1
R_7,R_8	电阻器	RTX - 0.125 W - 270 Ω,±5%	2
R_9,R_{10},R_{11}	电阻器	RTX - 0.125 W - 0 Ω	3
R_{12}	电阻器	RTX - 0.125 W - 3.3 kΩ,±5%	1
C_1	电容器	CC - 82 pF/100 V	1
C_2,C_3,C_5,C_7, C_9,C_{10},C_{11},C_{12}	电容器	CL - 0.1 μF/100 V	8
C_4,C_6,C_8	电容器	CD11 - 4.7 μF/25 V	3
JU1,JU2,JU5	插头	2pin headers	3
JU3,JU4	插头	3pin headers	2
J1	插座	BNC jack	1

5.2.2　MAX038 的主要特性

MAX038 是 Maxim 公司生产的精密高频波形产生器电路,能够产生准确的高频三角波、矩形波、脉冲波和正弦波,输出频率可以由内部的 2.5 V 带隙电压基准及一个外部的电阻和电容器控制,频率范围 0.1 Hz～20 MHz。占空比变化范围为15%～85%,频率扫描范围为 1～350,正弦波失真低于 0.75%,温度漂移为 $2×10^{-4}f_0/℃$,所有的输出波形都是对称于地电位的 2 V(峰-峰值)信号,低阻抗输出的驱动能力可以达到±20 mA。在 SYNC 输出端可以输出一个占空比为 50% 的同步信号。电源电压为±5 V,正电源电流消耗为 45 mA,负电源电流消耗为 55 mA,工作温度范围为−40～+85℃。

MAX038 的内部结构方框图如图 5.2.1 所示,芯片内部包含有振荡器、比较器、基准电压、正弦波形成器等电路。MAX038 采用 DIP - 20 或者 SO - 20 封装,引脚端功能如表 5.2.2 所列。

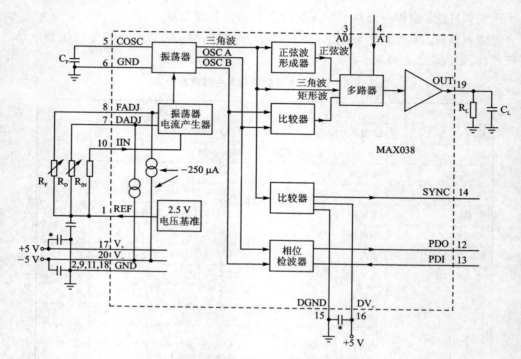

图 5. 2. 1　MAX038 的内部结构方框图

表 5. 2. 2　MAX038 引脚端功能

引　脚	名　称	功　能
1	REF	2.50 V 带隙基准电压输出端
2	GND	地*
3	A0	波形选择输入端：TTL/CMOS 兼容
4	A1	波形选择输入端：TTL/CMOS 兼容
5	COSC	外部电容器连接端
6	GND	地*
7	DADJ	占空比调整输入端
8	FADJ	频率调整输入端

续表 5.2.2

引　脚	名　称	功　能
9	GND	地*
10	IIN	用于频率控制的电流输入端
11	GND	地*
12	PDO	相位检波器输出端。如果不用相位检波器则接地
13	PDI	相位检波器基准时钟输入端。如果不用相位检波器就接地
14	SYNC	TTL/CMOS 兼容的同步输出端，可由 DGND 至 DV+ 间的电压作为基准。可以用一个外部信号来同步内部的振荡器。如果不用则开路
15	DGND	数字电路地。让它开路使 SYNC 无效，或是 SYNC 不用
16	DV+	数字电路+5 V 电源输入端。如果 SYNC 不用则让它开路
17	V+	+5 V 电源输入端
18	GND	地*
19	OUT	正弦、矩形或三角波输出端
20	V−	−5 V 电源输入端

* 这 5 个 GND 引脚内部并未连接。要将这 5 个 GND 引脚连到靠近器件的一个确实的地，建议用一个接地面。

5.2.3　函数信号发生器的电路结构

采用 MAX038 构成的函数信号发生器电路如图 5.2.2 所示。MAX038 产生信号的频率和占空比可以通过调整电流、电压或电阻来分别控制。所需的输出波形可由在 A0 和 A1 输入端设置适当的代码来选择，所有的输出波形都是对称于地电位的 2 V（峰-峰值）信号。低阻抗输出的驱动能力可以达到 ±20 mA。在 SYNC 输出引脚端输出一个由内部振荡器产生的、与 TTL 兼容的、占空比为 50% 的波形（不管其他波形的占空比是多少），可作为系统中其他器件的同步信号。内部振荡器也可以由连接到 PDI 引脚上的外部 TTL 时钟来同步。

MAX038 的工作电源为 ±5 V（±5%）。基本的振荡器是一个采用恒流形式，以恒流向电容器 C_F 充电和放电的弛张振荡器，同时也产生一个三角波和矩形波。充电和放电的电流是由流入 IIN 引脚端的电流来控制的，并由加到 FADJ 和 DADJ 引脚端上的电压调制。流入 IIN 引脚端的电流可由 2 μA 变化到 750 μA，对任一电容器 C_F 值可以产生大于两个数量级（100 倍）的频率变化。在 FADJ 引脚端上加 ±2.4 V 可改变 ±70% 的标称频率（与 $V_{FADJ}=0$ V 时比较），这种方法可以用作精确控制。

占空比（输出波形为正时所占时间的百分数）可由加 ±2.3 V 的电源到 DADJ 引脚上来控制其从 10% 变化到 90%。该电压改变了 C_F 的充电和放电电流的比值，而维持频率近似不变。REF 引脚端的 2.5 V 基准电压可以用固定电阻连到 IIN、FADJ 或

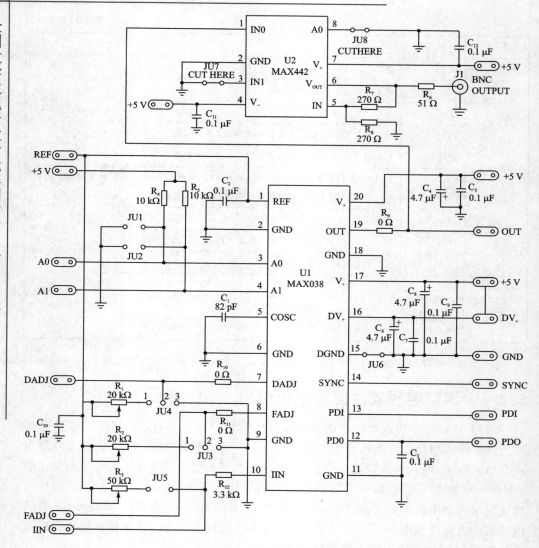

图 5.2.2　MAX038 函数信号发生器电路

DADJ 引脚端，也可以用电位器从这些输入端接到 REF 端进行调整。FADJ 和 DADJ 可以接地产生具有占空比为 50% 的标称频率的信号。输出频率反比于电容 C_F。

1. 波形选择

MAX038 可以产生正弦波、矩形波或三角波形，设置地址 A0 和 A1 引脚端的状态可选择输出波形（TTL/CMOS 逻辑电平）如表 5.2.3 所列。波形切换可以在任意时候进行，可不管输出信号当时的相位。切换发生在 $0.3~\mu s$ 之内，但是输出波形可能有一小段的延续 $0.5~\mu s$ 的过渡状态。

表 5.2.3　地址 A0 和 A1 引脚端工作状态的设置与波形选择

A0	A1	波　形	A0	A1	波　形
X	1	正弦波	1	0	三角波
0	0	矩形波			

注：X＝无关。

2. 输出频率

MAX038 输出频率取决于注入 IIN 引脚端的电流大小、COSC 引脚端的电容量（对地）和 FADJ 引脚上的电压 V_{FADJ}。当 $V_{\text{FADJ}} = 0$ V 时，输出的基波频率 f_0 为

$$f_O = I_{IN}/C_F$$

周期 T_0 则为

$$T_O = C_F/I_{IN}$$

式中：I_{IN} 为注入 IIN 引脚端的电流（2～750 μA 之间）；C_F 为接到 COSC 引脚端和地之间的电容值（20 pF～100 μF）。

例如：0.5 MHz＝100 μA/200 pF 或 2 μs＝200 pF/100 μA。

虽然当 I_{IN} 在 2～750 μA 之间时线性是好的，但最佳的性能是 I_{IN} 在 10～400 μA 间。建议电流值不要超出这个范围。对于固定工作频率，设置 I_{IN} 接近于 100 μA 并选择一个适当的电容值。这个电流具有最小的温度系数，并在改变占空比时产生最小的频率偏移。

电容 C_F 范围可以在 20 pF～100 μF，但必须用短的引线使电路的分布电容减到最小。在 COSC 引脚端以及它的引线的周围用一个接地平面以减小其他杂散信号对这个支路的耦合。高于 20MHz 的振荡也是可能的，但是在这种情况下波形失真会增加。低频率振荡的限制是由 COSC 电容器的漏电流和所需的输出频率的精度所决定。具有良好精度的最低工作频率通常用 10 pF 或更大的非极化电容器来获得。

一个内部的闭环放大器迫使 I_{IN} 流向虚拟地，并使输入偏置电压小于 ± 2 mV。I_{IN} 可以是一个电流源（I_{IN}），或是由一个电压（V_{IN}）与一个电阻（R_{IN}）串联的电路来产生（一个接在 REF 引脚端和 IIN 引脚端之间的电阻，可提供一个简便产生 I_{IN} 的方法，$I_{IN} = V_{REF}/R_{IN}$）。当使用一个电压与一个电阻串联时，振荡器频率的公式为

$$f_O = V_{IN}/(R_{IN} \times C_F)$$

周期为

$$T_O = C_F \times (R_{IN}/V_{IN})$$

当 MAX038 的频率由一个电压源 V_{IN} 与一个固定的电阻 R_{IN} 串联来控制时，输出频率是 V_{IN} 的函数。改变 V_{IN} 就可调整振荡器的频率。例如，R_{IN} 使用一个 10 kΩ 电阻，并将 V_{IN} 从 20 mV 变动到 7.5 V，则可产生大的频率移动（高达 375 : 1）。选择 R_{IN} 时应将 I_{IN} 保留在 2～750 μA 范围内。I_{IN} 的控制放大器的带宽限制了调制信号的最高频率，典型值是 2 MHz。IIN 引脚端可被用作一个求和点。由几个信号

源电流相加或相减。这就允许输出频率是几个变量之和的函数。当 V_{IN} 接近 0 V，由于 IIN 引脚端的偏移电压将导致 I_{IN} 误差增加。

3. FADJ 输入端

1) FADJ 输入

输出频率可由 FADJ 来调整，它通过内部的锁相环，主要用于精细的频率控制。一旦基频或中心频率 f_O 由 I_{IN} 设置，它还可以在 FADJ 引脚端上重新设置不同于 0 V 的电压。该电压可以从 -2.4 V 变到 $+2.4$ V，当 FADJ 引脚端是 0 V 时，其输出频率值变化 1.7～0.30 倍；当电压超过 ±2.4 V 其输出将引起不稳定或是频率向相反的方向变化。

当输出频率偏离 f_O 时，在 FADJ 上所需的电压为 D_X（以％表示），它由下式给出：

$$V_{FADJ} = -0.0343 \times D_X$$

其中，V_{FADJ} 是在 FADJ 引脚端上的电压，应在 -2.4～$+2.4$ V 范围内。

注意：I_{IN} 正比于基频或中心频率 f_O，而 V_{FADJ} 则是以百分比(％)线性相关地偏离 f_O。V_{FADJ} 向 0 V 的某一方变化，相应于向加或减的方向偏离。

在 FADJ 引脚端上的电压与频率的关系为

$$V_{FADJ} = (f_O - f_X)/(0.2915 \times f_O)$$

其中，f_X 为输出频率；f_O 为当 V_{FADJ} 为 0 V 时的频率。

同理，V_{FADJ} 与周期的关系式为

$$V_{FADJ} = 3.43 \times (T_X - T_O) \div T_X$$

其中，T_X 为输出周期；T_O 表示当 V_{FADJ} 为 0 V 时的周期。

相反地，如果 V_{FADJ} 是已知的，则频率为

$$f_X = f_O \times [1 - (0.2915 \times V_{FADJ})]$$

而周期为

$$T_X = T_O \div [1 - (0.2915 \times V_{FADJ})]$$

2) FADJ 调整

连接在 REF($+2.5$ V)和 FADJ 引脚端之间的可变电阻 R_F 提供了一个方便于人工调整频率的方法。R_F 的阻值计算式为

$$R_F = (V_{REF} - V_{FADJ})/(250\ \mu A)$$

例如，如果 $V_{FADJ} = -2.0$ V($+58.3$％偏移)，则

$$R_F = [+2.5\ V - (-2.0\ V)]/(250\ \mu A) = 4.5\ V/250\ \mu A = 18\ k\Omega$$

3) FADJ 禁止

FADJ 引脚端电路对输出频率增加了一个小的温度系数。对要求严格的开环应用，它可以用一个 12 kΩ 电阻把 FADJ 引脚端连接到地来禁止。FADJ 虽被禁止，输出频率仍可由调整 I_{IN} 来改变。

4. 占空比

DADJ 引脚端上的电压控制波形的占空比(定义为输出波形为正时所占时间的百分数)。通常 $V_{DADJ}=0$ V，则占空比为 50%。此电压从 +2.3 V 变化到 −2.3 V 将引起输出占空比从 15%～85% 变化(约电压变化 1 V 可使占空比变化 15%)。当电压超出 −2.3 V～+2.3 V 范围时将使频率偏移或引起不稳定。

DADJ 可以用来减小正弦波的失真。未调整($V_{DADJ}=0$ V)的占空比是 50%±12%，而偏离准确的 50% 时引起偶次谐波的产生。通过加一个小的调整电压(典型值为小于 ±100 mV)到 DADJ 端，可以得到准确的对称，就能减小失真。

需要产生一定的占空比而加在 DADJ 端上的电压，其计算式为

$$V_{DADJ}=(50\%-q)\times 0.0575$$

或

$$V_{DADJ}=[0.5-(t_{ON}/t_O)]\times 5.75$$

其中，V_{DADJ} 为 DADJ 端电压(注意极性)；q 为占空比(duty cycle%)；T_{ON} 为接通(正半周)时间；T_O 为波形周期。

相反，如果 V_{DADJ} 是已知的，则占空比和接通时间分别为

$$q=50\%-(V_{DADJ}\times 17.4)$$

$$T_{ON}=T_O\times[0.5-(V_{DADJ}\times 0.174)]$$

连接在 REF 引脚端(+2.5 V)和 DADJ 引脚端之间的可变电阻 R_D 提供了人工调整占空比的方法。R_D 的阻值为

$$R_D=(V_{REF}-V_{DADJ})/(250\ \mu A)$$

例如，如果 $V_{DADJ}=-1.5$ V(23% 占空比)，则

$$R_D=[+2.5\ V-(-1.5\ V)]/(250\ \mu A)=4.0\ V/250\ \mu A=16\ k\Omega$$

在 15%～85% 范围内改变占空比对输出频率的影响最小。当 25 $\mu A < I_{IN} < 250\ \mu A$ 时，典型值小于 2%。DADJ 电路是宽带的，可以用高至 2 MHz 的信号来调制。

5.2.4　函数信号发生器的制作步骤

1. 印制电路板制作

按印制电路板设计要求，设计 MAX038 的函数信号发生器电路的印制电路板图，参考设计[61]如图 5.2.3 所示，选用一块 12 cm×12 cm 双面环氧敷铜板。

要实现 MAX038 的全部性能需要小心注意电源旁路和印刷板布线。使用一个低阻抗的地平面，将所有的 5 个接地引脚端直接接上。用 1 μF 陶瓷电容器(1 μF 钽电容器)与 1 nF 的陶瓷电容器并联来旁路 V+ 和 V−，直接接到地平面。电容器引线要短(特别是 1 nF 陶瓷电容器)以减小串联电感。

如果使用 SYNC，DV+ 必须接到 V+，DGND 必须接到地平面，此外，第 2 个 1 nF

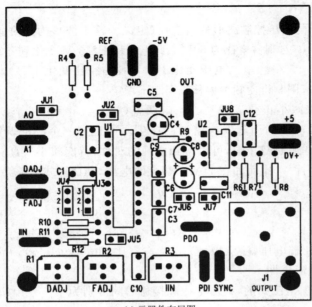

(a) 元器件布局图

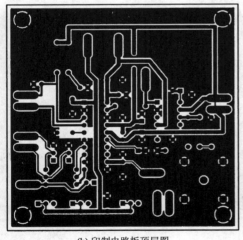

(b) 印制电路板顶层图

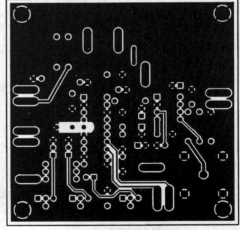

(c) 印制电路板底层图

图 5.2.3　MAX038 函数信号发生器印制电路板图

陶瓷电容器必须接在 DV$_+$ 与 DGND 引脚端 16 和 15 之间，并且越近越好。不需要单独用另一个电源或引另一根线到 DV$_+$。如果 SYNC 被禁止，DGND 必须开路，但这时 DV$_+$ 可以接到 V$_+$，也可让其开路。

　　减小 COSC 引线的面积（以及在 COSC 下面的地平面的面积）可以减小分布电容，并用地来围绕这个引线端以避免其他信号的耦合。采用相同的措施来对待 DADJ、FADJ 和 IIN 等引脚端。将 C$_F$ 接到地平面并靠近引脚端 6(GND)。

印制电路板制作过程请参考《全国大学生电子设计竞赛技能训练(第 2 版)》。

2. 元器件焊接

按图 5.2.3(a)所示,将元器件逐个焊接在印制电路板上,元器件引脚要尽量短。U1、U2 最好采用插座安装,插座的缺口标记与印制电路板相应标记对准,注意不要装反。集成电路插入插座时也要注意不要插反。元器件焊接方法与要求请参考《全国大学生电子设计竞赛技能训练(第 2 版)》有关章节。一般制作好的函数信号发生器电路,无须调试即可正常工作。调节各电位器可以改变输出波形参数。

5.2.5　实训思考与练习题 1：制作 ICL8038 函数信号发生器

试采用 ICL8038CC 制作一个 10 Hz～100 kHz 函数信号发生器,参考电路和印制电路板图[45]如图 5.2.4 所示。ICL8038CC 有关资料请登录 www.intersil.com 查询。设计印制电路板时请注意,ICL8038CC 采用 PDIP–14 封装形式。

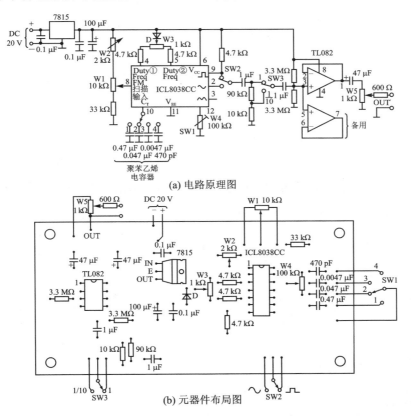

图 5.2.4　10 Hz～100 kHz 函数信号发生器电路和印制电路板图

制作提示：

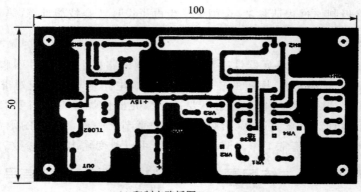

(c) 印制电路板图(50 mm×100 mm)

图 5.2.4　10 Hz～100 kHz 函数信号发生器电路和印制电路板图(续)

图 5.2.4 所示电路中,使用产生波形专用的 ICL8038CC 产生振荡,使用运算放大器 TL082 作为输出缓冲放大器。

ICL8038CC 是专用的函数信号发生器芯片,输出的振荡波形有正弦波、方波、三角波 3 种,频率范围为 0.001 Hz～1 MHz,电源电压范围为 +10～+30 V,或者 ±5～±15 V,采用 DIP 封装,引脚端封装形式如图 5.2.5 所示。

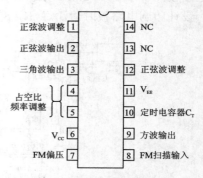

图 5.2.5　引脚端封装形式

5.2.6　实训思考与练习题 2：制作 ICL8038 压控振荡器

试采用 ICL8038CC 制作一个线性压控振荡器,参考电路图如图 5.2.6 所示。

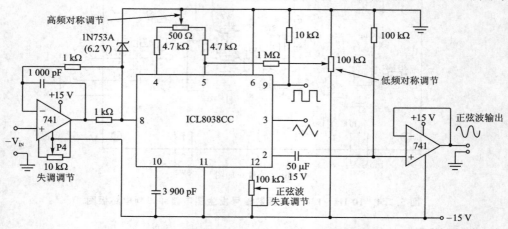

图 5.2.6　基于 ICL8038CC 线性压控振荡器电路

ICL8038CC 有关资料请登录 www. intersil. com 查询。设计印制电路板时请注意，ICL8038CC 采用 PDIP - 14 封装形式。

5.2.7　实训思考与练习题 3：制作 LM324 文氏桥振荡器

试采用 LM324 运算放大器制作一个如图 5.2.7 所示的文氏桥振荡器电路。

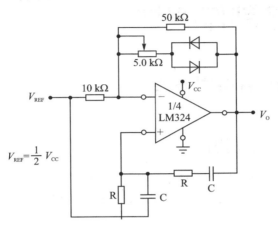

图 5.2.7　采用 LM324 的文氏桥振荡器电路

图 5.2.7 所示电路输出信号频率为 $f_0 = 1/2\pi RC$。当设计 $f_0 = 1.0$ kHz 时，$R = 16$ kΩ，$C = 0.01$ μF。该电路也可以采用 LM224、358、2902、2904 等运算放大器实现。

5.2.8　实训思考与练习题 4：制作 LM324 函数发生器

试采用 LM324 运算放大器制作一个如图 5.2.8 所示的函数发生器电路，该电路可以产生三角波和方波输出。如果 $R_3 = \dfrac{R_2 \cdot R_1}{R_2 + R_1}$，则有 $f = \dfrac{R_1 + R_C}{4C \cdot R_f \cdot R_1}$。

该电路也可以采用 LM224、358、2902、2904 等运算放大器来实现。

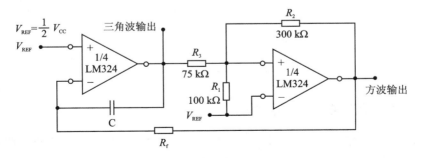

图 5.2.8　采用 LM324 的函数发生器电路

全国大学生电子设计竞赛制作实训（第 3 版）

第 **6** 章

电源电路制作实训

6.1 DC－DC升压变换器

6.1.1 实训目的与器材

实训目的：制作一个基于 MAX756 的 DC－DC 升压变换器。

实训器材：常用电子装配工具、万用表、示波器。MAX756 DC－DC 升压变换器电路元器件如表 6.1.1 所列。

表 6.1.1 MAX756 DC－DC升压变换器电路元器件

符 号	名 称	型 号	数 量	备 注
U1	DC－DC 升压变换电路	MAX756	1	
D1	肖特基二极管	1N5817	1	1 A,20 V
$R_1 \sim R_3$,R_5	电阻器	开路	4	SMD,0805
R_4	电阻器	短路	1	
C_1	电容器	CC－0.1 μF	1	SMD,0805
C_2,C_3	电容器	CA－100 μF/10 V	2	SMD,Taj－A Case,Farnell 197－130
L_1	电感器	22 μH	2	Sumida CD54－220,CoilCraft DT3316－223,Coiltronix CTX－20,Murata Erie LQH4N150K0M00

6.1.2 MAX756 的主要特性

MAX756/MAX757 是 Maxim 公司生产的 CMOS 升压 DC－DC 开关调节器电路。MAX756 可输入一个低到 0.7 V 的正输入电压，将它变换为 3.3 V(或 5 V)输出电压(可通过控制引脚端选择)。MAX757 可输入一个低到 0.7 V 的正输入电压，产生一个范围在 2.7～5.5 V 的可调输出电压。MAX756/MAX757 满载效率的典型值大于 87%(200 mA)。MOSFET 功率晶体管开关频率高达 0.5 MHz,在整个温度范围内,基准电压容差为 ±1.5%,静态电流为 60 μA,低功耗电流为 20 μA,具有低电池检测(LBI/LBO)功能。

MAX756/MAX757 的芯片内部包含有电压基准、控制逻辑电路、开关调节电路、功率 N 沟道 MOSFET 输出电路、低电池检测等电路,采用 DIP - 8 和 SO - 8 封装,引脚封装形式如图 6.1.1 所示,引脚功能如表 6.1.2 所列。

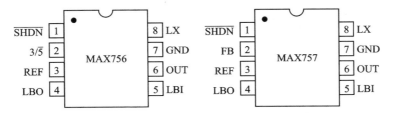

图 6.1.1　MAX756/MAX757 引脚封装形式

表 6.1.2　MAX756/MAX757 的引脚功能

引　脚		符　号	功　能
MAX756	MAX757		
1	1	$\overline{\text{SHDN}}$	低功耗控制引脚端。低电平有效;在低电平时,芯片 SMPS 功能不使能,仅基准电压和低电池比较器维持工作
2	—	3/$\overline{5}$	输出电压选择。低电平选择输出电压为 5 V,高电平选择输出电压为 3.3 V
—	2	FB	可调输出工作模式的反馈输入端。连接到在 OUT 和 GND 引脚端之间的分压器
3	3	REF	1.25 V 基准电压输出端。连接一个 0.22 μF 电容到 GND,最大输出电流为 250 μA,吸收电流为 20 μA
4	4	LBO	低电池输出端。当在 LBI 引脚端的压降低于 +1.25 V 时,N 沟道功率 MOSFET 漏极吸收电流
5	5	LBI	低电池输入端。当在 LBI 引脚端的压降低于 +1.25 V 时,LBO 吸收电流,如果不使用时,则连接到输入电压端
6	6	OUT	调节器输出
7	7	GND	电源地。必须是低阻抗,直接焊接到接地板
8	8	LX	N 沟道功率 MOSFET 漏极(1 A,0.5 Ω)

6.1.3　DC - DC 升压变换器的电路结构

采用 MAX756 的 DC - DC 升压变换器电路如图 6.1.2 所示。

MAX757 的典型应用电路如图 6.1.3 所示,其输出电压 $V_{\text{OUT}} = V_{\text{REF}}[(R_2 + $

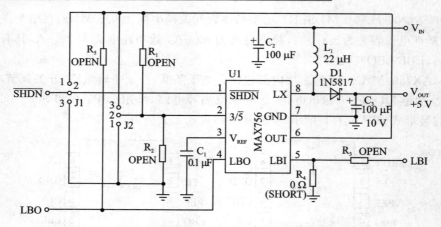

图 6.1.2　MAX756 DC‐DC 升压变换器电路图

$R_1)/R_2$]，而 $R_1 = R_2[(V_{OUT}/V_{REF}) - 1]$。因为在 FB 端的最大偏置电流为 100 nA，所以 R_1 和 R_2 的数值范围为 10～200 kΩ。如果要求误差为 ±1%，则流过 R_1 的电流至少应是 FB 端偏置电流的 100 倍。

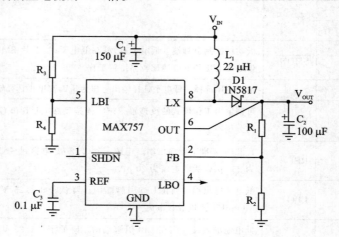

图 6.1.3　MAX757 的应用电路图

MAX756/MAX757 具有片内低电池检测电路，低电池检测的门限电压由电阻 R_3 和 R_4 的值决定，利用下式可求出门限电压。

$$R_3 = [(V_{IN}/V_{REF}) - 1]R_4$$

式中：V_{IN} 是所需的低电池检测器的门限电压；R_3 和 R_4 是 LBI 端输入分压器的电阻；V_{REF} 是内部 1.25 V 基准电压。

因为 LBI 电流小于 100 nA，所以 R_3 和 R_4 的数值范围为 10～200 kΩ。当 LBI 端的电压小于内部门限电压时，LBO 吸收电流到地；当 LBI 在门限电压之上时，LBO 输出截止。当 MAX756/MAX757 处于关闭方式时，低电池比较器和基准电压仍保

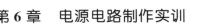

持有效。如果不使用低电池比较器,则把 LBI 连接到 V_{IN} 并使 LBO 开路。

对于大多数 MAX756/MAX757 典型应用电路中的电感器 L_1,其值为 22 μH 已经足够,减小电感值(建议 10 μH)可使附加的纹波变小。电感值的直流电阻对效率有明显的影响,为得到最高的效率,应把 L_1 的直流电阻限制到 0.03 Ω 或更小。

当电流为 200 mA,从 2 V 升至 5 V 时,100 μF/10 V 表面贴装(SMT)钽电容器输出纹波的典型值为 50 mV。如果负载较轻或在容许有较大输出纹波的应用场合,也可以使用较小(小至 10 μF)的电容器。

整流二极管推荐使用开关型肖特基二极管,例如 1N5817。对于低输出功率的应用,可采用 1N4148 开关二极管。

由于 MAX756/MAX757 工作于高峰值电流和高频率,印制电路板布线和接地十分重要,MAX756/MAX757 的 GND 引脚端与 C_1 和 C_2 接地引线之间的距离必须保持小于 5 mm。所有到 FB 和 LX 引脚端的连线应当保持尽可能短。为了获得大的输出功率和最小的纹波电压,应使用接地板,并把 MAX756/MAX757 的 GND(引脚端 7)直接焊到此接地板上。

6.1.4　DC－DC 升压变换器的制作步骤

1. 印制电路板制作

按印制电路板设计要求,设计 MAX756 DC－DC 升压变换器电路的印制电路板图,参考设计[62]如图 6.1.4 所示。印制电路板制作过程请参考《全国大学生电子设计竞赛技能训练(第 2 版)》。

MAX756 印制电路板图也能更改为适用于可调输出的 MAX757。输入电压范围为 0.7～5.5 V,可移动的跳线器用于选择 3.3 V 或 5.0 V 的输出电压,在印制板底部有附加的焊盘可放置用于 LBI/LBO 低电池检测器和 MAX757 输出调整的电阻。印制电路板底部的电阻 R_3 和 R_4 被连接用作 LBI 焊盘和 MAX756 LBI 引脚之间的分压器。

注意:当不用低电池监视功能时,跨接在 R_4 的印制电路板线把 LBI 引脚短路到地。在安装 R_4 之前要切断此线。

2. 元器件焊接

首先按图 6.1.4(b)所示,将元器件逐个焊接在电路板上。然后按图 6.1.4(a)所示,以元器件体积先矮小后高大的顺序逐个焊接,U1 的缺口标记与印制电路板相应标记对准,注意不要装反。贴片元器件焊接方法与要求请参考《全国大学生电子设计竞赛技能训练(第 2 版)》有关章节。一般制作好的 DC－DC 升压器电路,无须调试即可正常工作。

注意:元器件布局图中元器件均未采用下标形式。

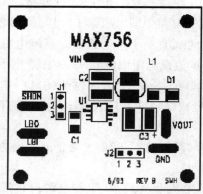
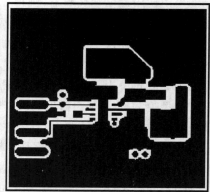

(a) 顶层元器件布局和印制板图

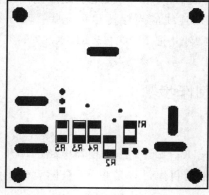
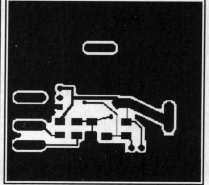

(b) 底层元器件布局与印制板图

图 6.1.4　MAX756 DC‐DC 升压变换器印制电路板图

6.1.5　实训思考与练习题 1：制作 MAX8546 DC‐DC 变换器

试采用 MAX8546 制作一个 3.3 V@4 A DC‐DC 降压变换器，参考电路原理图如图 6.1.5 所示。MAX8546 有关资料请登录 www. maxim-ic. com. cn 查询。设计印制电路板时请注意，MAX8546 采用 μMAX‐10 封装形式。

制作提示：

MAX8545/MAX8546/MAX8548 是电压模式、脉冲宽度调制（PWM）、降压型 DC‐DC 控制器，可驱动低成本的 N 沟道 MOSFET 作为高侧开关和同步整流器，且无需外部检流电阻。这些器件可提供最低 0.8 V 的输出电压。

MAX8545/MAX8546/MAX8548 具有 2.7～28 V 的宽输入范围，且无需额外的偏置电压。输出电压范围能够被微调节到（0.8～0.83）$\times V_{\mathrm{IN}}$ 之间，效率可高达 95%。通过监视低侧 MOSFET 的 $R_{\mathrm{DS(ON)}}$ 实现了无损短路和限流保护。MAX8545

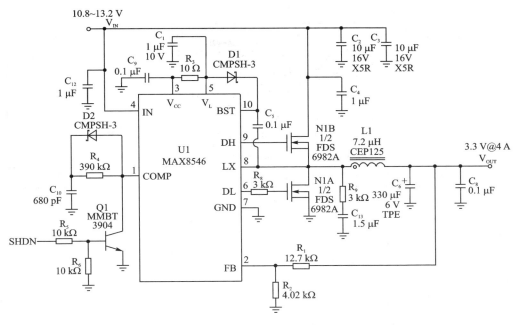

图 6.1.5 MAX8546 3.3 V/4 A DC – DC 降压变换器电原理图

和 MAX8548 的门限电压为 320 mV，MAX8546 的门限电压为 165 mV。所有器件都采用折返式限流保护，以便降低短路情况下的功率损耗。将 COMP/EN 引脚用一个集电极开路或低电容的开漏器件拉低可关断这些器件。

MAX8545/MAX8546 工作在 300 kHz，MAX8548 工作在 100 kHz。MAX8545/MAX8546/MAX8548 可与铝电解电容配合使用。输入欠压锁定功能可阻止器件在电源跌落的情况下工作，以防外部 MOSFET 过热。内部软启动电路可降低浪涌电流。这些器件均采用 μMAX – 10 封装，引脚兼容于 MAX1967。

MAX8545/MAX8546/MAX8548 引脚端功能如表 6.1.3 所列。

表 6.1.3 MAX8545/MAX8546/MAX8548 引脚端功能

引　脚	符　号	功　　能
1	COMP/EN	补偿输入。通过一个集电极开路或漏极开路器件拉低 COMP/EN 可使输出关断
2	FB	反馈输入。连接电阻分压网络设置 V_{OUT}。FB 门限为 0.8 V
3	V_{CC}	芯片内部电源。通过一个 10 Ω 电阻连接 V_{CC} 到 V_L。用至少 0.1 μF 的陶瓷电容旁路 V_{CC} 到 GND
4	V_{IN}	$V_{IN}>5.5$ V 时，作为 LDO 稳压器电源；$V_{IN}<5.5$ V 时，作为芯片电源。用至少 1 μF 的陶瓷电容旁路 V_{IN} 到 GND

引 脚	符 号	功 能
5	V_L	内部 5 V LDO 的输出。V_{IN}<5.5 V 时,将 V_L 连接至 V_{IN}。用至少 1 μF 的陶瓷电容旁路 V_L 到 GND
6	DL	外部低侧 MOSFET 栅极驱动输出。DL 在 V_L 和 GND 间摆动
7	GND	地和电流检测负端输入
8	LX	电感开关节点。LX 同时用于限流和 DH 驱动器的电源返回通路
9	DH	外部高侧 MOSFET 栅极驱动输出。DH 在 BST 和 LX 间摆动
10	BST	DH 驱动器的电源正端。在 BST 和 LX 之间连接一个 0.1 μF 的陶瓷电容

设计步骤:

1)输入电压范围

$V_{IN(max)}$ 必须适应最坏情况下的高输入电压要求;$V_{IN(min)}$ 必须考虑到由于接头、保险丝和开关等的压降。一般来讲,较低输入电压下具有更高的效率。

2)最大负载电流

有两个电流值需要考虑。峰值负载电流 $I_{LOAD(max)}$ 决定元器件的瞬时应力和滤波要求,是决定输出电容要求的关键因素;$I_{LOAD(max)}$ 还决定了对于电感的饱和指标要求。连续负载电流(I_{LOAD})决定热应力、输入电容和 MOSFET,以及其他一些散热元器件(例如电感)的 RMS 指标。

3)设定输出电压

通过将 FB 连接到位于输出和 GND 之间的电阻分压器,可以在(0.8 V～0.83)× V_{IN} 之间设置输出电压。可在 1～10 kΩ 间选择电阻 R_2(R_4),R_1(R_3)可由下式计算:

$$R_3 = R_4 \left(\frac{V_{OUT}}{V_{FB}} - 1 \right)$$

其中,V_{FB}= +0.8 V。

4)电感选择

电感值的选择需要权衡尺寸、瞬态响应和效率等因素。较高的电感值产生较低的电感纹波电流、较低的峰值电流、较低的开关损耗,因而可获得较高的效率,代价是较慢的瞬态响应和较大的尺寸。低电感值会带来较大的纹波电流、较小的尺寸和较低的效率,但可提供较快的瞬态响应。

通过下式可确定一个合适的电感值:

$$L = V_{OUT} \times \frac{(V_{IN} - V_{OUT})}{V_{IN} \times f_{OSC} \times L_{IR} \times I_{LOAD(max)}}$$

其中,L_{IR} 为电感纹波电流与最大连续负载电流之比。在 20%～40% 之间选择 L_{IR}

可在效率与经济性之间取得比较好的折中。选择一个磁芯损耗低、直流电阻尽可能小的电感。铁氧体芯电感对于性能而言通常是最佳选择,不过,对于效率要求不是太高的低成本应用来讲,MAX8548 的低开关频率也适用于铁粉芯电感,无论何种材料,磁芯都应有足够的尺寸,以便在峰值电感电流 I_{PEAK} 的作用下不发生饱和。

$$I_{\text{PEAK}} = I_{\text{LOAD(max)}} + \left(\frac{L_{\text{IR}}}{2}\right) \times I_{\text{LOAD(max)}}$$

5) 设置电流限制

MAX8545/MAX8546/MAX8548 通过监视外部低侧 MOSFET 两端的电压实现谷值电流限制。MAX8545/MAX8548 的最低电流限对应的门限电压为 -280 mV,MAX8546 为 -140 mV。 要达到指定峰值电感电流所需的 MOSFET 导通电阻为

$$R_{\text{DS(ON)max}} \leqslant \frac{0.28 \text{ V}}{I_{\text{VALLEY}}} \quad (\text{MAX8545/MAX8548})$$

$$R_{\text{DS(ON)max}} \leqslant \frac{0.14 \text{ V}}{I_{\text{VALLEY}}} \quad (\text{MAX8546})$$

式中:$I_{\text{VALLEY}} = I_{\text{LOAD(max)}} \times (1 - L_{\text{IR}}/2)$;$R_{\text{DS(ON)max}}$ 为低侧 MOSFET 工作在最高结温时的最大导通电阻。

在 MOSFET 的导通电阻上检测电流的局限之一就是电流门限不够精确,因为 MOSFET 的 $R_{\text{DS(ON)}}$ 指标不够精确。这种类型的电流限制提供比较粗糙的故障防护。这种方法比较适用于输入源已经过限流或已被保护的情况。

6) 功率 MOSFET 的选择

MAX8545/MAX8546/MAX8548 驱动两个外部的逻辑电平、N 沟道 MOSFET 作为电路的开关元器件。关键的选择参数为:

- 导通电阻 $R_{\text{DS(ON)}}$ 越低越好。
- 最大漏-源电压 V_{DSS} 至少比高侧 MOSFET 漏极上的输入电源电压高 10%。
- 栅极电荷(Q_{G}、Q_{GD}、Q_{GS})越低越好。

当输入电压大于 5 V 时,选择的 MOSFET 应当具有规定于 $V_{\text{GS}} = 4.5$ V 下的 $R_{\text{DS(ON)}}$ 指标,当输入电压低于 5.5 V 时,应当具有 $V_{\text{GS}} = 2.5$ V 下的指标。为了取得比较好的效率和成本折中,可以选择一个在额定输入电压和最大输出电流下具有相近传导损耗和开关损耗的高侧 MOSFET(N_1)。至于 N_2,应确保它不会因为 N_1 导通引起的 dV/dt 而错误地导通,因为产生的穿透电流会降低效率。具有较低 $Q_{\text{GD}}/Q_{\text{GS}}$ 值的 MOSFET 对于 dV/dt 有更高的抵抗力。

对于合理的热管理设计,MOSFET 功率损耗必须在预期的最高工作结温、最大输出电流,以及最坏情况下的输入电压(对于低侧 MOSFET(N_2),最坏情况为 $V_{\text{IN(max)}}$,对于高侧 MOSFET(N_1),最坏情况为 $V_{\text{IN(min)}}$ 或 $V_{\text{IN(max)}}$)。因电路的工作方式,N_1 和 N_2 具有不同的损耗类型。N_2 工作于零电压开关,因此它的主要损耗为沟道传导损耗(P_{N2CC})、体二极管传导损耗(P_{N2DC})和栅极驱动损耗(P_{N2DR}),公式为

$$P_{\text{N2CC}} = \left(1 - \frac{V_{\text{OUT}}}{V_{\text{IN}}}\right) \times (I_{\text{LOAD}})^2 \times R_{\text{DS(ON)}}$$

式中采用 $T_{\text{J(max)}}$ 下的 $R_{\text{DS(ON)}}$。

$$P_{\text{N2DC}} = 2 \times I_{\text{LOAD}} \times V_{\text{F}} \times t_{\text{dt}} \times f_{\text{S}}$$

式中：V_{F} 为体二极管正向压降；t_{dt} 为 N$_1$ 和 N$_2$ 切换瞬间的死区时间(约 30 ns)；f_{S} 为开关频率。

由于工作在零电压开关状态，N$_2$ 栅极驱动损耗来自于对输入电容 C_{ISS} 的充放电。该损耗分布于 DL 栅极驱动器的上拉和下拉电阻以及栅极内部电阻上。R_{DL} 典型值为 1.8 Ω，MOSFET 的栅极内部电阻 R_{GATE} 典型值为 2 Ω。

N$_2$ 中的驱动功耗由下式给出：

$$P_{\text{N2DR}} = C_{\text{ISS}} \times (V_{\text{GS}})^2 \times f_{\text{S}} \times \frac{R_{\text{GATE}}}{R_{\text{GATE}} + R_{\text{DL}}}$$

N$_1$ 作为占空比控制开关工作，它的主要损耗包括：沟道传导损耗(P_{N1CC})、电压和电流重叠部分的开关损耗(P_{N1SW})，以及驱动损耗(P_{N1DR})。由于 N$_1$ 的体二极管并不传导电流，因此 N$_1$ 没有体二极管传导损耗。沟道传导损耗公式为

$$P_{\text{N1CC}} = \left(\frac{V_{\text{OUT}}}{V_{\text{IN}}}\right) \times (I_{\text{LOAD}})^2 \times R_{\text{DS(ON)}}$$

式中，采用 $T_{\text{J(max)}}$ 下的 $R_{\text{DS(ON)}}$。

电压和电流重叠部分的开关损耗为

$$P_{\text{N1SW}} = V_{\text{IN}} \times I_{\text{LOAD}} \times f_{\text{S}} \times \frac{Q_{\text{GS}} + Q_{\text{GD}}}{I_{\text{GATE}}}$$

式中，I_{GATE} 为 DH 高侧驱动器平均输出电流，可由下式计算：

$$I_{\text{GATE(ON)}} = \frac{1}{2} \times \frac{V_{\text{L}}}{R_{\text{DH}} + R_{\text{GATE}}}$$

式中：R_{DH} 为高侧 MOSFET 驱动器平均导通电阻(典型值 2.05 Ω)；R_{GATE} 为 MOSFET 的栅极内部电阻(典型值 2 Ω)。

驱动损耗公式为

$$P_{\text{N1DR}} = Q_{\text{GS}} \times V_{\text{GS}} \times f_{\text{S}} \times \frac{R_{\text{GATE}}}{R_{\text{DH}} + R_{\text{GATE}}}$$

除了上述这些损耗，还应考虑另外 20% 的附加损耗，这些损耗产生于 MOSFET 的输出电容以及 N$_2$ 的体二极管反向恢复电荷在 N1 上所引起的损耗。参考 MOSFET 数据手册中的热阻参数所需的 PCB 板面积。要在上面计算出的功率损耗下保证不超出预期最高工作结温，这些信息是必不可少的。

为降低开关噪声所引起的 EMI，可在高侧 MOSFET 漏极和低侧 MOSFET 源极之间加一个 0.1 μF 陶瓷电容，或在 DH 和 DL 上串联电阻以减缓开关速度。然而，串联电阻增加了 MOSFET 的功率损耗，因确保不要突破 MOSFET 的温度指标。

7)输入电容选择

输入电容(图 6.1.5 中的 C_2 和 C_3)可以降低注入输入电源的噪声和从输入电源吸取的峰值电流。输入电容必须满足开关电流所要求的纹波电流(I_{RMS}),RMS 输入纹波电流由下式给出:

$$I_{RMS} = I_{LOAD} \times \sqrt{\frac{V_{OUT} \times (V_{IN} - V_{OUT})}{V_{IN}}}$$

为使电路达到最高的可靠性,输入电容在该 RMS 电流下的温升应低于 10℃。当输入电压等于 $2V_{OUT}$ 时,I_{RMS} 达到最大值,即 $I_{RMS} = (1/2)I_{LOAD}$。

8)输出电容选择

输出电容的重要参数包括实际电容值、等效串联电阻(R_{ESR})、等效串联电感(L_{ESL})以及额定电压。所有这些参数会影响总体稳定性、输出纹波电压以及瞬态响应。输出纹波(V_{RIPPLE})有 3 个分量:输出电容存储电荷的波动($V_{RIPPLE(C)}$)、R_{ESR} 上的压降($V_{RIPPLE(ESR)}$)以及 L_{ESL} 上压降($V_{RIPPLE(ESL)}$)。其关系式为

$$V_{RIPPLE} = V_{RIPPLE(ESR)} + V_{RIPPLE(C)} + V_{RIPPLE(ESL)}$$

由 ESR 和输出电容引起的输出电压纹波为

$$V_{RIPPLE(ESR)} = I_{P-P} \times R_{ESR}$$

$$V_{RIPPOLE(C)} = \frac{I_{P-P}}{8 \times C_{OUT} \times f_{SW}}$$

$$V_{RIPPLE(ESL)} = \frac{V_{IN} \times L_{ESL}}{L + L_{ESL}}$$

$$I_{P-P} = \left(\frac{V_{IN} - V_{OUT}}{f_{SW} \times L}\right)\left(\frac{V_{OUT}}{V_{IN}}\right)$$

式中:I_{P-P} 为峰-峰电感电流(参见电感选择部分)。

虽然这些等式可以用来按照纹波要求选择初始电容,最终值还依赖于 LC 双极点频率和电容的 R_{ESR} 零点频率之间的关系。R_{ESR} 零点频率一般高于 LC 双极点,然而,若可能使 R_{ESR} 零点靠近 LC 双极点也是可取的,这样可以消除高 Q、双 LC 极点引起的陡峭相移(参见补偿设计部分)。推荐使用铝电解或 POS 电容。较高的输出电流需要多个电容,以满足输出纹波电压要求。

MAX8545/MAX8546/MAX8548 的负载瞬态响应和所选输出电容有关。负载发生瞬变后,输出会瞬间变化$(R_{ESR} \times I_{LOAD}) + (L_{ESL} \times dI/dt)$。在控制器响应之前,输出会依据电感和输出电容值的不同进一步偏离。经过一个短暂的间隔(见典型工作特性),控制器开始响应,将输出电压调回到其额定状态。控制器响应时间取决于闭环带宽,带宽越宽响应速度越快。控制器响应后阻止输出电压进一步偏离。应注意不要超出电容器的额定电压和纹波电流要求。

9)升压二极管和电容的选择

对于大多数应用而言,一个低电流的肖特基二极管,例如,Central Semiconductor 的 CMPSH - 3，就可很好地工作。注意不要使用大功率二极管，因为较高的结电容会使 BST 至 LX 的电压升高，可能会超过器件的 6 V 额定值。升压电容的选择，依赖于特定的输入和输出电压以及外部元器件和 PC 板布局。升压电容应有足够的容量，以防它被充至过高的电压，同时它也不能太大，以便在低侧 MOSFET 的最小导通时间内能够被充分充电，这种情况出现在最大工作占空比的工作状态下（最低输入电压时）。此外，还应确保升压电容不会被放电至最低栅-源电压以下，以维持高侧 MOSFET 完全打开并具有最低的导通电阻。这个最低栅-源电压 $V_{GS(MIN)}$ 可由下式确定：

$$V_{GS(MIN)} = V_L - \frac{Q_G}{C_{BOOST}}$$

式中：Q_G 为高侧 MOSFET 的栅极总电荷；C_{BOOST} 为升压电容值，升压电容值应在 0.1～0.47 μF 范围内选择。

10）补偿设计

MAX8545/MAX8546/MAX8548 使用电压模式控制方式调节输出电压。这是通过比较误差放大器的输出（COMP）和一个内部产生的固定斜波电压来实现的。电感和输出电容在谐振频率处产生了一对极点，造成每十倍频程的增益 40 dB 下降，以及 180°的相移。误差放大器必须对此增益下降斜率和相移加以补偿，以获得稳定的高带宽闭环系统。

基本的调节器环路包含一个电源调制器，一个输出反馈分压器和一个误差放大器。功率调制器的直流增益由 V_{IN}/V_{RAMP} 确定，电感和输出电容产生了一对极点，输出电容（C_{OUT}）和它的等效串联电阻（R_{ESR}）贡献了一个零点。下面是描述功率调制器的方程。

功率调制器的直流增益为

$$G_{MOD(DC)} = \frac{V_{IN}}{V_{RAMP}}$$

式中：$V_{RAMP} = 1$ V。

电感和输出电容产生的极点频率为

$$f_{PMOD} = \frac{1}{2\pi \sqrt{LC_{OUT}}}$$

电容器 R_{ESR} 引起的零点频率为

$$f_{ZESR} = \frac{1}{2\pi R_{ESR} C_{OUT}}$$

输出电容器通常由若干相同的电容器并联构成。n 个电容器并联所形成的等效输出电容为

$$C_{OUT} = n C_{EACH}$$

总 R_{ESR} 为

$$R_{\text{ESR}} = \frac{R_{\text{ESR EACH}}}{n}$$

并联电容器的 R_{ESR} 零点频率（f_{ZESR}）与单个电容器相同。反馈分压器的增益为 $G_{\text{FB}} = V_{\text{FB}}/V_{\text{OUT}}$，其中 $V_{\text{FB}} = 0.8$ V。跨导误差放大器的直流增益 $G_{\text{EA(DC)}}$ 为 72 dB。主极点（f_{DPEA}）由补偿电容（C_{C}）、放大器的输出电阻（$R_{\text{O}} = 37$ mΩ）和补偿电阻（R_{C}）设定：

$$f_{\text{DPEA}} = \frac{1}{2\pi C_{\text{C}}(R_{\text{O}} + R_{\text{C}})}$$

补偿电阻和补偿电容产生了一个零点：

$$f_{\text{ZEA}} = \frac{1}{2\pi C_{\text{C}} R_{\text{C}}}$$

总闭环增益必须在过零频率（f_{C}）处等于单位增益。过零频率应该高于 f_{ZESR}，以便 -1 斜率跨越单位增益。还有，过零频率应该低于或等于控制器开关频率 f_{SW} 的 $1/5$，关系式为

$$f_{\text{ZESR}} < f_{\text{C}} \leqslant \frac{f_{\text{SW}}}{5}$$

过零频率处的环路增益方程为

$$(V_{\text{FB}}/V_{\text{OUT}}) \times G_{\text{EA(fC)}} \times G_{\text{MOD(fC)}} = 1$$

式中：$G_{\text{EA(fC)}} = g_{\text{mEA}} \times R_{\text{C}}$；$G_{\text{MOD(fC)}} = G_{\text{MOD(DC)}} \times [(f_{\text{PMOD}})^2 / (f_{\text{ZESR}} \times f_{\text{C}})]$。

补偿电阻 R_{C} 可由下式计算：

$$R_{\text{C}} = (V_{\text{OUT}}/g_{\text{mEA}}) \times V_{\text{FB}} \times G_{\text{MOD(fC)}}$$

式中：$g_{\text{mEA}} = 108$ μs。

由于输出 LC 双极点的欠阻尼特性（$Q > 1$），误差放大器的补偿零点应近似等于 $0.2 f_{\text{PMOD}}$，以提供较好的相位超前。

C_{C} 计算式如下：

$$C_{\text{C}} = \frac{5}{2\pi \times R_{\text{C}} \times f_{\text{PMOD}}}$$

此外，还可在 COMP 和 GND 之间加入一个小电容 C_{F}，以实现高频去耦。C_{F} 在误差放大器的响应中带来另一个高频极点 f_{PHF}。这个极点必须比误差放大器的零点频率高 100 倍以上，使其对相位裕度的影响可以忽略。这个极点还应该小于 $1/2$ 的开关频率，以便有效去耦。

$$100 f_{\text{ZEA}} < f_{\text{PHF}} < 0.5 f_{\text{SW}}$$

在以上范围内选择 f_{PHF}，再通过以下等式求得 C_{F}。

$$C_{\text{F}} = \frac{1}{2\pi \times R_{\text{C}} \times f_{\text{PHF}}}$$

11) PCB 板布局准则

合理的 PCB 板布局对于实现低开关损耗和稳定工作十分重要。如果可能，将所有功率器件安装在电路板的顶层，并使它们的接地端子彼此靠近。依照以下准则可

获得良好的布局：

① 大电流通路要尽可能短，尤其是接地端。这对于实现稳定、无抖动的工作十分重要。

② 在靠近 IC 第 7 引脚的地方连接功率地和模拟地。

③ 保持电源线和负载连线尽可能短。这对于提高效率十分重要。采用厚的覆铜印制板可使满载效率提高 1% 或更多。获得良好的印制板布线是一项比较艰巨的任务，它要求密集程度在几分之一厘米以内，引线电阻增加数毫欧就会造成显著的效率损失。

④ 连接到低侧 MOSFET 的 LX 和 GND 用于电流检测，必须采用 Kelvin 检测连接方式以保证限流精度。如果是 SO - 8 封装的 MOSFET，最好使用顶层铜线将电源从外部接入，同时在 SO - 8 封装的内侧（底部）连接 LX 与 GND。

⑤ 当必须对走线长度进行折中时，宁可使电感的充电电流路径长于放电路径。例如，电感和低侧 MOSFET 或电感和输出滤波电容之间的距离允许更长一些。

⑥ 确保电感和 C_3 间的连接尽可能短且直。

⑦ 开关节点（BST、LX、DH 和 DL）的布线要远离敏感的模拟区域（COMP、FB）。

⑧ 确保紧靠引脚放置陶瓷旁路电容 C_1，并尽可能靠近器件。而且，MAX8545/MAX8546/MAX8548 的 V_{IN} 和 GND 引脚必须先连接到 C_1 两端，然后才连接到功率开关和 C_2。

12）推荐的元器件参数

推荐的元器件参数如表 6.1.4 所列。

表 6.1.4　DC - DC 降压变换器电路元器件

符　号	名　　称	型　　号	数　量	备　　注
U1	DC - DC 降压变换电路	MAX8546 EUB	1	10 - μMAX
N1	FET	FDS6982A	1	20 mΩ 30 V Dual N - ch MOSFET（SO - 8）
Q1	晶体管	Fairchild MMBT3904	1	200 mA 40 V NPN transistor（SOT - 23）
R_1	电阻器	12.7 kΩ，±1%	1	0805
R_2	电阻器	4.02 kΩ，±1%	1	0805
R_3	电阻器	10 Ω，±5%	1	0805
R_4	电阻器	390 kΩ，±5%	1	0805
R_5，R_6	电阻器	10 kΩ，5%	2	0805
R_8	电阻器	3 Ω，±5%	1	0603
R_9	电阻器	3 Ω，±5%	1	1206

续表 6.1.4

符　号	名　称	型　号	数　量	备　注
C_1	电容器	1 μF/10 V	1	X5R 陶瓷电容器（0805） Taiyo Yuden LMK212BJ105MG
C_2，C_3	电容器	10 μF/16 V	2	X5R 陶瓷电容器（1210） Taiyo Yuden EMK325BJ106MN
C_4，C_{12}	电容器	1 μF/16 V	2	X5R 陶瓷电容器（0805） Taiyo Yuden LMK212BJ105MG
C_6	电容器	330 μF/6 V	1	聚合体电容器 Sanyo 6TPE330MIL
C_5，C_8，C_9	电容器	0.1 μF/10 V	3	陶瓷电容器（0603）
C_{10}	电容器	680 pF	1	陶瓷电容器（0805）
C_{13}	电容器	1.5 nF	1	陶瓷电容器（0805）
D1，D2	肖特基二极管	100 mA/30 V	2	（SOT – 23）Central Semi CMPSH – 3
L_1	电感器	7.2 μH/7.6 A	1	Sumida CEP125 – 7R2 – H

6.1.6　实训思考与练习题 2：制作 MAX669 DC – DC 升降压变换器

　　试采用 MAX669 制作一个 3.3 V@1.5 A DC – DC 升降压变换器，参考电路图如图 6.1.6 所示。MAX669 有关资料请登录 www. maxim-ic. com. cn 查询。设计印制电路板时请注意，MAX669 采用 μMAX – 10 封装形式。

　　注意：该电路在输入电压范围为 2.5～6 V 时，电路输出为 3.3 V/1.5 A；输入电压大于 3.3 V 时，电路输出为 3.3 V/1.7 A。

　　推荐的部分元器件参数如下：

- L_{1A}/L_{1B}——5.4 μH，4 A，BH Magnetics ♯510 – 1010；
- D1——Central Semiconductor CMSH2 – 40（或者其他 2 A 肖特基二极管）；
- D2——Central Semiconductor CMPSH – 3（或者其他 100 mA 肖特基二极管）；
- Q1——Fairhild NDH833N（或者其他 25 mΩ、20 V NFET）；
- R_3——Dale WSL2512 – R020F（或者其他 20 mΩ 电阻）；
- C_1——180 μF 10 V AVX TPS or Sprague 595（钽电容器）或者 Sanyo GX（低 ESR 的铝电容器）；
- C_2——10 μF 钽电容器；
- C_3——220 μF 10 V AVX TPS or Sprague 595（钽电容器）或者 Sanyo GX（低 R_{ESR} 铝电容器）。

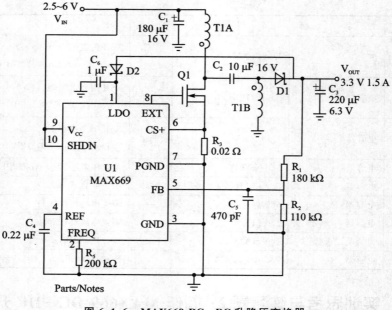

图 6.1.6　MAX669 DC-DC 升降压变换器

6.2　开关电源

6.2.1　实训目的与器材

实训目的：制作一个基于 NCP1050 的 10 W/100 kHz 开关电源。

实训器材：常用电子装配工具、万用表、示波器。NCP1050 开关电源电路元器件如表 6.2.1 所列。

表 6.2.1　NCP1050 开关电源电路元器件

符　号	名　　称	型　　号	数　量	备　注
U1	单片开关电源集成电路	NCP1050	1	
U2	光耦合器	SFH615A	1	
U3	电压调节器	TL431	1	
Q1	晶体管	2N3904	1	
D1～D4	整流二极管	IN4006	4	
D5	快恢复二极管	MUR160	1	
D6	快恢复二极管	IN5822	1	

续表 6.2.1

符　号	名　　称	型　　号	数　量	备　注
R_1	电阻器	RTX – 0.125 W – 91 kΩ	1	
R_2	电阻器	RTX – 0.125 W – 2.2 kΩ	1	
R_3	电阻器	RTX – 0.125 W – 47 Ω	1	
R_4	电阻器	RTX – 0.125 W – 1 kΩ	1	
R_5	电阻器	RTX – 0.125 W – 2 kΩ	1	
R_6	电阻器	RTX – 0.125 W – 2.2 kΩ	1	
R_7	电阻器	RTX – 1 W – 0.5 Ω	1	
R_8	电阻器	RTX – 1 W – 1.2 Ω	1	
R_9	电阻器	RTX – 0.125 W – 22 Ω	1	
R_{10}	电阻器	RTX – 0.125 W – 220 Ω	1	
C_1	电容器	CL – 0.1 μF/600 V	1	
C_2	电容器	CD11 – 33 μF/400 V	1	
C_3	电容器	CC – 220 pF/400 V	1	
C_4	电容器	CC – 22 pF/400 V	1	
C_5	电容器	CD11 – 10 μF/100 V	1	
C_6	电容器	CC – 100 pF/100 V	1	
C_7,C_8,C_9	电容器	CD11 – 330 μF/25V	3	
C_{10}	电容器	CL – 0.22 μF/50 V	1	
C_{11}	电容器	CD11 – 220 μF/25 V	2	
C_{12}	电容器	CL – 1 μF/50 V	1	
C_{13}	电容器	CD11 – 1.0 μF/50 V	1	
L_1	电感器	10 mH	1	
L_2	电感器	5 μH	1	磁珠
T1	高频变压器		1	

6.2.2　NCP1050 的主要特性

NCP1050 系列单片开关电源芯片有 NCP1050～NCP1055 共 6 种型号,芯片内部包含上电启动调节电路、门控振荡器、脉宽调制器、驱动门、功率开关管、故障逻辑与故障触发器、开启触发器、关断触发器、前沿闭锁电路以及多种保护电路。采用 100 V、115 V 或 230 V 交流固定输入电压时,该系列的输出功率为 6～40 W,在 85～265 V 宽范围交流输入电压时,可提供 3～20 W 的功率。占空比调节范围是 0～77％。

NCP1050 芯片内部有一个完整的门控振荡器，不需要外接阻容元器件即可产生矩形波信号和时钟信号。振荡频率（即开关频率）由内部编程设定，出厂时按 44 kHz、100 kHz 和 136 kHz 来划分成 A、B、C 三挡。电源电压 U_{CC} 接至振荡器的输入端来构成一个压控振荡器（VCO），当 U_{CC} 在 7.6～8.6 V 范围内变化时，开关频率也随之而变，其变化范围是 ±6%。

利用芯片内部的动态自供电源来提供电源电压 U_{CC} 并对其进行调整，因此它能省去偏置绕组，简化高频变压器的设计。功率开关管（MOSFET）的漏-源击穿电压 $U_{(BR)DS}=700$ V。其开关特性为导通时间（即 U_D 从 90% 下降到 10% 所需要的时间）$t_{ON}=45$ ns，关断时间（U_D 从 10% 上升到 90% 所需时间）$t_{OFF}=25$ ns。

NCP1050 芯片具有完善的保护功能，包括带滞后特性的输入欠电压（UVLO）保护、过电流保护（亦称过载保护）、输出短路保护、过热保护、控制环路的开环保护功能。它利用欠电压闭锁比较器来监控 U_{CC}，一旦 $U_{CC}<4.6$ V（欠电压阀值 U_{UV}），就关断开关电源。NCP1050～NCP1055 的极限电流 I_{LIMIT} 分别为 0.1 A、0.2 A、0.3 A、0.4 A、0.53 A 和 0.68 A。在 MOSFET 的源极上串联了一只过电流检测电阻 R_S，当漏极电流 $I_D>I_{LIMIT}$ 时，就立即关断输出，起到保护作用。芯片的最高结温 $T_{jm}=160℃$，当温度超过 160℃ 时，热关断电路就起到保护作用，仅当温度降至 85℃ 时，才允许重新启动开关电源。

片内有故障逻辑与可编程定时器控制电路，专用来检查开关电源是否发生了开环、欠电压、过电流或短路故障。只要出现故障，就切断输出电路并进入低电压模式。排除故障后才能重新启动电源。

NCP1050 芯片采用斜率受控的驱动器来驱动功率开关管。

NCP1050 系列芯片适用于交、直流电源变换器、电源适配器、便携式电池充电器、小功率备用电源及不间断电源（UPS）。

NCP1050 系列产品采用 PDIP - 8 和 SOT - 223 两种封装形式，主要引脚的功能如下：

- 引脚端 1（U_{CC}）为电源正输入端。在启动阶段，漏极通过内部的启动电流源为此端提供电源电压。U_{CC} 的允许范围是 7.6 V（$U_{CC(OFF)}$）～8.6 V（$U_{CC(ON)}$），有 1 V 的滞后电压。欠电压阀值设定为 4.6 V。当 U_{CC} 升至 8.6 V 时关断启动电路。U_{CC} 端需外接一只供电电容，给芯片提供电源电压并设定故障定时器的时间及压控振荡器的变化率。

- 引脚端 2（C）为控制端。当该引脚端的拉电流或灌电流超过 47 μA 时，开关电源将被关断。其内部有一只 10 V 稳压管，可防止因静电放电或过电压故障而损坏芯片；GND 为控制电路和电源开关电路的公共地；

- 引脚端 5（D）为内部功率开关管的漏极引出端，接高频变压器的初级绕组和内部启动电流源。

全国大学生电子设计竞赛制作实训（第 3 版）

- 引脚端 6、7、8 为接地端。
- 引脚端 3 为空脚。

6.2.3　开关电源的电路结构

采用 NCP1050 的开关电源电路如图 6.2.1 所示，电路中包含有开关电源芯片 NCP1050B(U1)、光耦合器 SFH615A – 4(U2)和精密电压调节器 TL431(U3)三片集成电路。85～265 V 交流电经过电磁干扰滤波器(C_1、L_1)、整流滤波器(D1～D4、C_2)产生直流高压、再经过初级绕组连接到 NCP1050B 的漏极。R_1、C_3 和 D5 构成钳位保护电路，用来吸收高频变压器漏感产生的尖峰电压，防止尖峰电压叠加在输入电压(U_1)和感应电压(U_{OR})上，使 U_D 超过 700 V 而导致 MOSFET 雪崩击穿。R_2、C_4 用来抑制由振铃电压形成的辐射噪声。C_5 为供电电容，具有 3 种功能：第一，利用动态自供电源来代替偏置绕组，为 U1 提供电源电压 U_{CC}，因此高频变压器不需要辅助绕组；第二，为门控振荡器频率扫描提供定时时间；第三，对输出故障（过载、短路）或开环故障做出响应。

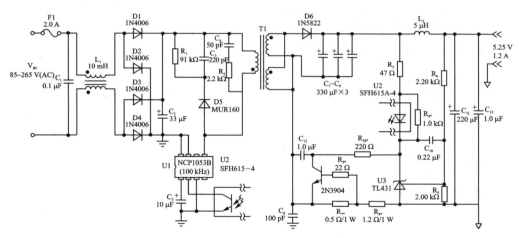

图 6.2.1　NCP1050 开关电源电路

输出整流管 D6 采用 1N5822 型 3 A/40 V 快恢复二极管，为提高电源效率，亦可用 MBR340 型肖特基二极管来代替。输出滤波器由 C_7、C_8、C_9、L_2、C_{11} 和 C_{12} 构成。分别将 C_7～C_9、C_{11}～C_{12} 作并联使用，可减小分布电感。L_2 采用 5 μH 的磁珠。R_5、R_6 为输出端的取样电阻。取样电压 U_Q 与 TL431 内部的 2.5 V 基准电压进行比较，以决定 TL431 的阴极电压 U_K。当 U_O 值增加→取样电压 U_Q 值增加→U_K 值下降时，光耦合器中 LED 的工作电流 I_F 增大，使 NCP1050B 的输出占空比减小，最终使 U_O 保持不变。C_{10} 为频率补偿电容，防止 TL431 产生自激振荡。C_6 是滤波电容。

高频变压器采用 EE19 型磁芯，初级绕组使用 ϕ0.18 mm 漆包线绕 97 匝，次级绕组用ϕ0.44 mm漆包线双股并绕5匝。

NCP1050 系列既可用作精密开关电源,亦可改装成具有恒压/恒流输出特性的电池充电器,给手机和寻呼机进行充电。构成电池充电器时需将 R_4 的值改为 2.0 kΩ,并增加由虚线框内元器件组成的电流控制环。电池充电器中的电流控制环由图 6.2.1 中的 Q1、$R_7 \sim R_{10}$ 所组成。其中,R_9 为基极限流电阻,R_{10} 为集电极电阻。当 $I_O < 1$ A 时,Q1 截止,电流控制环不起作用,仅电压控制环工作,开关电源处于恒压输出状态;当 $I_O > 1$ A 时,U_{R7} 升高,使 Q1 导通,电流控制环开始工作,对 I_O 的增加起到了限制作用。恒流值 I_H 由 R_7、R_8 以及 Q1 的发射结压降 U_{BE} 所决定,近似计算公式为

$$I_O = I_H \approx U_{BE}/R_7$$

令 $U_{BE} = 0.55$ V,取 $R_7 = 0.5$ Ω 时,根据上式计算出 $I_H = 1.1$ A。实际上,I_H 还受 R_8 的影响。当 $R_8 = 1.2$ Ω 时,$I_H = 1.05 \sim 1.1$ A;$R_8 = 0$ Ω 时,$I_H = 1.12 \sim 1.14$ A。输出功率可达到 5.5 W 以上。

6.2.4　开关电源的制作步骤

1. 印制电路板制作

按印制电路板设计要求,设计基于 NCP1050 的开关电源电路的印制电路板图,参考设计如图 6.2.2 所示,选用一块 7 cm×6 cm 单面环氧敷铜板。NCP1050 有 PDIP - 8 和 SOT - 223 两种封装形式,本设计采用 PDIP - 8 封装形式。印制电路板制作过程请参考《全国大学生电子设计竞赛技能训练(第 2 版)》。

2. 元器件焊接

按图 6.2.2(a)所示,将元器件逐个焊接在印制电路板上,元器件引脚要尽量的短。U1、U2 最好采用插座安装,插座的缺口标记与印制电路板相应标记对准,注意不要装反。集成电路插入插座时也要注意不要插反。一般制作好的开关电源电路,无须调试即可正常工作。元器件焊接方法与要求请参考《全国大学生电子设计竞赛技能训练(第 2 版)》有关章节。

注意:元器件布局图中所有元器件均未采用下标形式。

3. 主要技术指标

NCP1050 开关电源,可达到的主要技术指标如下:输入交流电压 U 范围为 85 ∼ 265 V;输出电压 U_O 为 5.25 V;最大输出电流 I_{OM} 为 1.91 A;最大输出功率 P_{OM} 为 10 W;满载时的电压调整率 S_V 为 0.38%($u = 85 \sim 265$ V,$I_O = 1.91$ A);负载调整率 S_I 为 0.57%($u = 230$ V,$I_O = 0.19 \sim 1.91$ A);电源效率 η 为 71.2%($u = 230$ V,$I_O = 1.91$ A);输出纹波电压 U_{RI} 为 86 ∼ 127 mV$_{P-P}$ 峰-峰值。

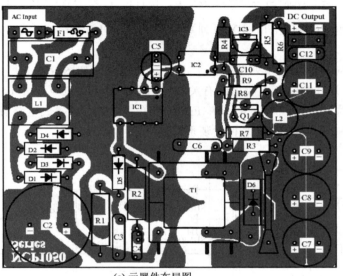

(a) 元器件布局图

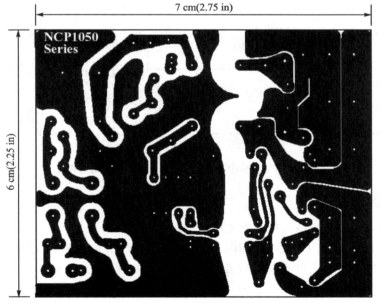

(b) 印制电路板图

图 6.2.2　开关电源电路的印制电路板图

6.2.5　实训思考与练习题 1：制作 TOPSwitch‑FX 开关电源

试采用 TOPSwitch‑FX 系列单片开关电源 IC 制作一个 17 W 的 PC 机开关电源。

TOPSwitch‑FX 系列单片开关电源参考电路图如图 6.2.3 所示。TOPSwitch‑FX 系列单片开关电源集成电路有关资料请登录 www.powerint.com 查询。设计印制电路板时请注意，TOPSwitch‑FX 系列单片开关电源集成电路有 TO‑220‑7B、DIP‑8B 和 SMD‑8B 这 3 种封装形式。

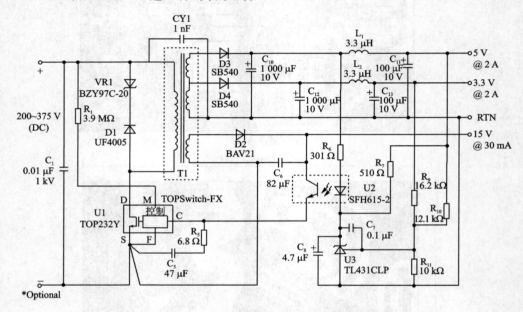

图 6.2.3　TOPSwitch‑FX 17 W PC 机开关电源电路

制作提示：

TOPSwitch‑FX 系列单片开关电源的设计要点。

① TOPSwitch‑FX 芯片选择。设计开关电源时，可根据所需最大输出功率（P_{OM}）、电源效率（η）、散热条件以及价格因素，选择合适的 TOPSwitch‑FX 芯片。可以选择较大功率的 TOPSwitch‑FX 芯片作降额使用，以满足输出功率较低、效率较高、散热条件差的特殊用途。

② 输入滤波电容。输入滤波电容 C_{IN} 应能在交流低压输入时提供 TOPSwitch‑FX 进行电源变换所必需的最小直流电压 U_{Imin}。由于 TOPSwitch‑FX 的最大占空比要高于 TOPSwitch‑Ⅱ，因此可适当减小 C_{IN} 的容量。通常取比例系数 $C_{IN}/P_{OM}=2\ \mu F/W$，即每瓦输出功率对应于 2 μF 的电容量。

③ 漏极钳位电路。TOPSwitch‑FX 的漏极钳位电路有 3 种设计方案：

a. 由瞬态电压抑制器（TVS）和超快恢复二极管（D）构成的钳位电路；

b. 由齐纳稳压管（D_Z）和超快恢复二极管构成的钳位电路；

c. 由阻容元器件（R、C）和超快恢复二极管构成的钳位电路。

方案 a. 和 b. 所需元器件数量最少，所占印制板面积也小。选择方案 a. 或 b. 时，为了提高电源效率，要求 TVS 的钳位电压 U_B（或 D_Z 的反向击穿电压 U_Z）至少等于初级感应电压 U_{OR} 的 1.5 倍。设计时 U_{OR} 一般不超过 135 V。

采用方案 c. 能充分发挥 TOPSwitch-FX 系列最大占空比 D_{max} 范围更宽、I_{LIMIT} 容差小、可从外部降低极限电流等特点，此时需把 U_{OR} 提高到接近 165 V。如果将 TOPSwitch-FX 设计成连续模式且增加电压前馈，使 D_{max} 随 U_1 升高而降低，则 U_{OR} 应提升到接近 185 V，增大 U_{OR} 值后电源效率也得到进一步提高，这是因为当电源输入功率一定时，U_{OR} 愈高，所传输的能量就愈多。

综上所述，R、C、D 型钳位电路的成本最低而电源效率最高，但需要精心设计才行。

④ 输出整流管。选择输出整流管时应当考虑最高反向峰值电压（$U_{(BR)S}$），最大输出电流（I_{OM}）和散热条件。TOPSwitch-FX 的 D_{max} 较高，通过合理地设计高频变压器匝数比，能尽量选用低压、大电流的肖特基二极管，以降低整流管上的功耗。例如，当 $U_O < 20$ V 时，可选 60 V 肖特基二极管；$U_O < 30$ V 时，宜选 100 V 的肖特基管；当 $U_O > 30$ V 时，须采用高压、大电流的超快恢复二极管。

⑤ EMI 滤波器。利用 TOPSwitch-FX 的频率抖动特性，能降低与基本开关频率的各次谐波相关的电磁干扰的峰值。随着谐波次数的升高，对相关 EMI 的衰减量就增大。对于常见的 TV、VCR、CVCR、DVD 等视频设备，选择 65 kHz 开关频率时，EMI 滤波器中的 L_1 只需采用简单的电感，就能降低共模干扰，而无需用成本较高、体积较大的共模扼流圈。这是因为以 65 kHz 作基本开关频率时，二次谐波仅为 130 kHz，仍低于 150 kHz。而超过 150 kHz 时，EMI 滤波器的设计指标就要严格得多。

⑥ 高频变压器。高频变压器的最大磁通密度 B_M 不得超过 0.4 T。其匝数比应满足下列条件：

a. 采用 TVS、D、D_Z 型钳位电路，所设计的匝数比应能保证初级感应电压 U_{OR}＝135 V；

b. 采用 R、C、D 型钳位电路且 I'_{LIMIT} 设成固定值时，要求 U_{OR}＝165 V；

c. 选用 R、C、D 型钳位电路并使 I'_{LIMIT} 随 U_1 升高而降低，要求 U_{OR}＝185 V。

TOPSwitch-FX 的开关频率高，极限电流容差小，可选尺寸较小的磁芯，以减小高频变压器的体积。在宽范围输入时高频变压器的典型参数值[65] 如表 6.2.2 所列，可供设计开关电源时参考。

表 6.2.2　在宽范围输入时高频变压器的典型参数值

参数名称及单位	$U_O = 5$ V			$U_O = 12$ V		
	TOP232	TOP233	TOP234	TOP232	TOP233	TOP234
高频变压器初级绕组的最大电感 $L_P/\mu H$	2 930	1 500	960	3 050	1 550	1 050
高频变压器初级绕组的泄漏电感 $L_{P0}/\mu H$	44	22	14	46	16	11
次级绕组开路时高频变压器的谐振频率 f_0/Hz	750	800	850	750	800	850
初级绕组直流电阻 $R_P/m\Omega$	2.00	1.06	0.70	2.40	1.20	0.80
次级绕组直流电阻 $R_S/m\Omega$	12	6	4	30	15	10
磁心损耗/mW	10	200	250	100	200	250

⑦ 印制电路的设计。TOPSwitch-FX 构成的开关电源主要元器件布局的印制电路板图参考设计如图 6.2.4 和图 6.2.5 所示。其中,图 6.2.4 适用于 DIP-8 和 SMD-8 封装,并具有欠电压、过电压保护功能。这里用源极所接的敷铜箔起散热作用,散热敷铜箔面积可取 2.3 cm^2。图 6.2.5 适合 TO-220-7B 封装,且能从外部设定极限电流。

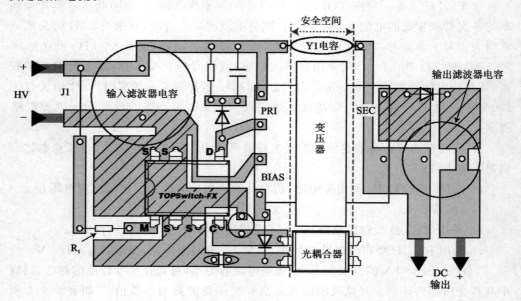

图 6.2.4　DIP-8 和 SMD-8 封装的印制电路

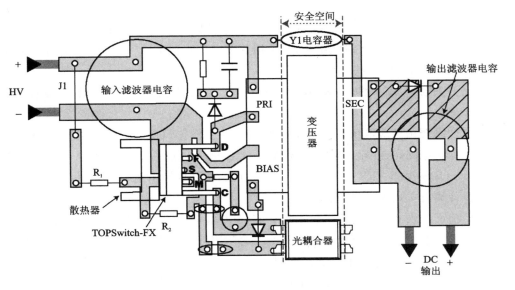

图 6.2.5　TO - 220 - 7B 封装的印制电路

设计印制板时应注意以下事项：

a. 输入滤波电容 C_{IN} 的负极须单点连到反馈绕组回路中。

b. 以源极为参考地，连接到多功能端的阻容元器件，应尽量靠近 M 极和 S 极，并且要单独连到源极上。多功能端的引线应短接，不要靠近漏极引线，以免引入开关噪声干扰。

c. 控制端的旁路电容 C 要尽量靠近 C 极与 S 极。光耦合器输出端也应靠近控制端。

d. 为抑制高频干扰，可在 C 上再并联一只 $0.01\sim0.1~\mu\text{F}$ 的消噪电容。

e. 源极引线上不得有功率开关管（MOSFET）的开关电流通过。

f. 图中的阴影区应尽量大些，使 TOPSwitch - FX 和输出整流管散热良好。

⑧ 影响开关电源性能指标的主要因素：

a. 当电网波形有严重失真时，会导致整流滤波后的 UI 降低，有可能使芯片欠压保护。此时应增大输入滤波电容 C_{IN} 的容量，或者降低 P_O 值。

b. 受制造工艺的限制，高频变压器的初级绕组电感量 L_P 可能有较大的偏差。当 L_P 过大时，会导致初级绕组脉动电流与峰值电流的比值 K_{RP} 过低，通常取 $K_{RP}>0.4$；若 L_P 过低，初级绕组的峰值电流 I_P 和有效值电流 I_{RMS} 会增大，可能造成未加最大负载时芯片已提前进行过流保护。

c. 低压输出时要求输出滤波电容 C_{OUT} 的等效串联电阻（R_{ESR}）必须很低，以免增加次级绕组损耗。

d. 为提高电源效率,必须减小高频变压器的初级绕组漏感 L_{PO}。正确设计,使 $L_{PO}/L_P = 1\% \sim 1.5\%$;否则,应改进高频变压器的结构和制造工艺。测量 L_{PO} 时,应先把次级绕组短路,再用数字电感表或 RLC 自动测量仪测量初级绕组两端的漏感量。

e. 开关电源的效率愈低,表明芯片功耗愈大。当效率过低时,证明设计不合理,需重新设计。

f. 初级绕组感应电压 U_{OR} 对电源效率有很大影响。U_{OR} 太高,不仅会增加钳位保护电路的功耗,还容易烧毁钳位二极管,使之击穿后短路,进而损坏 TOPSwitch - FX 芯片。另外,U_{OR} 过低,会降低输出功率。

⑨ 提高开关电源性能指标的方法:

a. 前面提到 C_{IN} 的每瓦电容量推荐值,只是能满足设计指标并降低电容器成本的基本条件。但就电源效率和 C_{IN} 的使用寿命而言,适当提高每瓦的电容量值,可以达到更好的性能指标,只是 C_{IN} 的容量增大了,成本也会提高。

b. 若已确信开关电源总处于低压输入情况,可适当提高钳位电压 U_B 和感应电压 U_{OR}。这样虽然会增大次级绕组峰值电流 I_{SP},可提高总的电源效率并降低芯片功耗。令输出整流管的反向耐压值为 $U_{(BR)S}$,有下述关系式 $U_{OR} \uparrow \to D \downarrow \to I_{RMS} \downarrow \to T_{jmin} \downarrow \to 'U_{(BR)S} \downarrow$。

c. 对于 TOPSwitch - FX 芯片,可得到两个互相独立的最大输出功率值。一个是通过设定工作参数(例如 D_{max}、L_{IMIT})而得到的;另一个是由芯片最低结温 T_{jmin} 所决定的热状态下最大输出功率。未考虑 T_{jmin} 的限制时,可能使设计的输出功率低于芯片最大输出功率,此时可相应增加初级绕组的电感量并改善散热条件。设计电源适配器时,通过减小 K_{RP} 值能够降低芯片的功耗。

d. TOPSwitch - FX 如能在较低的结温下工作,会改善其输出特性。此外,增加散热器的有效散热面积,也有助于提高电源效率和输出功率。

6.2.6　实训思考与练习题 2: 制作 TEA152x 电源适配器

试采用 TEA152x 系列单片开关电源 IC 制作一个电源适配器。

TEA152x 系列单片开关电源参考电路图如图 6.2.6 所示。TEA152x 系列单片开关电源集成电路有关资料请登录 www.nxp.com 查询。设计印制电路板时请注意,TEA152x 系列单片开关电源集成电路有 SOT97 - 1、SOT108 - 1 和 SOT523 - 1 这 3 种封装形式。

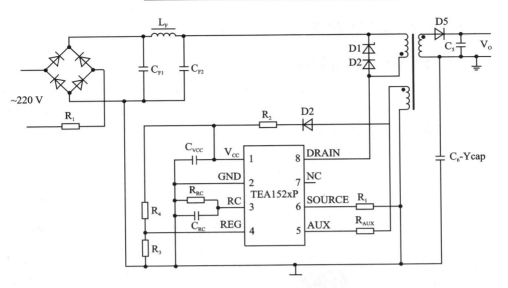

图 6.2.6　TEA152x 电源适配器参考电路图

6.3　交流固态继电器

6.3.1　实训目的与器材

　　实训目的：制作一个交流固态继电器。

　　实训器材：常用电子装配工具、万用表、示波器。交流固态继电器电路元器件如表 6.3.1 所列。

表 6.3.1　交流固态继电器电路元器件

符　号	名　称	型　号	数　量
R_1	电阻器	RTX-0.125 W-8.2 kΩ	1
R_2	电阻器	RTX-0.125 W-39 Ω	1
R_3	电阻器	RTX-0.125 W-100 Ω	1
R_4	电阻器	RTX-0.125 W-47 Ω	1
R_5	电阻器	RTX-0.125 W-47 Ω	1
C	电容器	CL-0.01 μF/630 V	1
Q1	三极管	2SC1000	1
D1,D2	二极管	1N4148	2
D3	发光二极管	LED	1
VTH1,VTH2	双向晶闸管	BTA41	2
U1	光耦合器	MOC3063	1

6.3.2　主要元器件特性

1. 双向可控硅开关元器件

BTA/BTB41 是一个 $I_{T(RMS)}$ 为 40 A、V_{DRM}/V_{RRM} 为 600 V 和 800 V、$I_{GT(Q1)}$ 为 50 mA 的三端双向可控硅开关元器件，有绝缘 TOP3 和非绝缘 TOP3 两种封装形式。如图 6.3.1 所示为 BTA/BTB41 符号、引脚端封装形式。BTA/BTB41 外形如图 6.3.2 所示，其对应的尺寸值如表 6.3.2 所列。

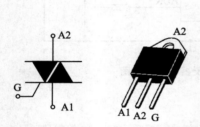

图 6.3.1　BTA/BTB41 符号、引脚端封装形式　　　　图 6.3.2　BTA/BTB41 外形尺寸

2. 光电耦合器

MOC3063 光电耦合器的发光二极管正向电流最大值为 60 mA，反向耐压为 6 V，输出端 V_{DRM} 为 600 V，输出电流为 1 A，dv/dt 为 1500 V/s，引脚端封装形式和 DIP 封装外形尺寸如图 6.3.3 所示，其对应的尺寸值如表 6.3.3 所列。内部结构如图 6.3.4 所示。

表 6.3.2　BTA/BTB41 外形尺寸值

符　号	尺　寸					
	mm			英　寸		
	最小值	典型值	最大值	最小值	典型值	最大值
A	4.4		4.6	0.173		0.181
B	1.45		1.55	0.057		0.061
C	14.35		15.60	0.565		0.614
D	0.5		0.7	0.020		0.028
E	2.7		2.9	0.106		0.114
F	15.8		16.5	0.622		0.650
G	20.4		21.1	0.815		0.831

符　号	尺　寸					
	mm			英　寸		
	最小值	典型值	最大值	最小值	典型值	最大值
H	15.1		15.5	0.594		0.610
J	5.4		5.65	0.213		0.222
K	3.4		3.65	0.134		0.144
L	4.08		4.17	0.161		0.164
P	1.20		1.40	0.047		0.055
R		4.60			0.181	

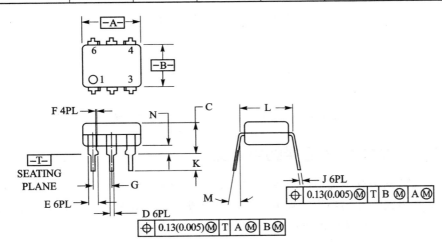

图 6.3.3　MOC3063 外形尺寸

表 6.3.3　MOC3063 DIP 外形封装尺寸值

符　号	英　寸		mm	
	最小值	最大值	最小值	最大值
A	0.320	0.350	8.13	8.89
B	0.240	0.260	6.10	6.60
C	0.115	0.200	2.93	5.08
D	0.016	0.020	0.41	0.50
E	0.040	0.070	1.02	1.77
F	0.010	0.014	0.25	0.36
G	0.100 BSC		2.54 BSC	
J	0.008	0.012	0.21	0.30

续表 6.3.3

符 号	英 寸		mm	
	最小值	最大值	最小值	最大值
K	0.100	0.150	2.54	3.81
L	0.300 BSC		7.62 BSC	
M	0°	15°	0°	15°
N	0.015	0.100	0.38	2.54

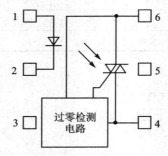

图 6.3.4　MOC3063 引脚端封装形式和内部结构

6.3.3　交流固态继电器的电路结构

一个交流固态继电器电路原理图如图 6.3.5 所示。电路由输入恒流控制电路、光耦合隔离电路和输出功率开关电路三部分组成。输出功率开关由两只双向晶闸管 BTA41 并联担任，负载电流可高达 40 A×2。

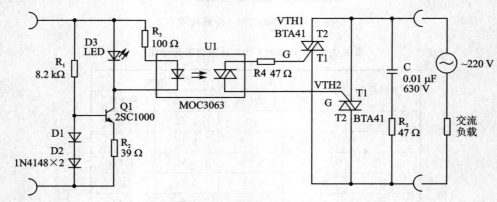

图 6.3.5　交流固态继电器电路

1. 输入恒流控制电路

为了扩大输入控制电压的范围，同时又能保证光耦合器件 U1 能安全可靠地工作，在输入控制端与光耦合器件之间插入一级恒流源电路。图 6.3.5 中，Q1 为恒流放大管，R_1 和 D1、D2 构成 Q1 的偏置电路，由于 D1、D2 的钳位作用，当输入控制电压在 3～32 V 范围内变动时，Q1 的基极电压 $V_B=0.5$ V×2−0.8 V×2=1～1.6 V；又由于发射极电阻 R_2 的电流负反馈作用，恒流管 Q1 的集电极电流 I_C 被限制在 5～25 mA 范围内。D3 为 LED 发光二极管，作为输入电压正常指示器，同时，它与光耦合器件 U1 相并联，起到分流作用，进一步保证了光耦合器件输入端的安全工作，当输入控制电压在 3～32 V 大范围内变动时，输入光耦合器的电流被控制在 5～20 mA 范围内。R_3 为平衡电阻，其作用是在光耦合器 U1 导通的同时，确保发光二极管 D3 也发光指示。

2. 光耦合器件

光耦合器件 U1 实现输入控制端和输出端之间的电隔离，隔离电压可达 2 500～3 000 V。

3. 输出功率开关电路

输出功率开关电路中采用两只双向晶闸管，两只双向晶闸管 VTH1、VTH2 同时触发导通，由于它们并联连接，可扩大输出电流。R_5、C 串联后并联在输出端，用以吸收瞬间过高电压，必要时还可以外接金属氧化物压敏电阻（R_{MOV}）。R_4 为触发限流电阻。

6.3.4 交流固态继电器的制作步骤

1. 印制电路板制作

按印制电路板设计要求，设计交流固态继电器电路的印制电路板图，一个参考设计[41]如图 6.3.6 所示，选用两块 6 cm×40 cm 双面环氧敷铜板。印制电路板制作过程请参考《全国大学生电子设计竞赛技能训练（第 2 版）》。

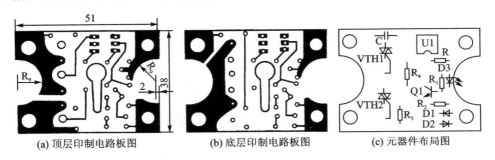

(a) 顶层印制电路板图　　　　(b) 底层印制电路板图　　　　(c) 元器件布局图

图 6.3.6　固态继电器印制电路板和元器件布局图

2. 元器件焊接

按图 6.3.6(c) 所示，将元器件逐个焊接在印制电路板上，元器件引脚要尽量的短。U1 最好采用插座安装，插座的缺口标记与印制电路板相应标记对准，注意不要装反。集成电路插入插座时也要注意不要插反。元器件焊接方法与要求请参考《全国大学生电子设计竞赛技能训练（第 2 版）》有关章节。

3. 调　试

（1）安装完成、检查无误后，可接入 3～32 V（DC）控制电压，观察指示二极管 D3 是否正常发光（输出端空载，也不接电源）。

（2）用万用表 R×1 kΩ 挡检测输出端电阻，当输入控制电压 $V_1<2.7$ V 时，万用表指示数应为 ∞，即固态继电器输出端功率开关不导通；当 $V_1\leqslant3$ V 时，万用表指示应为几欧姆，表示输出功率开关导通。

（3）经过上述两步调试，检测正常后，即可接上负载和电源。当 $V_1=0$ V 时，负载不工作；而当 $V_1=5$ V 时，负载即工作，说明工作正常。如图 6.3.7 所示，交流固态继电器可以在交流电动机正反转、三相电动机控制等电路中的应用，可根据各校实际情况和实验条件，选择其中的一种或几种进行实验。

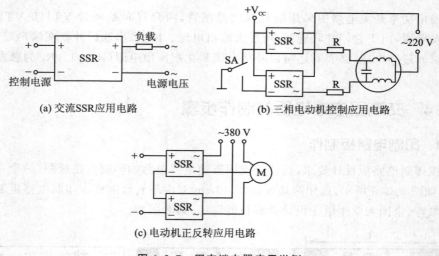

(a) 交流SSR应用电路　　(b) 三相电动机控制应用电路

(c) 电动机正反转应用电路

图 6.3.7　固态继电器应用举例

（4）封装。因电路输出直接与 220 V 交流电连接，焊好的电路板经检查无误后，应装在一个绝缘的、密封的小盒内，以免使用时不慎而发生触电事故。

6.3.5　实训思考与练习题 1：制作电磁阀控制器

试制作一个电磁阀控制电路。参考设计的电磁阀控制电路和印制电路板图[68] 如图 6.3.8 和 6.3.9 所示，印制电路板的实际尺寸约为 65 mm×40 mm。霍耳传感器 U1 和小磁铁等构成了铁片检测电路。"555"时基集成电路 U2 和电位器 W1、电阻器 R_4、电容器 C_2 等构成了典型单稳态触发电路。交流固态继电器 SSR 和压敏电

阻器 R_V、限流电阻器 R_5 等构成了交流无触点开关电路,它的负载是一个交流电磁阀。电源变压器 T 和硅全桥 QD,固定式三端集成稳压器 U3、滤波电容器 C_5 等构成了电源电路,将 220 V 交流变换成平滑的 9 V 直流,供控制电路使用。

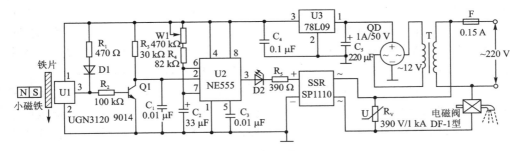

图 6.3.8 电磁阀控制电路原理图

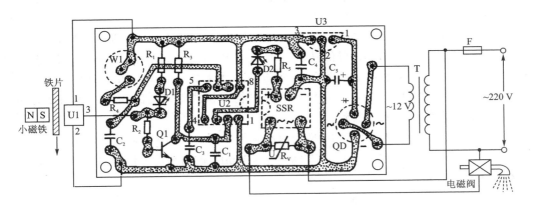

图 6.3.9 电磁阀控制电路印制电路板图

当无铁片插入时,霍耳传感器 U1 受小磁铁磁力线的作用,其输出端第 3 脚处于低电平,发光二极管 D1 亮,晶体三极管 Q1 截止,与其集电极相接的时基集成电路 U2 的低电平触发端第 2 脚通过电阻器 R_3 接电源正极,单稳态电路处于复位状态。此时,U2 内部导通的放电三极管(第 7 脚)将电容器 C_2 短路,U2 输出端第 3 脚为低电平,发光二极管 D2 不亮,交流固态继电器 SSR 因无控制电流而处于截止状态,电磁阀无电不吸动,处在闭阀状态。当将铁片投入专门的投票口时,铁片沿着滑槽迅速下滑,在通过检测电路时,小磁铁与 U1 之间的磁力线被铁片暂时短路,使 U1 第 3 脚输出高电平脉冲,经 Q1 反相后作为 U2 的触发脉冲。于是,单稳态电路翻转进入暂稳态,U2 的第 3 脚输出高电平,D2 发光;同时 SSR 导通,使控制电磁阀得电自动开阀。这时,U2 内部放电三极管截止,延时电路中的 C_2 通过 W1 和 R_4 开始充电,并使 U2 的阀值输入端(高电平触发端)第 6 脚电位不断上升。当两端充电电压大于 V_{DD} 时,单稳态电路复位,U2 的第 3 脚又恢复为低电平,D2 熄灭,SSR 截止,电磁阀断电关闭。与此同时,U2 内部放电三极管导通,C_2 经第 7 脚快速放电,电路又恢复到常态。

　　电路中,单稳态电路每次进入暂稳态的时间长短,取决于电容器 C_2 和电阻器 R_4、电位器 W1 的时间常数,可由公式 $t = 1.1 \times C_2(R_4 + R_{W1})$ 来估算。调节 W1 阻值,可在 $3 \sim 20$ s 范围内连续改变这一时间。发光二极管 D1 既是 U1 工作状态指示灯,又兼作电源指示灯;D2 是供水指示灯。C_1、C_3 为交流旁路电容器,主要用于消除各种杂波干扰对单稳态电路造成的误触发,使整个控制电路性能稳定可靠。

　　电路中元器件选择:U1 可选用 UGN3120 或 UGN3020,CS3020 型开关型霍耳传感器,基本功能是将磁输入信号转换成开关状态电信号输出,它的内部功能包括稳压、磁敏感区、放大、施密特触发整形、开路输出 5 部分。稳压部分使器件能在较宽的电源电压范围($4.5 \sim 24$ V)内工作,开路输出使器件很容易地与众多的逻辑电路系列接口。与霍耳传感器配合使用的小磁铁,可用一块尺寸约为 10 mm×10 mm×15 mm 的永久性磁铁,体积不宜过大。

　　U2 选用 NE555 型时基集成电路,也可用 SL555、LM555 或 μA555 等同类型电路直接代换。U3 用 78L09 型低功耗、100 mA 固定式三端集成稳压器。Q1 选用9014 或其他硅 NPN 小功率三极管,要求电流放大系数 $\beta = 50$。QD 采用 1 A/50 V硅全桥,亦可用 4 只 1N4001 型硅整流二极管构成桥式整流电路代替。D1、D2 分别用普通红色和绿色发光二极管。

　　SSR 可自制或者采用 SP1110 型交流固态继电器,SP1110 的通态输出电流为 1 A(有效值),输出端耐压多 350 V,断态漏电流<1 mA;控制端输入信号电平 $2 \sim 6$ V,输入电流 $3 \sim 10$ mA。

　　R_V 用 390 V/1 kA(峰流)氧化锌压敏电阻器,并联在 SSR 的交流输出端,主要防止电磁阀产生的感应电压击穿 SSR 输出端。R_V 也可用一只 120 Ω 1/4 W 的电阻和一只 0.047 μF、400 V 的电容器串联(构成 RC 吸收回路)后代替。

　　W1 采用 WS－2－X 型锁紧型有机实心电位器。$R_1 \sim R_5$ 一律用 RTX－1/4W型碳膜电阻器。C_1、C_3、C_4 均用 CT1 型瓷介电容器;C_2 宜选用钽电解电容器,以保证电路延时精度;C_5 用 CD11/25 V 型电解电容器。T 用市售 220 V/12 V,3 W 成品电源变压器,要求长时间运行不发热。电磁阀可根据管道结构及压力情况选用交流220 V 的常闭型二位二通汽液电控阀。F 用带管座的 BGXP－0.15 A 型(250 V,0.15 A)保险管。

　　该电路可以作为一个自动凭票供水控制电路。改变 SSR 负载形式,也可以作为其他控制器使用。

6.3.6　实训思考与练习题 2:制作电子"爆竹"

　　试制作一个电子声光"爆竹"的电路。参考设计的电子声光"爆竹"的电路和印制电路板图[68]如图 6.3.10 和 6.3.11 所示,由触摸式电子触发电路、模拟声发生电路、

音频功率放大电路、同步闪光电路和电源变换电路等 5 部分组成。印制电路板实际
尺寸为 65 mm×40 mm。

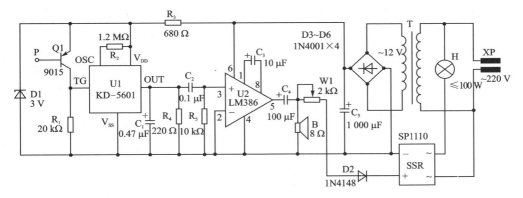

图 6.3.10　电子声光"爆竹"电路图

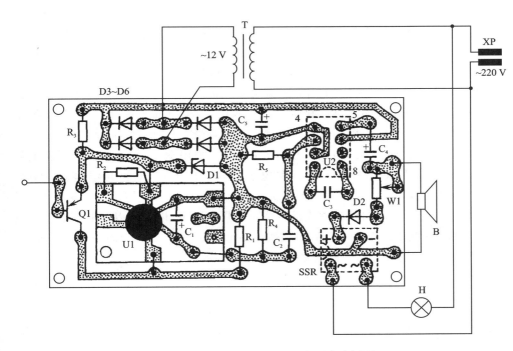

图 6.3.11　电子声光"爆竹"印制电路板图

220 V 交流经电源变压器 T 降压、晶体二极管 D3～D6 桥式整流、电容器 C_5 滤
波后，输出约 12 V 直流，供声响电路等工作用电。U1 是模拟"爆竹"声集成电路，每
当入手触摸一下作为"爆竹"引信的电极 P 时，晶体三极管 Q1 受到入体感应的交流
电信号触发而导通，使得 U1 的触发端 TG 获得正脉冲电压，U1 受触发工作，其输出

端 OUT 输出长约 20 s 的模拟爆竹燃放声电信号，经 C_1、R_4 低通滤波后，由 C_2 耦合至 U2 进行音频功率放大，最后推动扬声器 B 发出逼真、响亮的模拟爆竹声；与此同时，B 两端的部分音响电信号经限流电位器 W1 和隔离二极管 D2 加至交流固态继电器 SSR 的控制端，控制作为 SSR 负载的电灯泡 H 随"爆竹"声响同步闪光，产生音、色、光混合的仿真爆竹燃放效果。

电路中，稳压二极管 D1、限流电阻器 R_3 构成简易稳压电路，向模拟爆竹声集成电路 U1 提供合适的 3 V 工作电压。R_2 为 U1 外接时钟振荡电阻器，其阻值大小影响着模拟爆竹声的速度和音调。C_1 为 U1 输出端音频旁路电容器，它能够有效地滤去输出信号中一些不悦耳的高次谐波，使模拟爆竹声的音质得到很大改善。

电路中元器件选择：U1 选用国产 KD-5601 型模拟爆竹声集成电路，该集成电路用黑胶封装形式制作在一块尺寸仅为 23 mm×14 mm 的小印制电路板上。KD-5601 的典型工作电压为 3 V，触发端允许输入电压范围（V_{SS}−0.3 V）～（V_{DD}＋0.3 V），音频输出端驱动电流为 1 mA，静态总电流为 1 μA，使用温度范围−10～+60℃。

U2 选用 LM386 型音频功率放大集成块，当其工作电压为 12 V、扬声器阻抗为 8 Ω 时，最大输出功率为 1 W。SSR 可自制或者采用 SP1110 型（1 A，350 V）交流固态继电器，其体积与一个双列直插 8 脚集成电路块相仿。

晶体管 Q1 用 9015 或其他硅 PNP 小功率三极管，要求电流放大系数 β＞100。D1 用普通 3 V、0.25 W 硅稳压二极管，例如 1N4619、2CW51 型等；D2 用 1N4148 型硅开关二极管；D3～D6 均用 1N4001 或 1N4004 型硅整流二极管。

W1 用 WH7-A 型立式微调电位器。R_1～R_5 采用 RTX-1/4 W 型碳膜电阻器。C_1、C_3、C_4 采用 CD11/16V 型电解电容器，C_2 用 CT1 型瓷介电容器，C_5 用 CD11/25 V 型电解电容器。

B 用 8 Ω、0.5 W 小口径动圈式扬声器。H 用 220 V，100 W 以内的普通钨丝电灯泡。T 选用市售 220 V/12 V、5 W 优质成品电源变压器，要求长时间运行不过热。XP 用交流电器常用的普通二极电源插头。

第 7 章

LED 灯制作实训

7.1 GU10 LED 灯驱动电路

7.1.1 实训目的与器材

实训目的：制作一个基于 LYT0006P 的 GU10 LED 灯驱动电路。

实训器材：常用电子装配工具、万用表、示波器，以及 GU10 LED 灯驱动电路元器件，如表 7.1.1 所列。

表 7.1.1 GU10 LED 灯驱动电路元器件

符　号	名　称	型　号	数　量	备注 （生产厂商）
BR1	桥式整流器	600 V，0.5 A，SMD，MBS-1，4-SOIC，MB6S-TP	1	Micro Commercial
C1	电容器	47 nF，630 V，薄膜，ECQ-E6473KF	1	Panasonic
C2	电容器	330 nF，450 V，METALPOLYPRO，ECW-F2W334JAQ	1	Panasonic
C3	电容器	100 nF，25 V，Ceramic，X7R，0603，VJ0603Y104KNXAO	1	Vishay
C4	电容器	22 μF，16 V，Ceramic，X5R，1206，EMK316BJ226ML-T	1	Taiyo Yuden
C5	电容器	47 μF，63 V，Electrolytic，Gen. Purpose，（6.3 x 13），63YXJ47M6.3X11	1	Rubycon
D1	二极管	600 V，1 A，Ultrafast Recovery，35 ns，SMB Case，MURS160T3G	1	On Semi
L1	电感	4.7 mH，0.150 A，20%，RL-5480-3-4700	1	Renco
R1	电阻	4.7 kΩ，5%，1/8 W，Thick Film，0805，ERJ-6GEYJ472V	1	Panasonic
R2	电阻	18.7 Ω，1%，1/4 W，Thick Film，1206，ERJ-8ENF18R7V	1	Panasonic
RF1	电阻	4.7 Ω，5%，2 W，Metal Film Fusible，FW20A4R70JA	1	Bourns
RV1	电阻	275 V，23 J，7 mm，RADIAL，V275LA4P	1	Littlefuse

续表 7.1.1

符　号	名　称	型　号	数　量	备注（生产厂商）
T1	电感	EE10，Bobbin Inductor ，Custom SNX-R1699	1	Kunshan Fengshunhe Santronics USA
U1	IC	LinkSwitch-0、DIP-8B ，LYT0006P	1	Power Integrations
VR1	稳压管	62 V，5％，1 W，DO-41，1N4759A	1	Vishay

7.1.2　LYT0006P 的主要特性

　　LYT0006P 是 LYTSwitch-0 系列 LED 驱动器 IC 中的一个品种，IC 内部集成有功率 MOSFET 开关。使用 LYTSwitch-0 系列 LED 驱动器 IC 能够设计出简单的高性价比 LED 驱动器，它不仅具有良好的线电压调整率，而且温度调整范围介于0～100 ℃之间（LYTSwitch-0 壳体温度）。LYTSwitch-0 系列 LED 驱动器 IC 具有内置的发热限制，可以在灯泡的工作温度过高时对电源提供保护。

　　如图 7.1.1 所示，LYTSwitch-0 系列 LED 驱动器 IC 采用 PDIP-8B（P 型封装）SO-8C（D 型封装）两种封装形式，输出电流如表 7.1.2 所列。

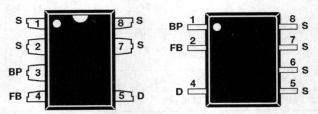

PDIP-8B(P型封装)SO-8C(D型封装)

图 7.1.1　LYTSwitch-0 系列 IC 封装形式

表 7.1.2　LYTSwitch-0 系列 IC 输出电流

产品[6]	PF[4,5]	230(1±15％)V$_{AC}$		85～308 V$_{AC}$	
		MDCM[2]	CCM[3]	MDCM[2]	CCM[3]
LYT0002D/P	High	45 mA	65 mA	30 mA	40 mA
	Low	63 mA	80 mA	63 mA	80 mA
LYT0004D/P	High	85 mA	110 mA	50 mA	70 mA
	Low	98 mA	139 mA	98 mA	139 mA
LYT0005D/P	High	100 mA	140 mA	60 mA	90 mA
	Low	120 mA	170 mA	120 mA	170 mA

续表 7.1.2

产品[6]	PF[4,5]	230(1±15%)V_AC		85~308 V_AC	
		MDCM[2]	CCM[3]	MDCM[2]	CCM[3]
LYT0006D/P	High	165 mA	220 mA	100 mA	140 mA
	Low	200 mA	280 mA	200 mA	280 mA

注：1. 表中输出电流为在一个非隔离降压转换器的典型输出电流。

2. MDCM(mostly discontinuous mode)：非连续导通模式。

3. CCM(continuous conduction mode)：连续导通模式。

4. PF 高：>0.7 @ 120 V_{AC} 和>0.5 @ 230 V_{AC}。

5. PF 低：$C_{IN}>5$ μF，无 PF 要求的应用。

6. 封装：P：PDIP-8B，D：SO-8C。

7.1.3　GU10 LED 灯驱动电路结构

一个采用是 LYTSwitch-0 系列 LED 驱动器 ICLYT0006P 构成的 GU10 LED 灯驱动电路如图 7.1.2 所示，电路可以在 90~264 V_{AC} 的输入电压范围内进行工作，可以提供输出电压为 54 V_{DC}，110 mA 的恒流输出。具有单级功率因数校正（在 120 V 下 PF>0.75，在 230 V 下 PF>0.5）及精确恒流（CC）输出。具有极高能效，在 120 V_{AC} 输入下效率$>91\%$，在 240 V_{AC} 输入下效率$>90\%$。具有<20 ms 快速启动时间，单脉冲空载保护/输出短路保护，带自动恢复功能，大的迟滞自动恢复热关断可同时保护元件和印刷电路板，在 AC 电压缓降期间不会造成任何损坏。能够满足 IEC 振铃波、差模输入浪涌和 EN55015 传导 EMI 要求。

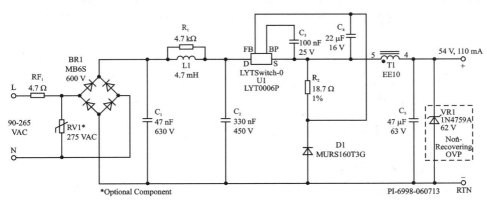

图 7.1.2　采用 LYT0006P 构成的 GU10 LED 灯驱动电路

在图 7.1.2 所示电路中，保险丝 RF1 提供短路保护。桥式整流管 BR1 提供全波整流，以获得更高的功率因数。电容 C_1 和 C_2 以及共模扼流圈 L_1 形成一个 π 滤波器，用以满足传导 EMI 标准。电容 C_1 和 C_2 还可用来储存能量，以降低线路噪声和提供输入浪涌保护。

降压式转换器级包括 LYT0006P(U1)内的集成功率 MOSFET 开关、续流二极管(D1)、检测电阻(R_2)、功率电感 L_2 和输出电容(C_5)。转换器大部分时间都在 DCM 模式下工作,以便限制反向电流的周期数。该设计选用了一个快速续流二极管,用来将开关损耗降至最小。电感 L_2 是标准 EE10 电感,它将用来限制磁通路径并确保在任何壳体内都获得正确的电感。在特定的壳体(该壳体对电感的磁通量有已知的影响)中放置后,可以用成本较低的鼓状磁芯电感将其替换。

电路输出整流快速输出二极管(D1)用来实现良好的效率和进行热管理。对于 LED 应用,环境温度通常高于 70 ℃,因此推荐使用具有较低 t_{RR} 值(＜35 ns)的器件。

电路输出反馈调整通过跳过开关周期得以维持。当输出电流增大时,进入 FB 引脚的电压将随之升高。如果电压超过 V_{FB},将跳过随后的周期,直到电压降低到 V_{FB} 以下。电流由 R_2 检测并由 C_4 滤波,然后反馈至 FB 引脚。提高调整精度实现良好的线电压调整率的关键在于,在计算出最小电感量后平衡功率电感和检测电阻的取值。

旁路电容(C_4)连接在反馈引脚和源极引脚之间,有助于在检测输出电流时降低功耗。电容可以为 FB 引脚提供采样和维持反馈电流的信息。在 FB 引脚和 C_4 之间不需要放置限流电阻,因为峰值电压不会超出器件的最大额定值。

本电路中集成了可选的一次性空载保护电路。在出现意外空载工作的情况时,输出电容将受到 VR1 的保护。齐纳二极管 VR1 需要在故障后进行更换。在工作中(LED 替换灯),负载始终保持连接,因此可去掉 VR1 以节省成本。为在板级测试中(制造过程中)提供保护,可对输入施加 40 VAC 的电压;如果测不到输出电流,则说明负载未连接。这种测试允许对电路板进行安全无损的初始上电,而不需要过压保护电路。

利用 PIXls 设计表格,通过平衡功率电感和检测电阻可以实现最佳的线电压调整率。总的输入电容也会产生一些影响,但可以通过调整检测电阻(R_2/R_3)来对其进行补偿,从而优化性能。

7.1.4　GU10 LED 灯驱动电路制作步骤

1. 印制电路板制作

按印制电路板设计要求,设计采用 LYT0006P 构成的 GU10 LED 灯驱动电路的印制电路板图,一个参考设计如图 7.1.3 所示,图中尺寸为英寸/[mm]形式。印制电路板制作过程请参考《全国大学生电子设计竞赛技能训练(第 3 版)》一书。

注意:元器件布局图所有元器件均未采用下标形式。

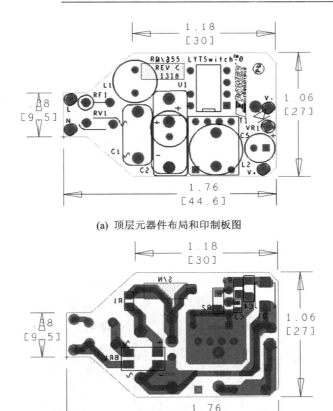

(a) 顶层元器件布局和印制板图

(b) 底层元器件布局与印制板图

图 7.1.3　GU10 LED 灯驱动电路印制电路板图

2. 电感制作

电感 T1 示意图如图 7.1.4 所示,采用 EE10(TDK-PC40EE10/11-Z)磁芯,以及与 EE10 磁芯配套的骨架(8 pins (4/4),Horizontal,PI♯:25-00956-00),采用♯31 AWG 双涂层电磁线,绕 150T(圈),引脚端 4 为起始端(Start),引脚端 5 为结束端(Finish),绕制成的电感值为 1.4 mH±7%,@100 kHz,0.4 V_{rms} 测量。外层采用聚酯薄膜 3M 1350-1,6.5mm 宽。

3. 元件焊接

首先按图 7.1.4(b)所示,将元器件逐个焊接在电路板上。然后按图 7.1.4(a)所示,以元器件体积先矮小后高大的顺序逐个焊接,U_1 的缺口标记与印制电路板相应标记对准,注意不要装反。贴片元件焊接方法与要求请参考《全国大学生电子设计竞赛技能训练(第 3 版)》一书有关章节。焊接完成的实物图如图 7.1.5 所示。一般制

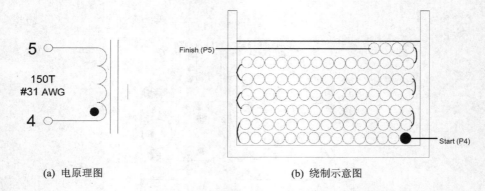

(a) 电原理图   (b) 绕制示意图

图 7.1.4 电感 T1 电原理图和绕制示意图

作好的 GU10 LED 灯驱动电路，无须调试即可正常工作。MOSFET 开关管工作波形，以及输入输出电压波形如图 7.1.6 和图 7.1.7 所示。

(a) 顶层实物图

(b) 底层实物图

图 7.1.5 焊接完成的实物图

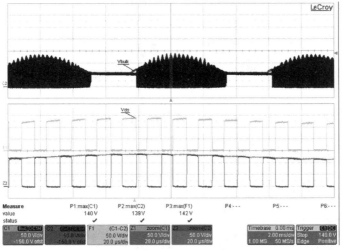

F1(Orange): V$_{DRAIN\text{-}SOURCE}$, 50 V / div.

Ch1(Yellow): V$_{DRAIN\text{-}GND}$, 50 V / div.

Ch2(Red): V$_{SOURCE\text{-}GND}$, 50 V, 2 ms / div.

Z1(Yellow): V$_{DRAIN\text{-}GND}$, 50 V / div.

Z2(Red): V$_{SOURCE\text{-}GND}$, 50 V, 20 ms / div.

(a) 90 V$_{AC}$, 60 Hz, 全负载

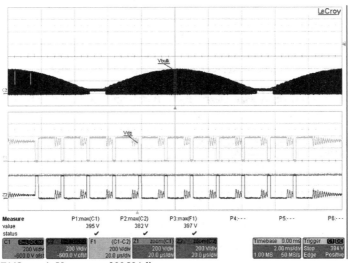

F1(Orange): V$_{DRAIN\text{-}SOURCE}$, 200 V / div.

Ch1(Yellow): V$_{DRAIN\text{-}GND}$, 200 V / div.

Ch2(Red): V$_{SOURCE\text{-}GND}$, 200 V, 2 ms / div.

Z1(Yellow): V$_{DRAIN\text{-}GND}$, 200V / div.

Z2(Red): V$_{SOURCE\text{-}GND}$, 200 V, 20 μs / div.

(b) 265 V$_{AC}$, 全负载

图 7.1.6　正常工作时 MOSFET 开关管波形

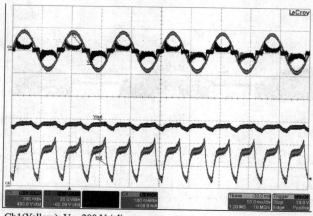

Ch1(Yellow): V_{IN}, 200 V / div.
Ch2(Red): V_{OUT}, 20 V.
Ch3(Blue): I_{IN}, 0.5 A / div.
Ch4(Green): I_{OUT}, 100 mA / div, 10 ms / div.

(a) 120 V_{AC}, 60 Hz, 全负载

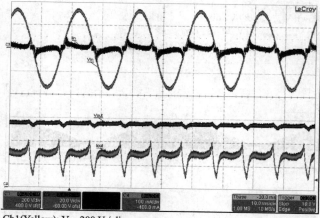

Ch1(Yellow): V_{IN}, 200 V / div.
Ch2(Red): V_{OUT}, 20 V.
Ch3(Blue): I_{IN}, 0.5 A / div.
Ch4(Green): I_{OUT}, 100 mA / div, 10 ms / div.

(b) 240 V_{AC}, 全负载

图 7.1.7　输入输出波形

7.1.5　实训思考与练习题：制作一个 5.8 W 可调光 GU10 LED 灯驱动电路

　　试采用 LNK460KG 制作一个 5.8 W 可调光 GU10 LED 灯驱动电路，参考电原理图如图 7.1.8 所示，电路可以在 195 V_{AC} ～265 V_{AC} 的输入电压范围内为 LED 灯串提供额定电压为 145 V、额定电流为 40 mA 的驱动。

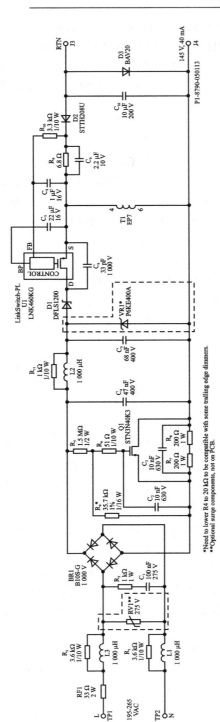

图7.1.8　5.8 W可调光GU10 LED灯驱动电路

LNK460KG 有关资料请登陆"www. powerint. com"查询"参考设计文档 DER-341：使用 LinkSwitchTM-PH LNK407EG 设计的 14.5 W 功率因数校正（＞0.98）、可控硅调光的非隔离降压式 A19 LED 替换灯驱动器"。设计印制电路板时请注意，LNK460KG 有 E 型封装（eSIP-7C）和 L 封装（eSIP-7F）两种封装形式。

制作提示：

图 7.1.8 所示电路输入电压范围为 $195 V_{AC} \sim 265 V_{AC}$，输出为 145 V 40 mA。电路采用单级功率因数校正（PFC）与精确恒流（CC）输出相结合，在 $230 V_{AC}$ 下，PF＞0.9。具有＜300 ms 的快速启动时间，集成有输出短路保护，自动恢复功能，大的迟滞自动恢复热关断可同时保护元件和印刷电路板。兼容大多数前沿及后沿可控硅调光器。

LinkSwitch-PL 系列 IC 中的 LNK460KG 器件（U1）是一款适用于 LED 驱动器应用的高集成度初级侧控制器芯片。LinkSwitch-PL 能够在单级转换拓扑结构中提供高功率因数，同时对输出电流进行调节，补偿 LED 驱动器应用中常见的输出电压变化。所有提供这些功能的控制电路以及高压功率 MOSFET 都集成在 IC 中。

电感 $L_1 \sim L_3$ 和 C_4、C_5 将降压-升压式转换器所产生的输入开关电流滤波至线路。L_1、L_2 和 L_3 两端的电阻 R_1、R_2 和 R_3 可抑制输入电感、电容和 AC 输入阻抗之间在传导 EMI 升高时通常会出现的谐振。

桥式整流管 BR1 对 AC 线电压进行整流，电容 C_4 为初级开关电流提供低阻抗通路（去耦）。为使功率因数保持在 0.9 以上，需要确保使用较低的电容值（C_4 和 C_5 之和）。

电路被配置为降压-升压式转换器形式，U1 的源极（S）引脚经由一个电流检测电阻连接至续流二极管 D2 的阴极。电流检测电阻 R_9 用来检测降压-升压式转换器的二极管电流。其值经调整后可在额定输入电压下使输出电流的中心值为 40 mA。电容 C_8 和 R_{10} 充当低通滤波器，对二极管电流进行均分，二极管电流用作反馈信号，它与输出电流成正比。电容 C_9 充当通过 R_9 的高频率的旁路，从而提高总体效率。

连接至 DC 正极的漏极（D）引脚通过 D1 对输入进行了整流。二极管 D1 用于防止反向电流流经 U1。EP7 电感磁芯尺寸经过优化，可装入 GU10 壳体。

电容 C_7 对 U1 的 BP（旁路）引脚进行局部去耦，该引脚是内部控制器的供电引脚。在启动期间，C_7 从与漏极引脚相连的内部高压电流源被充电至约 6 V。

二极管 D3 提供断开负载保护，即在负载断开时表现为短路故障。

有源衰减电路由元件 R_4、R_5、R_6、C_2、Q1 以及 R_7 和 R_8 共同组成。该电路可以限制可控硅导通时流入 C_4 并对其充电的浪涌电流，实现方式是在每个半线周期内将 R_7 和 R_8 串联约 2.5 ms。这样可使 R_7 和 R_8 的功耗保持在低水平，在限流时可以使用更大的值。电阻分压器 R_4 和 R_5 决定输入电压的导通阈值。

无源泄放电路由 X 电容 C_1 和 R_3 构成。这样可以使输入电流始终大于可控硅的维持电流，而与驱动器相应的输入电流将在每个 AC 半周期内增大，防止每个导通期间的起始阶段出现可控硅的开关振荡。

　　图 7.1.8 所示电路的电感 T1 结构如图 7.1.9 所示,磁芯采用 EP7,以及 EP7 配套骨架(B-EP7-V-6pins-(3/3))。漆包线采用:♯36 AWG(电感线圈,170T)。

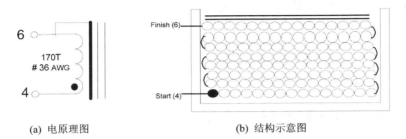

(a) 电原理图　　　　　　　　　(b) 结构示意图

图 7.1.9　电感 T1 电原理图和结构示意图

　　装配完成的电路板实物如图 7.1.10 所示,尺寸为:L× W=1.29"(32.8mm)× 0.77"(19.5mm)。

(a) 顶层视图

(b) 底层视图

(c) 装入GU10外壳

图 7.1.10　装配完成的电路板实物

　　有关图 7.1.8 所示电路的 LED 驱动器规格、电路原理图、PCB 设计图、物料清单、传导 EMI 测量、热测量、电感规格文件和典型性能特性等更多内容，可以登录"www. powerint. com"，参考设计范例报告"DER-336：使用 LinkSwitchTM-PL LNK460KG 设计的 5.8 W 可控硅调光的高效率、高功率因数校正（PF＞0.9）、非隔离、降压-升压式 LED 驱动器"。

7.2　A19 LED 灯驱动电路

7.2.1　实训目的和器材

　　实训目的：制作一个基于 LNK457DG 的 A19 LED 灯驱动电路。

　　实训器材：常用电子装配工具、万用表、示波器。A19 LED 灯驱动电路元器件，如表 7.2.1 所列。

表 7.2.1　A19 LED 灯驱动电路元器件

符　号	名　　称	型　　号	数　量	备注（生产厂商）
BR1	桥式整流器	MBS GPP 0.8A 1000V，B10S-G	1	Comchip Technology
BR1（sub）	桥式整流器	600 V，0.5 A，SMD，MBS-1，4-SOIC，MB6S-TP	1	Micro Commercial
C3	陶瓷电容器	22 nF，50 V，Y5V，0603，ECJ-1VF1H223Z	1	Panasonic
C4	薄膜电容器	22 nF，630V，ECQ-E6223KZ	1	Panasonic
C5，C6	薄膜电容器	68 nF，400 V，ECQ-E4683KF	1	Panasonic
C7	陶瓷电容器	1000 pF，630 V，X7R，1206，ECJ-3FB2J102K	1	Panasonic
C8	陶瓷电容器	10 nF，50 V，X7R，0805，ECJ-2VB1H103K	1	Panasonic
C9	陶瓷电容器	1 μF，25 V，X7R，0805，ECJ-2FB1E105K	1	Panasonic
C10	陶瓷电容器	1 nF，100 V，X7R，0805，ECJ-2VB2A102K	1	Panasonic
C11	电解电容器	680 μF，25 V，极低 ESR，32 mΩ，（10×16），25ZLH680MEFC10X16	1	Rubycon
C1	电容器	不装配（不安装/仅可选位置）	0	
C12	电容器	不装配（不安装/仅可选位置）	0	
D4	快速开关二极管	100 V，0.2 A，50 ns，SOD-323，BAV19WS-7-F	1	Diode Inc.
D2	超快二极管	SW 600V，1A，SMA，US1J-13-F	1	Diodes，Inc
D5	肖特基二极管	100 V，1 A，DO-214AC（SMA），SS110-TP	1	Micro commercial.
D6	玻璃钝化整流二极管	800 V，1 A，DO-213AA（MELF），DL4006-13-F	1	Diodes Inc

续表 7.2.1

符　号	名　　称	型　　号	数　量	备注（生产厂商）
D6（sub）	快速恢复二极管	200 V,1 A,150 ns,SMA,RS1D-13-F	1	Diodes Inc
F1	慢熔保险丝	3.15 A,250 V,RST,507-1181	1	Belfuse
L1,L2	电感	2.2 mH,0.15 A,铁氧体磁芯,CTSCH875DF-222K	2	CTParts
Q3	可控硅	SCR,400 V,0.8 A,SMD,SOT-223,P0102DN5AA4	1	ST Microelectroics
R2,R9	厚膜电阻	4.7 kΩ,5%,1/4 W,1206,ERJ-8GEYJ472V	2	Panasonic
R3,R4	厚膜电阻	750 kΩ,5%,1/4 W,1206,ERJ-8GEYJ754V	2	Panasonic
R7,R8	厚膜电阻	240Ω,5%,1/4 W,1206,ERJ-8GEYJ241V	2	Panasonic
R10,R11	厚膜电阻	510Ω,5%,1/4 W,1206,ERJ-8GEYJ511V	2	Panasonic
R12	厚膜电阻	100 kΩ,5%,1/4 W,1206,ERJ-8GEYJ104V	1	Panasonic
R13	厚膜电阻	4.7 Ω,5%,1/8 W,0805,ERJ-6GEYJ4R7V	1	Panasonic
R14,R21	厚膜电阻	1 kΩ,5%,1/4 W,1206,ERJ-8GEYJ102V	1	Panasonic
R15	厚膜电阻	3.3 kΩ,5%,1/10 W,0603,ERJ-3GEYJ332V	1	Panasonic
R16	厚膜电阻	10 kΩ,5%,1/10 W,0603,ERJ-3GEYJ103V	1	Panasonic
R17	厚膜电阻	27Ω,5%,1/10 W,0603,ERJ-3GEYJ270V	1	Panasonic
R18	厚膜电阻	0.82 Ω,1%,1/2 W,1206,RL1632R-R820-F	1	Susumu Co Ltd
R19,R20	可熔电阻	47Ω,5%,2 W,MF,NFR0200004709JR500	2	Vishay/BC Components
R22	电阻	不装配（不安装/仅可选位置）	0	
RV1	压敏电阻	275 V,23 J,7 mm,径向,V275LA4P	1	Littlefuse
T1	自定义变压器	EE16. SNX-R1536	1	Santronics
U1	IC	LinkSwitch-PL,LNK457DG,SO-8C	1	Power Integrations
VR2	稳压管	20 V,5%,150 mW,SSMINI-2,MAZS2000ML	1	Panasonic-SSG
J1,J2	插头	测试点,白色,微型直插式安装,5002	2	Keystone
J3	插头	测试点,红色,微型直插式安装,5000	1	Keystone
J4	插头	测试点,黑色,微型直插式安装,5001	1	Keystone

343

7.2.2 LNK457DG 的主要特性

LNK457DG 器件是 LinkSwitch-PL 系列 IC 中的一个品种。LinkSwitch-PL 系列单级功率因数校正（PFC）、恒流输出及可控硅调光的 LED 驱动器 IC,是专为紧凑型替换用 LED 灯而设计,能够实现超小尺寸、低成本、可控硅调光、单级功率因数校正的恒流固态照明驱动器。

LinkSwitch-PL 适用于 LED 电流的直接检测，可在宽输入电压范围内工作，并提供高达 16 W 的输出功率。其创新的控制算法能用最少的外部元件实现无闪光的可控硅调光。每个器件都在一个单片 IC 上集成了一个 725 V MOSFET 功率开关管、一个创新的非连续模式可变频率/可变导通时间控制器、频率抖动、逐周期电流限制及迟滞热关断电路。提供短路/反馈开环的锁存关断及输出过压保护、过载时自动重启保护、迟滞热关断保护。适合设计非隔离型反激式、降压式及抽头降压式拓扑结构。具有快速启动时间，频率调制技术可极大缩减 EMI 滤波器的尺寸和成本，以低功耗直接检测 LED 电流。

如图 7.2.1 所示，LinkSwitch-PL 系列单级功率因数校正（PFC）、恒流输出及可控硅调光的 LED 驱动器 IC 采用 D：SO-8C，K：eSOP-12，V：eDIP-12 三种封装形式。

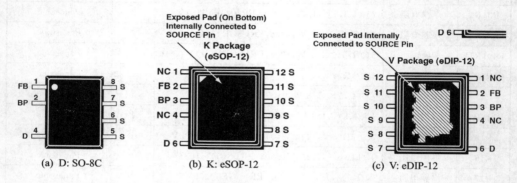

图 7.2.1　LinkSwitch-PL 系列 LED 驱动器 IC 的三种封装形式

7.2.3　A19 LED 灯驱动电路结构

一个采用是 LinkSwitch-PL 系列 LED 驱动器 LNK457DG 构成的 A19 LED 灯驱动电路如图 7.2.2 所示，电路可以在 85 V_{AC}～265V_{AC} 的输入电压范围内进行工作，可以提供在 12 V 和 18 V 的 LED 灯串电压下可提供 350 mA 单路恒流输出。具有单级功率因数校正（PFC）及精确恒流（CC）输出，使用低成本的前沿可控硅调光器也可以达到＞100:1 的调光范围，＜300 ms 快速启动，无输出闪烁，无可见延迟。在 115 V_{AC}/230 V_{AC} 时效率＞73%（可调光模式），在 115 V_{AC}/230 V_{AC} 时效率＞78%（非调光模式）。输出开路保护/输出短路保护，带自动恢复功能，大的迟滞自动恢复热关断可同时保护元件和印刷电路板，在 AC 电压缓慢降落期间不会造成任何损坏，器件漏极引脚和其他引脚之间的爬电距离非常大，在潮湿高污染的环境下保证电源可靠工作。能够满足 IEC 振铃波和 EN55015 传导 EMI 要求，115 V_{AC}/230 V_{AC} 时 PF ＞0.9。115 V_{AC} 时总谐波失真度（%ATHD）＜10%，230 V_{AC} 时总谐波失真度（%ATHD）＜15%，满足 EN61000-3-2 谐波含量要求。

图 7.2.2 所示电路为非隔离式、非连续导通模式反激转换器电路，以 350 mA 的输出电流为电压为 12～18 V 的 LED 灯串提供驱动。

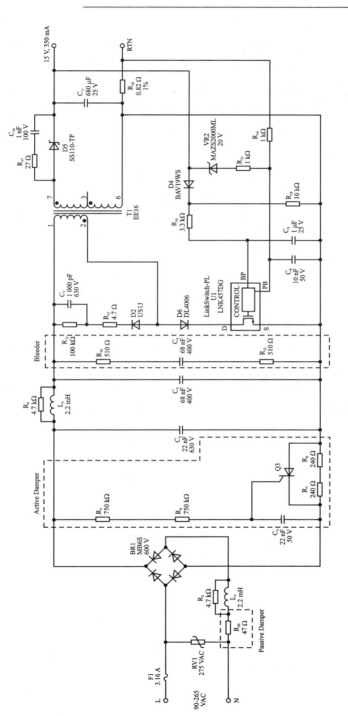

图7.2.2　采用LNK457DG构成的A19 LED灯驱动电路

对于使用低成本的可控硅前沿相控调光器提供输出调光的要求，需要在设计时进行全面的权衡。由于 LED 照明的功耗非常低，整灯吸收的电流通常要小于调光器内可控硅的维持电流。这样会产生调光范围受限或闪烁等不良情况。由于 LED 驱动器的阻抗相对较大，因此在可控硅导通时，会产生很严重的振荡。在可控硅导通的一瞬间，一股非常大的浪涌电流会流入驱动器的输入电容，从而激发线路电感并造成电流振荡。这同样会造成类似不良情况，因为振荡会使可控硅电流降至零并关断，同时造成 LED 灯闪烁。

为克服这些问题，电路中采用了两个电路功能块：一个有源衰减电路和一个泄放电路。这些电路功能块的缺点是会增大功耗，进而降低电源的效率。

在本设计中衰减电路和泄放电路的取值能够使一个电路板中的绝大多数调光器（600 W 以下的调光器并包括低成本前沿可控硅调光器）在整个输入电压范围内正常工作。这一设计可实现在高压输入时将一个灯连接一个调光器来实现无闪烁照明。

一个灯在高压下工作会导致最小输出电流和最大浪涌电流（可控硅导通时），这代表最差情况。因此，主动衰减电路和泄放电路的作用非常明显：泄放电路可降低阻抗，衰减电路可提高阻抗。但这会增加功耗，进而降低驱动器的效率和整个系统的效能。

要求将多个灯连接到一个调光器以便正常工作会降低泄放电路所需的电流，此时可增大 R_{10} 和 R_{11} 的值并减小 C_6 的值。如果使灯具仅在低压（85 V_{AC} ～132 V_{AC}）下工作，可在前沿可控硅调光器导通时出现的峰值电流大幅降低时降低 R_7 和 R_8 的值。这两种更改都会降低散耗和提高效率。

对于非调光应用，可直接省去这些元件，用跳线替代 R_7 和 R_8，从而提高效率，但不会改变其他性能特性。

EMI 滤波器经优化可降低对调光性能的影响。电阻 R_{20} 为可熔电阻。如果某个元件故障会导致输入电流过大，应选择可熔电阻来使电路开路失效。与非 PFC 设计或无源 PFC 设计相比，薄膜电阻（相对于线绕电阻）是可以接受的。这会在输入电容充电时降低瞬间功率耗散，但对于在高压下工作的设计建议使用 2 W 的额定值。此外，它们可以限制相位超前可控硅调光器导通以及电容 C_4 和 C_5 充电时所产生的浪涌电流。当可控硅以 90°或 270°角导通时出现最差条件（浪涌电流达到最大），它对应于 AC 波形的波峰。最后，它们可以在前沿可控硅导通时衰减在 AC 输入阻抗与电源输入级之间由浪涌电流再次导致的任何电流振荡。

两个 π 型差模滤波器 EMI 级由 C_1、R_2、L_1 和 C_2 一起形成一级，C_4、L_2、R_9 和 C_5 形成第二级。在测试时发现，没有 C_1 也满足传导 EMI 限值，因此 C_1 可以不装配。

AC 输入由 BR1 进行整流,由 C_4 和 C_5 进行滤波。所选取的总等效输入电容(C_4、C_5 与 C_6 的和)可确保 LinkSwitch-PL 器件对 AC 输入进行正确的过零点检测,这对于在调光期间维持正常工作和实现最佳性能很有必要。

有源衰减电路用于限制调光器内的可控硅导通时所产生的浪涌电流、相关电压尖峰和振荡。该电路在每个 AC 半周期的短暂时间内连接与输入整流管串联的阻抗(R_7 和 R_8),在剩下的 AC 周期则通过一个并联 SCR(Q3)旁路。电阻 R3、R4 和 C3 决定 Q3 导通前的延迟时间。

电阻 R_{10}、R_{11} 和 C_6 形成泄放电路,确保初始输入电流量足以满足可控硅的维持电流要求,特别是在可控硅导通角不够大的情况下。

对于非调光应用,可同时去除有源衰减电路和泄放电路。为此,可删除下列元件:Q3、R_{20}、R_3、R_4、R_{10}、R_{11}、C_6 及 C_3。将 R_7、R_8 及 R_{20} 替换为 0 Ω 电阻。

LNK457DG 器件(U1)集成了功率开关器件、振荡器、输出恒流控制、启动以及保护功能。集成的 725 V MOSFET 提供更宽的电压裕量,即使在发生输入浪涌的情况下仍可确保高可靠性。该器件通过去耦电容 C_9 从旁路引脚获得供电。启动后,C_9 由 U1(LNK457DG)从内部电流源并经由漏极引脚进行充电,然后在正常工作期间则由输出经由 R_{15} 和 D4 进行供电。

经整流和滤波的输入电压加在 T1 初级绕组的一端。U1 中集成的 MOSFET 驱动变压器初级绕组的另一侧。D2、R_{13}、R_{12} 和 C_7 形成 RCD-R 箝位电路,对漏感引起的漏极电压尖峰进行限制。

二极管 D6 用于防止 IC 在功率 MOSFET 因反射输出电压超过 DC 总线电压而关断时产生负向振荡(漏极电压振荡低于源极电压),确保以最小输入电容实现较高的功率因数。

变压器的次级由 D5 整流,由 C_{11} 滤波。选用肖特基势垒二极管来提高效率。由于 C_{11} 在 AC 过零点期间提供能量存储,因此它的值决定了线电压频率输出纹波的幅值(因采用全波整流而为 $2f_L$)。因此可根据所需的输出纹波来调整该值。对于所显示的 680 μF 值,输出纹波为 $\pm I_0$ 的 50%。电阻 R_{17} 和 C_{10} 用来衰减高频振荡,改善传导及辐射 EMI。

恒流模式设定点由 R_{18} 上的电压降决定,然后馈入 U1 的反馈引脚。输出过压保护由 VR2 和 R_{14} 提供(R_{14} 对电流检测信号的影响微不足道,可忽略不计)。

7.2.4 A19 LED 灯驱动电路制作步骤

1. 印制电路板制作

按印制电路板设计要求,设计采用 LNK457DG 构成的 A19 LED 灯驱动电路的印制电路板图,一个参考设计如图 7.2.3 所示,图中尺寸为 0.83"(20.86 mm)× 2.52"(63.9 mm)。印制电路板制作过程请参考《全国大学生电子设计竞赛技能训练(第 3 版)》一书。

　　注意：元器件布局图所有元器件均未采用下标形式。

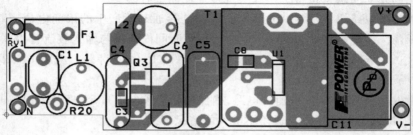

(a) 顶层元器件布局和印制板图

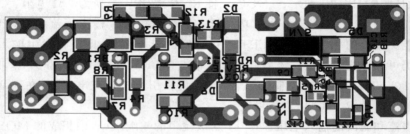

(b) 底层元器件布局与印制板图

图 7.2.3　A19 LED 灯驱动电路印制电路板图

2. 变压器制作

　　变压器 T1 示意图如图 7.2.4 所示，磁芯采用 EE16/PC40，以及与 EE16/PC40 磁芯配套的骨架(EE16，水平，10 个引脚，(5/5)，TF1613 (台湾树林))，初级线圈采用♯35 AWG 双涂层电磁线，绕 130T(圈)，引脚端 2 为起始端(Start)，引脚端 1 为结束端(Finish)，绕制成的电感值为 660(1±10%) μH，@100 kHz，0.4 V_{rms} 测量。次级线圈分成两部分，采用♯28AWG 双涂层电磁线，绕 10T(圈)，引脚端 3，7 为起始端(Start)，引脚端 6 为结束端(Finish)，绕制成的电感值为 15(1±10%) μH，@100 kHz，0.4 V_{rms} 测量。外层采用 3M 1298 聚酯薄膜，8.0 mm 宽，2.0 mil 厚。

3. 元件焊接

　　首先按图 7.2.3(b)所示，将元器件逐个焊接在电路板上。然后按图 7.2.3(a)所示，以元器件体积先矮小后高大的顺序逐个焊接，U_1 的缺口标记与印制电路板相应标记对准，注意不要装反。贴片元件焊接方法与要求请参考《全国大学生电子设计竞赛技能训练(第 3 版)》一书有关章节。焊接完成的实物图如图 7.2.5 所示。一般制作好的 A19 LED 灯驱动电路，无须调试即可正常工作。

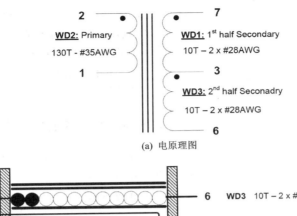

(a) 电原理图

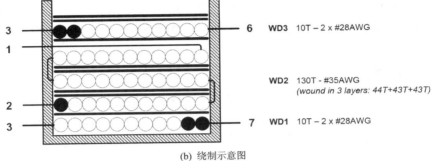

(b) 绕制示意图

图 7.2.4　变压器 T1 电原理图和绕制示意图

(a) 实物顶视图

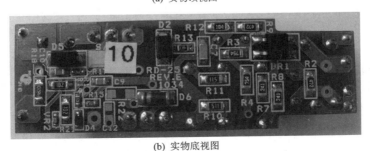

(b) 实物底视图

图 7.2.5　焊接完成的实物图

电路的 LED 驱动器规格、电路原理图、PCB 设计图、物料清单、传导 EMI 测量、热测量、电感规格文件和典型性能特性等更多内容，等更多内容请登录"www. powerint. com"参考 Power Integrations 公司"参考设计报告 RDR-251：使用 LinkSwitchTM-PL LNK457DG 设计的 5 W 可调光、带功率因数校正的 LED 驱动器（非隔离）"。

7.2.5 实训思考与练习题 1：14.5 W A19 LED 灯驱动电路

试采用 LinkSwitchTM-PH LNK407EG 制作一个 14.5 W A19 LED 灯驱动电路，参考电原理图如图 7.2.6 所示，这是一款非隔离、高功率因数（PF）、可控硅调光的 LED 驱动电路，输入电压范围为 90 V_{AC} ～132 V_{AC}，输出 30 V，480 mA 或者 40 V，350 mA。

制作提示：

图 7.2.6 所示电路采用单级功率因数校正（PFC）与精确恒流（CC）输出相结合，在 115 V_{AC} 输入下效率＞89％。具有＜100 ms 的快速启动时间，集成有输出短路保护，自动恢复功能，大的迟滞自动恢复热关断可同时保护元件和印刷电路板。在 115 V_{AC} 下，PF ＞0.98，％A-THD ＜15％。能够满足 IEC 2.5 kV 振铃波、500 V 差模输入浪涌和 EN55015 传导 EMI 要求。

LinkSwitch-PH（U1）是一款适用于 LED 驱动器应用的高集成度初级侧芯片控制器。LinkSwitch-PH 能够在单级转换拓扑结构中提供高功率因数，同时对输出电流进行调节。所有提供这些功能的控制电路以及高压功率 MOSFET 都集成在该器件中。

电容 C_1 和 C_2、差模扼流圈 L_1、L_2 和 L_3 用于执行 EMI 滤波，同时维持高功率因数。该输入滤波器网络与 LinkSwitch-PH 的频率调制特性相结合，可使设计能够满足 EN55015 和 CISPR-22 Class B EMI 标准要求。电阻 R_1、R_2 和 R_4 用于抑制电感滤波器的谐振，避免在 EMI 测量中出现意外峰值。

采用浮动输出连接的降压式功率电路由 U1（功率开关＋控制）、D2（续流二极管）、C_5 和 C_7（输出电容）以及 T1（输出电感）构成。二极管 D3 用来防止 U1 的漏-源极出现负电压，特别是在接近输入电压的过零点时。二极管 D1 和 C_3 检测峰值 AC 线电压。C_3 以及 R_3、R_{12} 和 R_5 上的电压可设置馈入 V 引脚的电流。U1 使用该电流来控制输入欠压（UV）、过压（OV）和前馈电流，前馈电流与反馈（FB）引脚电流共同为 LED 负载提供恒流。

电路中采用了与 T1 耦合的偏置绕组，来为 U1 的旁路（BP）引脚供电。这样可在可控硅调光器对输入电压严重切角时，使 U1 在深度调光条件下工作。二极管 D5 对偏置电压进行整流，电容 C_9 对 D5 进行滤波。电阻 R_{16} 可限制提供给旁路引脚的电流，二极管 D5 在启动期间为 C_9 提供与 C_4 的隔离。

全国大学生电子设计竞赛制作实训（第 3 版）

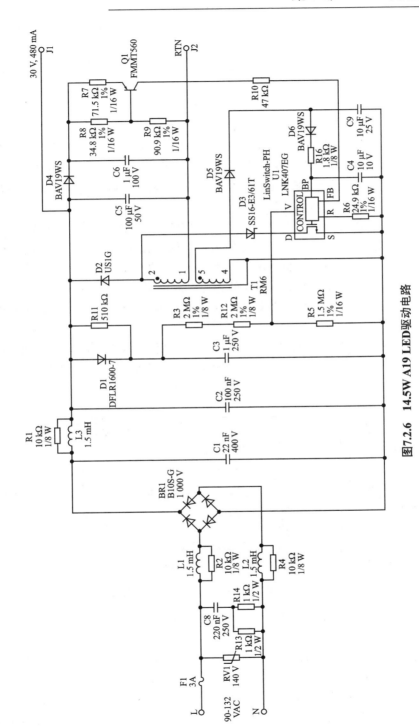

图7.2.6　14.5W A19 LED驱动电路

U1 用于输出电压反馈的反馈引脚电流由电压-电流转换器网络(由 $R_7 \sim R_{10}$、$Q1$、C_6 和 D4 构成)提供。输出电压转换为反馈电流的表达式如下:

$$I_{FB} \approx k \times V_{OUT} \tag{7.2.1}$$

其中:

$$k = \frac{1}{R_7} \frac{R_8}{R_8 + R_9} \tag{7.2.2}$$

对 R_8 电压取足够大的值以消除或降低温度和 V_{CE}(与 Q1 的 V_{BE} 电压相关)的影响。

对于用低成本的可控硅前沿及后沿相控调光器提供输出调光的要求,在设计时需要进行一些权衡。由于 LED 照明的功耗非常低,整灯吸收的电流要小于许多应用中可控硅的维持电流。这样会因为可控硅触发不一致而产生某些不良情况,比如调光范围受限和/或闪烁。由于 LED 灯的阻抗相对较大,因此在可控硅导通时,浪涌电流会对输入电容进行充电,产生很严重的振铃。因为振荡会使可控硅电流降至零并关断,这种效应会造成一些不良情况,为克服这些问题,设计时在电源的输入端添加了由电容 C_8 以及电阻 R_{13} 和 R_{14} 构成的无源泄放电路。

注意: 该 LED 驱动电路的输出未配备过压保护。请勿在未连接 LED 负载的情况下对驱动电路上电。

图 7.2.6 所示电路的电感 T1 结构如图 7.2.7 所示,磁芯采用 RM6S PC40,以及 RM6S PC40 配套骨架(B-RM6-V 6pins 3/3)。漆包线采用:♯27AWG(电感线圈,60T)、♯33AWG(偏置线圈,30T)。

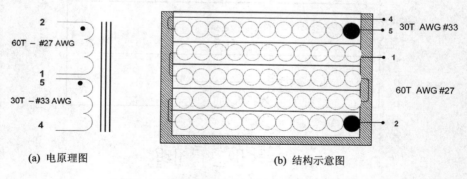

(a) 电原理图　　　　　　　　　　(b) 结构示意图

图 7.2.7　电感 T1 电原理图和结构示意图

装配完成的电路板实物如图 7.2.8 所示,尺寸为:L× W=1.58"(40 mm)×0.77"(19.6mm)"。

有关图 7.2.6 所示电路的 LED 驱动器规格、电路原理图、PCB 设计图、物料清单、传导 EMI 测量、热测量、电感规格文件和典型性能特性等更多内容,可以登录"www.powerint.com",参考设计范例报告"DER-341:使用 LinkSwitchTM-PH LNK407EG 设计的 14.5 W 功率因数校正(>0.98)、可控硅调光的非隔离降压式 A19 LED 替换灯驱动器"。

(a) 顶层视图

(b) 底层视图

(c) 实物立体图

图 7.2.8　装配完成的电路板实物

7.2.6　实训思考与练习题 2: AC 输入 0.5 W 非隔离恒流 LED 驱动电路

试制作一个 AC 输入 0.5 W(12.9 V、40 mA)非隔离恒流 LED 驱动电路。

制作提示:

一个使用非隔离 Buck-Boost(降压-升压型)拓扑结构的 0.5 W(12.9 V、40 mA)

的恒流 LED 驱动电路如图 7.2.9 所示,这是一个简单的 Buck-Boost 转换器,以开环方式工作且无输出反馈,用作恒流 LED 驱动器。电路依靠 LNK302 的内部电流限制功能,确保供给负载恒定的电流。典型应用包括夜灯、霓虹灯的替代、紧急出口信号或任何用 LED 照明的应用。

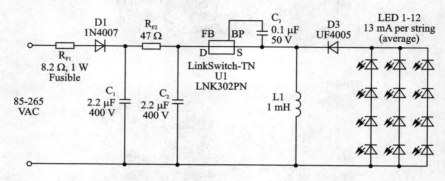

图 7.2.9　0.5 W、12.9 V、40 mA 的恒流 LED 驱动电路

交流输入被 D1、C_1、C_2 和 R_{F2} 整流和滤波。对安全规定而言,电阻 R_{F1} 要使用可熔阻燃型电阻,而 R_{F2} 采用阻燃型电阻。

U1(LinkSwitch-TN LNK302PN)使用电流限制的 ON/OFF 控制来调整输出电流。这种类型的控制对整个工作范围内的任何输入电压改变具有内在的适应性。当流入反馈引脚的电流大于 49 μA 时,MOSFET 会在那个周期关闭。在这个应用中由于永远没有任何电流流入反馈引脚,器件会在每一个周期导通工作,使电流上升到限流点。由于每个周期的峰值电流是受限制和固定的,所以输出功率仅由电感的大小决定。这个设计推荐以非连续方式(DCM)工作,除了 EMI 特性比较好,也可以保证使用低成本的 75 ns 反向恢复的整流管,像 UF4005。对于以连续方式(CCM)工作的设计,要求使用更快的整流管(30 ns 反向恢复),像 BYV26C。

输出由每个开关周期进行能量补充(66 kHz),因此不需要输出滤波电容。人的视觉暂留时间(典型 10 ms)比开关周期长很多,因此看到的是恒定的发光而没有闪烁。

根据 LinkSwitch-TN 设计指南选择 L_1 的值(www. powerint. com/appnotes. htm)或使用 PI Xls 设计表格(www. powerint. com/designsoftware. htm)。表格内输出电压单元格的值应为 LED 串的电压值,输出电流单元格的值应为总的 LED 串的电流。作为替代,可以使用如下公式计算电感。

$$P_O = \frac{1}{2} \cdot L \cdot I_{LIMIT}^2 \cdot f_s \cdot \eta \tag{7.2.3}$$

$$L = \frac{2 \cdot P_O}{I_{LIMIT}^2 \cdot f_s \cdot \eta} \tag{7.2.4}$$

图 7.2.9 所示电路可代替无极性电容或电阻降压方式,元件数量极少,只需要 9

个元件。输入电压范围 $85\sim265$ V_{AC}，具有高的效率（85 V_{AC} 输入时效率大约为 70%），满足 EN55022 B EMI 限制，裕量>8 dB。

图 7.2.9 所示电路总的输出电流容差为$\pm12\%$（包括 50 ℃ 的 DT）。为了阻止噪声耦合到输入端，输入滤波元件的放置要远离 LinkSwitch-TN 的源极点和电感 L_1。直流输入滤波电容 C_1 和 C_2 可以放置到 AC 输入端和这两个元件中间作为一个屏蔽。

图 7.2.9 所示电路使用低成本电阻型 π 型滤波作为差模滤波。对于输出功率大于 0.5 W 的设计，推荐使用电感型 π 型滤波。

为了得到好的 EMI 性能，电路要严格工作在 DCM 方式（在每个开关周期上输出电流降低到零）。

交流输入的回路线上可以放置第二个整流二极管（图 7.2.9 中未使用）。这可以改进 EMI 性能和实现更好的浪涌承受能力。

参考文献

［1］凌阳科技股份有限公司. 61 板电子实习教师指导书［EB/OL］. www. sunplusmcu. com.

［2］凌阳科技股份有限公司. SPMC75F2413A EVM 板 使用说明书［EB/OL］. www. sunplusmcu. com.

［3］Atmel Corporation. 8-bit Microcontroller with 8K Bytes In-System Programmable Flash AT89S52［EB/OL］. www. atmel. com.

［4］Atmel Corporation. 8-bit Microcontroller with 2K/4K Bytes Flash AT89S2051 AT89S4051 ［EB/OL］. www. atmel. com.

［5］李刚等. ADuC845 单片机原理、开发方法及应用实例［M］. 北京：电子工业出版社，2006.

［6］Analog Devices inc. MicroConverter Multichannel 24-/16-Bit ADCs with Embedded 62 kB Flash and Single-Cycle MCU ADuC845/ADuC847/ADuC848［EB/OL］. www. analog. com.

［7］Analog Devices inc. MicroConverter 12-Bit ADCs and DACs with Embedded High Speed 62-kB Flash MCU ADuC841/ADuC842/ADuC843［EB/OL］. www. analog. com.

［8］Microchip Technology Inc. 28/44-PIN DEMO BOARD USER'S GUIDE. www. microchip. com.

［9］Microchip Technology Inc. MCP6XXX Amplifier Evaluation Board 1/2/3/4 User's Guide. www. microchip. com.

［10］Microchip Technology Inc. Active Filter Demo Board Kit User's Guide. www. microchip. com.

［11］STMicroelectronics. AN2049 Application note Demonstration board user guidelines for the TS4984 low voltage audio power stereo amplifier［EB/OL］. www. st. com.

［12］STMicroelectronics. AN2134 Application note TS4962M Using the mono class D demo board ［EB/OL］. www. st. com.

［13］STMicroelectronics. TDA7490 25W ＋ 25W STEREO CLASS-D AMPLIFIER 50W MONO IN BTL［EB/OL］. www. st. com.

［14］ROHM CO. ,LTD. Wireless Audio Link ICBH1417F［EB/OL］. www. rohm. com. cn.

［15］STMicroelectronics. AN2995 Demonstration board user guidelines for single operational amplifiers［EB/OL］. www. st. com.

［16］杨帮文. 新型实用功率放大电路集锦［M］. 北京：人民邮电出版社，1999.

［17］National Semiconductor. LM3886 Overture™ Audio Power Amplifier Series High-Performance 68W Audio Power Amplifier w/Mute［EB/OL］. www. national. com.

［18］National Semiconductor. LM1875 20W Audio Power Amplifier［EB/OL］. www. national. com.

［19］STMicroelectronics. TDA7295 80V - 80W DMOS AUDIO AMPLIFIER WITH MUTE/ST-BY［EB/OL］. www. st. com.

[20] STMicroelectronics. TDA7296 70V - 60W DMOS AUDIO AMPLIFIER WITH MUTE/ST-BY[EB/OL]. www. st. com.

[21] STMicroelectronics. TDA2822 DUAL POWER AMPLIFIER[EB/OL]. www. st. com.

[22] Philips Semiconductors. TDA1514A 50 W high performance hi-fi amplifier[EB/OL]. www. Philips Semiconductors . com.

[23] Philips Semiconductors. TDA1521/TDA1521Q 2 x 12 W hi-fi audio power amplifier[EB/OL]. www. Philips Semiconductors . com.

[24] National Semiconductor. LM1876 Overture™ Audio Power Amplifier Series Dual 20W Audio Power Amplifier with Mute and Standby Modes[EB/OL]. www. national. com.

[25] 任致程. 语音录放和识别集成电路应用与制作实例[M]. 北京：人民邮电出版社，1999.

[26] Winbond Electronics Corporation. ISD2560/75/90/120 SINGLE-CHIP，MULTIPLE-MES-SAGES，VOICE RECORD/PLAYBACK DEVICE[EB/OL]. www. winbond. com. tw/.

[27] Winbond Electronics Corporation. I16-COB20 User's Manual[EB/OL]. www. winbond. com. tw/.

[28] Winbond Electronics Corporation. ISD5100 SERIES SINGLE-CHIP 1 TO 16 MINUTES DU-RATION VOICE RECORD/PLAYBACK DEVICES WITH DIGITAL STORAGE CAPA-BILITY[EB/OL]. www. winbond. com. tw/.

[29] Winbond Electronics Corporation. ISD5216 8 to 16 minutes voice record/playback device with integrated codec[EB/OL]. www. winbond. com. tw/.

[30] Maxim. 低功耗 LCD 微控制器 MAXQ2000[EB/OL]. www. maxim-ic. com.

[31] Maxim. 4-Wire Serially Interfaced 8 x 8 Matrix Graphic LED Drivers MAX6960 - MAX6963[EB/OL]. www. maxim-ic. com.

[32] 上海莱迪思半导体公司. LatticeXP 设计使用指南[EB/OL]. www. latticesemi. com. cn.

[33] 上海莱迪思半导体公司. Lattice XP demoboard User manual[EB/OL]. www. latticesemi. com. cn.

[34] 黄永定. 电子实验综合实训教程[M]. 北京：机械工业出版社，2004.

[35] 黄继昌. 集成电路应用 300 例[M]. 北京：人民邮电出版社，2002.

[36] FAIRCHILD. CD4011BC Quad 2-Input NAND Buffered B Series Gate[EB/OL]. www. fair-childsemi. com.

[37] Intersil Corporation. CD4518BMS/CD4520BMS CMOS Dual Up Counters[EB/OL]. www. in-tersil. com.

[38] 铃木宪次. 高频电路设计与制作[M]. 北京：科学出版社，2005.

[39] MITSUBISH. RF POWER TRANSISTOR 2SC1970[EB/OL]. www. mitsubishi. com.

[40] Toshiba America Electronic Components，Inc. 2SK241[EB/OL]. www. Toshiba. com.

[41] Analog Devices，Inc. AD8320 Serial Digital Controlled Variable Gain Line Driver[EB/OL]. www. analog. com.

[42] FUJITSU MICROELECTRONICS，INC. ASSP SERIAL INPUT PLL FREQUENCY SYN-THESIZERMB1504/MB1504H/MB1504L[EB/OL]. www. fujitsu. com.

[43] Freescale. MC2833 LOW POWER FM TRANSMITTER SYSTEM[EB/OL]. www. motoro-

全国大学生电子设计竞赛制作实训（第3版）

la. com.

[44] Freescale. MC3371/MC3372 LOW POWER FM IF. www. motorola. com.

[45] Freescale. MC13135/MC13136 DUAL CONVERSION NARROWBAND FM RECEIVERS [EB/OL]. www. motorola. com.

[46] rohm. co. Wireless Audio Link ICBH1417F[EB/OL]. www. rohm. com.

[47] rohm. co. Wireless Audio Link ICBH1414K[EB/OL]. www. rohm. com.

[48] Analog Devices，Inc. CMOS 300 MSPS Quadrature Complete DDS AD9854[EB/OL]. www. analog. com.

[49] 谢自美. 电子线路综合设计[M]. 武汉. 华中科技大学出版社,2006.

[50] Analog Devices，Inc. AD9852 CMOS 300 MSPS Complete-DDS[EB/OL]. www. analog. com.

[51] 颜荣江等. MAXIM 热门集成电路使用手册[M]. 北京：人民邮电出版社,1999.

[52] Intersil Americas Inc. ICL8038 Data Sheet[EB/OL]. www. intersil. com.

[53] Maxim. MAX038 High-Frequency Waveform Generator[EB/OL]. www. maxim-ic. com.

[54] Maxim. MAX038 Evaluation Kit. www. maxim-ic. com.

[55] Maxim. 3. 3V/5V/Adjustable-Output，Step-Up DC-DC Converters MAX756/MAX757[EB/OL]. www. maxim-ic. com.

[56] Maxim. 低成本、宽输入范围、带折返式限流的降压控制 MAX8545/MAX8546/MAX8548 [EB/OL]. www. maxim-ic. com.

[57] Maxim. 1. 8V to 28V Input，PWM Step-Up Controllers in μMAX MAX668/MAX669[EB/OL]. www. maxim-ic. com.

[58] 沙占友. 新型单片开关电源[M]. 北京：电子工业出版社. 2004.

[59] Power Integrations，Inc. TOP232-234 TOPSwitch-FX Family Design Flexible，EcoSmart®，Integrated Off-line Switcher. www. powerint. com.

[60] Philips Semiconductors. TEA152x family STARplug™[EB/OL]. www. semiconductors. philips. com.

[61] 张晓东. 电工实用电子制作[M]. 北京：国防工业出版社,2005.

[62] STMicroelectronics. BTA40 and BTA/BTB41 Series 40A TRIACS[EB/OL]. www. st. com.

[63] Fairchild Semiconductor Corporation. MOC3061，MOC3062 and MOC3063 devices Zero Voltage Crossing bilateral triac drivers[EB/OL]. www. fairchildsemi. com.

[64] Power Integrations. 参考设计报告 RDR-355:使用 LYTSwitchTM-0 LYT0006P 设计的 6 W 非调光、非隔离降压式 LED 驱动器[EB/OL]. www. powerint. com.

[65] Power Integrations. DER-336:使用 LinkSwitchTM-PL LNK460KG 设计的 5. 8 W 可控硅调光的高效率、高功率因数校正（PF ＞ 0. 9）、非隔离、降压-升压式 LED 驱动器[EB/OL]. www. powerint. com.

[66] Power Integrations. 参考设计报告 RDR-251:使用 LinkSwitchTM-PL LNK457DG 设计的 5 W 可调光、带功率因数校正的 LED 驱动器（非隔离）[EB/OL]. www. powerint. com.

[67] Power Integrations. DER-341:使用 LinkSwitchTM-PH LNK407EG 设计的 14. 5 W 功率因数校正（＞0. 98）、可控硅调光的非隔离降压式 A19 LED 替换灯驱动器[EB/OL]. www. powerint. com.

［68］Power Integrations. DI-92 参考设计 LinkSwitch-TN 0.5 W 非隔离恒流 LED 驱动器［EB/OL］. www. powerint. com.

［69］Power Integrations. 参考设计报告 RDR-355：使用 LYTSwitchTM-0 LYT0006P 设计的 6 W 非调光、非隔离降压式 LED 驱动器［EB/OL］. www. powerint. com.

［70］Power Integrations. DER-336：使用 LinkSwitchTM-PL LNK460KG 设计的 5.8 W 可控硅调光的高效率、高功率因数校正（PF ＞ 0.9）、非隔离、降压-升压式 LED 驱动器［EB/OL］. www. powerint. com.

［71］Power Integrations. 参考设计报告 RDR-251：使用 LinkSwitchTM-PL LNK457DG 设计的 5 W 可调光、带功率因数校正的 LED 驱动器（非隔离）［EB/OL］. www. powerint. com.

［72］Power Integrations. DER-341：使用 LinkSwitchTM-PH LNK407EG 设计的 14.5 W 功率因数校正（＞0.98）、可控硅调光的非隔离降压式 A19 LED 替换灯驱动器［EB/OL］. www. powerint. com.

［73］Power Integrations. DI-92 参考设计 LinkSwitch-TN 0.5 W 非隔离恒流 LED 驱动器［EB/OL］. www. powerint. com.

［74］康华光. 电子技术基础［M］. 北京：高等教育出版社，2005.

［75］黄智伟. LED 驱动电路设计［M］. 北京：电子工业出版社，2014.

［76］黄智伟. 电源电路设计［M］. 北京：电子工业出版社，2014.

［77］黄智伟. 嵌入式系统中的模拟电路设计［M］. 2 版. 北京：电子工业出版社，2014.

［78］黄智伟. 理解放大器的参数－放大器电路设计入门［M］. 北京：北京航空航天大学出版社，2014.

［79］黄智伟. 基于 TI 器件的模拟电路设计［M］. 北京：北京航空航天大学出版社，2014.

［80］黄智伟. 印制电路板（PCB）设计技术与实践［M］. 2 版. 电子工业出版社，2013.

［81］黄智伟等. ARM9 嵌入式系统基础教程［M］. 2 版. 北京：北京航空航天大学出版社，2013.

［82］黄智伟. 高速数字电路设计入门［M］. 北京：电子工业出版社，2012.

［83］黄智伟、王兵、朱卫华. STM32F 32 位微控制器应用设计与实践［M］. 北京：北京航空航天大学出版社，2012.

［84］黄智伟. 低功耗系统设计——原理、器件与电路［M］. 北京：电子工业出版社，2011.

［85］黄智伟等. 超低功耗单片无线系统应用入门［M］. 北京：北京航空航天大学出版社，2011.

［86］黄智伟等. 32 位 ARM 微控制器系统设计与实践［M］. 北京：北京航空航天大学出版社，2010.

［87］黄智伟. 基于 NI mulitisim 的电子电路计算机仿真设计与分析［M］. 修订版. 北京：电子工业出版社，2011.

［88］黄智伟. 全国大学生电子设计竞赛系统设计［M］. 2 版. 北京：北京航空航天大学出版社，2011.

［89］黄智伟. 全国大学生电子设计竞赛电路设计［M］. 2 版. 北京：北京航空航天大学出版社，2011.

［90］黄智伟. 全国大学生电子设计竞赛技能训练［M］. 2 版. 北京：北京航空航天大学出版社，2011.

［91］黄智伟. 全国大学生电子设计竞赛制作实训［M］. 2 版. 北京：北京航空航天大学出版社，2011.

［92］黄智伟.全国大学生电子设计竞赛常用电路模块制作［M］.2版.北京:北京航空航天大学出版社,2011.

［93］黄智伟等.全国大学生电子设计竞赛 ARM 嵌入式系统应用设计与实践［M］.北京:北京航空航天大学出版社,2011.

［94］黄智伟.全国大学生电子设计竞赛培训教程［M］.修订版.北京:电子工业出版社,2010.

［95］黄智伟.射频小信号放大器电路设计［M］.西安:西安电子科技大学出版社,2008.

［96］黄智伟.锁相环与频率合成器电路设计［M］.西安:西安电子科技大学出版社,2008.

［97］黄智伟.混频器电路设计［M］.西安:西安电子科技大学出版社,2009.

［98］黄智伟.射频功率放大器电路设计［M］.西安:西安电子科技大学出版社,2009.

［99］黄智伟.调制器与解调器电路设计［M］.西安:西安电子科技大学出版社,2009.

［100］黄智伟.单片无线发射与接收电路设计［M］.西安:西安电子科技大学出版社,2009.

［101］黄智伟.无线发射与接收电路设计［M］.2版.北京:北京航空航天大学出版社,2007.

［102］黄智伟.GPS 接收机电路设计［M］.北京:国防工业出版社,2005.

［103］黄智伟.单片无线收发集成电路原理与应用［M］.北京:人民邮电出版社,2005.

［104］黄智伟.无线通信集成电路［M］.北京:北京航空航天大学出版社,2005.

［105］黄智伟.蓝牙硬件电路［M］.北京:北京航空航天大学出版社,2005.

［106］黄智伟.射频电路设计［M］.北京:电子工业出版社,2006.

［107］黄智伟.通信电子电路［M］.北京:机械工业出版社,2007.

［108］黄智伟.FPGA 系统设计与实践［M］.北京:电子工业出版社,2005.

［109］黄智伟.凌阳单片机课程设计［M］.北京:北京航空航天大学出版社,2007.

［110］黄智伟.单片无线数据通信 IC 原理应用［M］.北京:北京航空航天大学出版社,2004.

［111］黄智伟.射频集成电路原理与应用设计［M］.北京:电子工业出版社,2004.

［112］黄智伟.无线数字收发电路设计［M］.北京:电子工业出版社,2004.